煤炭高等教育"十四五"规划

地下工程灾害与防护

主　编　刘佳佳　孙光中

副主编　张学博　韩红凯

中国矿业大学出版社

·徐州·

内 容 简 介

本书为煤炭高等教育"十四五"规划教材,全书共 7 章,介绍了火灾对地下工程破坏的特点,地铁、铁路隧道、公路隧道及综合管廊的火灾防护及救援;水灾对地下工程的危害、防水标准及防水设计的基本原则;地下工程战争灾害的防护、地下工程环境及生物灾害的防护;各种地下工程施工期灾害成因、危害及多媒体监控方法,并按不同工法提出地下工程施工阶段灾害特点及对策。

本书可作为安全工程及相关专业的必修课教材,也可作为土木工程等专业研究生和高年级本科生的选修课教材。

图书在版编目(CIP)数据

地下工程灾害与防护/刘佳佳,孙光中主编.—徐州:中国矿业大学出版社,2023.2

ISBN 978 - 7 - 5646 - 5714 - 7

Ⅰ.①地… Ⅱ.①刘… ②孙… Ⅲ.①地下工程—灾害防治—高等学校—教材 Ⅳ.①TU94

中国国家版本馆 CIP 数据核字(2023)第 025493 号

书　　名	地下工程灾害与防护
主　　编	刘佳佳　孙光中
责任编辑	耿东锋　王美柱
出版发行	中国矿业大学出版社有限责任公司
	（江苏省徐州市解放南路　邮编 221008）
营销热线	(0516)83885370　83884103
出版服务	(0516)83995789　83884920
网　　址	http://www.cumt.com　E-mail:cumtpvip@cumt.com
印　　刷	江苏淮阴新华印务有限公司
开　　本	787 mm×1092 mm　1/16　**印张** 16　**字数** 397 千字
版次印次	2023 年 2 月第 1 版　2023 年 2 月第 1 次印刷
定　　价	48.00 元

（图书出现印装质量问题,本社负责调换）

前　言

本书为煤炭高等教育"十四五"规划教材,可作为安全工程及相关专业的必修课教材,也可作为土木工程等专业研究生和高年级本科生的选修课教材。

第1章绪论,主要介绍了地下空间工程与城市发展的关系、地下工程的范畴及种类、灾害的概念及灾害学基础、安全科学基础和地下工程灾害分析。

第2章地下工程火灾的防护,主要介绍了火灾对地下工程的破坏特点、地下工程防火设计、地铁火灾防护及救援、铁路隧道火灾防护及救援、公路隧道火灾防护及救援、综合管廊火灾防护及救援和其他地下工程火灾的防护。

第3章地下工程水灾的防护,主要介绍了地下水的危害及其防治进展、防水设计基本原理与方法、地下工程主体自防水、地下工程外防水、地下水工程接缝构造防水、地下工程渗漏及洪涝灾害治理和地下工程防洪应急及安全评估。

第4章地下工程地震灾害与防震减灾,主要介绍了地震的类型及成因、地下工程的地震破坏及特点、城市地下空间结构抗震设计方法与原则、地下结构物的地震反应及抗震设计和地震应急。

第5章地下工程战争灾害的防护,主要介绍了核武器的爆炸效应及防护原理、常规武器的破坏作用及防护对策、城市人防工程、人民防空工程设计实例、恐怖袭击及防护。

第6章地下工程施工事故灾害的防护,主要介绍了基坑开挖施工事故灾害及防护、地下连续墙施工事故灾害及防护、盖挖法施工事故灾害及防护、沉管法施工事故灾害及防护、矿山法施工事故灾害及防护、盾构法施工事故灾害及防护、掘进机法施工事故灾害及防护和顶管法施工事故灾害及防护。

第7章地下工程环境及生物灾害,主要介绍了地下工程的环境灾害和生物灾害。

本书由河南理工大学刘佳佳、河南工程学院孙光中任主编,河南理工大学张学博和韩红凯任副主编。第1、2章由河南理工大学刘佳佳编写;第3、5章由河南理工大学张学博编写;第4、7章由河南工程学院孙光中编写;第6章由河南理工大学韩红凯编写。全书由刘佳佳统稿和校稿。此外,研究生张翔、李元隆、张云龙等做了许多绘图、校对、排版工作,在此表示感谢。

由于水平所限,书中不妥之处在所难免,敬请读者批评指正!

编　者

2023 年 2 月

目　录

目　　录

第1章　绪　　论

广义的地下空间是指地表以下的空间,狭义的地下空间是指可供人类开发利用的地下空间。目前,地下空间利用的功能类型有地下交通、综合管廊、地下停车场、地下商场、地下数据中心、地下储油库等。为缓解城市交通拥堵、环境污染、洪水期内涝、热岛效应等"城市病",我国很多城市大力发展地下空间,现已呈现出东中西、大中小城市全面开发的态势。

纵观世界地下空间发展历程,中国城市地下空间建设始于20世纪50年代,主要为备战备荒的防空地下室,较欧美、日本等发达国家起步晚。自"十二五"以来,中国以地铁为主导的地下轨道交通、以综合管廊为主导的地下市政基础设施等快速崛起,地下空间专用装备制造及相关技术不断创新并打破国外垄断,城市地下空间开发利用呈现规模发展态势,中国已成为名副其实的地下空间开发利用大国。截至2020年年底,中国(未包括香港特别行政区、澳门特别行政区和台湾地区)城市地下空间累计建设24亿 m^2。2020年中国城市地下空间新增建筑面积约2.59亿 m^2,同比增长0.78%,新增地下空间建筑面积(含轨道交通)占同期城市建筑竣工面积的约22%,而长三角城市群以及粤港澳大湾区中的珠三角城市群,该比值达到24%,共同构成主导中国城市地下空间发展的增长极。"十三五"期间,中国累计新增地下空间建筑面积达到13.3亿 m^2,以第七次全国人口普查2020年公报统计的城镇常住人口90 199万人计算,新增地下空间人均建筑面积为1.47 m^2;在省级行政区划单位中,累计新增地下空间建筑面积超过1亿 m^2 的依次为江苏(1.75亿 m^2)、山东(1.30亿 m^2)、广东(1.25亿 m^2)、浙江(1.01亿 m^2)。

根据地下空间综合实力评价体系,截至2020年年底,中国城市地下空间发展综合实力排名前10位中,东部城市占8席,中部城市占1席,西部城市占1席。

中国城市轨道交通协会2021年统计和分析报告显示,截至2021年12月31日,中国(不包括港澳台)累计有50个城市投运城轨交通线路9 197 km,其中地铁7 254 km,占比78.9%。2021年新增洛阳、嘉兴、绍兴、文山州、芜湖5个城轨交通运营城市,其中洛阳、绍兴为地铁运营城市;另有北京、上海、天津、重庆、广州、深圳、武汉、南京、沈阳、长春、大连、西安、哈尔滨、苏州、郑州、杭州、佛山、宁波、无锡、南昌、青岛、南宁、合肥、石家庄、贵阳、厦门、济南、常州、徐州、株洲等30个城市有新线或新段开通运营。

2021年共计新增城轨交通运营线路长度1 223 km。新增运营线路39条,新开既有线路的延伸段、后通段23段。新增1 223 km的城轨交通运营线路共涉及8种制式,其中,地铁971.93 km,占比79.47%;市域快轨133.15 km、跨座式单轨46.31 km、有轨电车38.73 km、导轨式胶轮系统15.4 km、电子导向胶轮系统14.0 km、轻轨2.2 km、磁浮交通1.2 km。

根据住房和城乡建设部公布的数据,截至2017年年底,中国综合管廊的在建里程达6 575 km,城市地下空间与同期地面建筑竣工面积的比例从10%上升至15%,成为全球地下空间开发面积最大的国家。可以预见,到 2035 年,我国城市人口总数将超过 10 亿,城镇化率将达到 70%,全国城市轨道交通运营里程有望达到或者超过 15 000 km。我国城市化建设进程的逐步推进和提高城市生活水平的诉求将推动城市地下空间的开发利用进一步发展。

根据 2020 年权威媒体公布的数据整理,2020 年地下空间发生灾害与事故共 237 起,数量与 2019 年持平。2020 年地下空间发生灾害与事故的类型包括施工事故、地质灾害、火灾、水灾、中毒窒息事故以及其他。地质灾害与施工事故发生次数较多,分别占比 24%、22%。

据不完全统计,2015—2018 年,我国城市地下空间开发工程共发生重大灾害与事故 370 余起,地下工程坍塌、爆炸等事故常常造成群死群伤和重大直接经济损失,严重影响了人们生活和城市建设。2012 年 12 月 30 日,武汉地铁 3 号线王家湾站基坑开挖工程中,支护结构发生较大变形导致基坑垮塌;2015 年 1 月 2 日,武汉地铁 3 号线市民之家站至宏图大道站,盾构区间作业对地质结构的扰动导致地下燃气管道泄漏和可燃气体爆炸,造成 2 人死亡。

从城市地下空间开发中发生的灾害与事故来看,地下工程灾害和事故与城市地下空间开发总量呈线性增加关系。根据国家正式公布的事故统计资料,2003—2018 年期间,我国仅在地铁隧道施工中就发生 180 多起事故。如 2007 年 3 月北京地铁十号线苏州街车站 "3·28" 重大塌方事故,造成 6 人死亡;2008 年 11 月杭州地铁湘湖站 "11·15" 基坑坍塌事故,造成 21 人死亡;2013 年 5 月西安地铁三号线区间隧道 "5·6" 塌方事故,造成 5 人死亡;2017 年 5 月深圳轨道交通 3 号线 "5·11" 基坑坍塌事故,造成 3 人死亡;2017 年 6 月山东淄博市孝妇河黄土崖段综合整治工程 "6·19" 塌方事故,造成 5 人死亡;2018 年 1 月广州地铁 21 号线区间隧道 "1·26" 坍塌事故,造成 3 人死亡;2018 年 1 月成都地铁 5 号线 "1·29" 施工中毒窒息事故,造成 3 人死亡;2018 年 2 月广东佛山城市轨道交通 2 号线区间隧道 "2·7" 坍塌事故,造成 12 人死亡、8 人受伤。

水下隧道在功能定位、地理环境等方面有别于山岭隧道,具有运营舒适性高、环保要求高、建设条件受限、灾后修复难度大的特点。自 1910 年美国在底特律河用沉管法修建第 1 座用于交通运输的水下隧道起,目前全世界已建成的沉管法隧道数量已超过 100 座。我国使用沉管法建成了广州珠江隧道、宁波甬江常虹隧道和上海黄浦江外环线越江隧道。其中黄浦江外环线越江隧道为双向八车道水下公路交通沉管隧道,工程全长近 3 000 m,沉管管段截面积 405.92 m²,共设有七节管段,每节长度 100～108 m 不等,最大埋深 33 m,设计时速 80 km/h,其规模位于全国之首,亚洲第一,总造价 19 亿元。黄浦江外环线越江隧道规模大、工期紧、技术复杂,是集多领域新技术于一体的综合性系统工程。随着城市交通的日渐繁忙及城市规划要求的提高,沉管法隧道在国内呈现出爆发式的发展。

上海市自 20 世纪 60 年代以来,用盾构法建成了打浦路隧道、延安东路隧道、大连路隧道、翔殷路隧道、复兴东路隧道等公路隧道。盾构法在使用时,要通过盾构机实现,因此被称为盾构法。盾构机向隧道中挖掘的同时,需要对围岩做出相对严格的控制,促使其足够稳定,不发生坍塌情况。此时,需要在盾构施工中使用管片拼接,形成衬砌,此后向管壁内注入浆液,这一做法主要是为了防止围岩震动。使用这一技术,所开挖的隧洞形状比较准确,在施工过程中,具有较高的机械化程度,在整个工程施工过程中,并不会对地面带来较大影响,基于此,其被广泛应用在不稳定地层或者含水量比较大的地层施工中。

进入 20 世纪 90 年代以来,随着建设规模的不断扩大,我国建筑行业生产力得到迅速的提升,施工能力不断提高,超高层、大跨度房屋施工技术,大跨度预应力张拉技术,悬索桥梁施工技术,大型复杂配套设备安装技术等都达到或接近国际先进水平,并依靠自己的力量相继建成一大批大型工程项目和基础设施项目。

21 世纪是地下空间开发利用的新世纪,以隧道为代表的地下工程如雨后春笋般蓬勃发展。经过长达数十年的建设历程,我国已成为世界上隧道建设规模、难度和数量最大的国家,涉及公路、铁路、水利和市政等诸多工程领域。近些年,在"十一五"至"十四五"规划指导下,我国地下工程建设取得了长足的发展。随着川藏铁路、渤海海峡跨海通道为代表的一批世纪工程的修建或推进,我国隧道与地下工程建设进入了一个新时代,面临新的历史性机遇。同时工程建设面临极端复杂的地质条件与建设环境等挑战,以川藏铁路雅安至林芝段为例,全线桥隧比极高,沿线地形高差显著、地质环境复杂、板块运动强烈、山地灾害频发。此外,为了进一步加强与国家"一带一路"建设、"城市地下空间"建设规划的衔接,隧道工程不断向"深、长、大"方向发展,面临的地质问题日趋突出,意味着地下工程建设灾害风险更高,防灾代价更大,安全建设面临更严峻的挑战。在我国地下工程世纪性的腾飞面前,机遇与挑战总是并存的,把握机遇、迎接挑战,是地下工程研究者的历史使命。

1.1 地下空间工程与城市发展

1.1.1 城市发展对地下空间开发的需求

当今世界人类生活环境,尤其是城市面临的主要问题是,人口急剧膨胀,资源趋于枯竭,环境污染严重,交通拥堵,人类的地面生存空间进一步压缩,"城市病"突出。北京市干道的平均车速比 10 年前降低了 50%,而且目前市区道路的车速还在以每年 2 km/h 的速度下降;上海市一些重要路段的平均车速仅 8 km/h。另外,雾霾是当下中国环境问题的关键词,其中京津冀地区是雾霾较为严重的地区。水污染也是城市严峻的环境问题。

那么,城市的出路在哪里? 很多科学家都在提出各种不同的建议。归结起来主要有:从遥远、抽象的角度来看,向宇宙要空间和向海洋要空间;从现实可行角度来看,开发地下空间。

1.1.2 城市现代化与地下空间的关系

现代化城市的发展需要满足四项需求:交通设施需求、能源设施需求、市政设施需求、防灾设施需求。城市现代化的四个特征为,优美的环境、发达的经济、和谐的社会、人与自然环境的协调与和谐。城市空间协调发展和地上地下空间协调发展需要从以下几方面着手:提高城市人口理论容量;有利于城市功能高效发挥;有利于城市经济的繁荣与发展;有利于城市的可持续发展。

城市现代化建设内容如下:

(1) 创建集中与分散相结合的城市形态。分散是指对城市进行适当的功能分区,使城市的主要功能分散地由不同的组团来承担;集中是指各个组团都是相对紧凑的、有适当密度的城区——"紧凑城区"。

（2）挖掘城市空间资源，扩大城市容量，如图1-1所示。

图1-1　城市土地高密度开发（地上＋地下）

（3）大力建设生态型绿地系统。美国波士顿"Big Dig"项目实施前后对比如图1-2所示。

图1-2　波士顿"Big Dig"项目实施前后对比（城市环境改善）

（4）加快构筑完善、高效的城市基础设施。建设地铁、综合管廊、海绵城市等，如图1-3所示。

图1-3　城市基础设施建设

1.1.3　城市可持续发展与地下空间的关系

国家中长期发展规划中先后把交通水利隧道、城市轨道交通、地下综合管廊、地下综合开发和海绵城市等作为重要战略，进一步推动了我国交通基础设施建设的步伐，我国交通基础设施建设迎来了前所未有的发展机遇。

我国幅员辽阔，地下空间体量庞大，可开发规模达200亿 m³，可计算价值超过15万亿元，特别是国家《"十三五"现代综合交通运输体系发展规划》的实施，要求重点推进地下空间分层开发,拓展地下纵深空间,统筹城市轨道交通、地下道路等交通设施与城市地下综合管廊的规划布局,打造城市立体交通系统,促进地下空间与城市整体同步发展,以地铁、地下综合管廊为代表的城市地下空间建设进入黄金发展阶段,为我国地下工程发展带来了前所未有的契机。

城市地下空间的开发利用,有助于环境保护和节约资源,是实现城市可持续发展的合理途径之一。

1.1.4 城市集约化发展与地下空间的关系

城市集约化发展要对空间的承载能力有系统性的分析,不是说功能集中就是集约化。

集约型城市是城市发展的主流方向,但集约化发展也伴随着多种次生问题。一定要系统性地对城市及片区的需求、供应能力等进行客观分析,这样最终得出的方案才是最符合城市需求的。

传统的项目管控方式已经难以统筹综合性的城建项目,如果不进行跨行业系统性的统筹,根本无法完成多行业、多功能、多产权的项目。深圳前海新区总面积 18 万 km^2,地下开发面积达到约 600 万 m^2,前海新区的建设使用了 BIM(building information modeling,建筑信息建模)与 CIM(city information modeling,城市信息建模)技术,为整个城市建设和运营提供了时空数据支撑及宏观决策能力。

城市的特性是集约而不是扩散,城市的一切功能都是为加强集约化和提高效率服务的,合理开发地下空间将加强城市的聚集效应。

1.1.5 城市主要灾害种类

按致灾地质作用的性质划分,常见地质灾害共有 12 类。

(1) 地壳活动灾害,如地震、火山喷发、断层错动;

(2) 斜坡岩土体运动灾害,如崩塌、滑坡、泥石流;

(3) 地面变形灾害,如地面塌陷、地面沉降、地面开裂;

(4) 矿山与地下工程灾害,如煤层自燃、洞井塌方、冒顶、片帮、底鼓、岩爆、高温、突水、瓦斯爆炸;

(5) 城市地质灾害,如建筑地基与基坑变形;

(6) 河、湖、水库灾害,如塌岸、淤积、渗漏、浸没、溃决;

(7) 海岸带灾害,如海平面升降、海水入侵、海岸侵蚀、海岸淤积、风暴潮;

(8) 海洋地质灾害,如水下滑坡、潮流沙坝、浅层气害;

(9) 特殊岩土灾害,如黄土湿陷、膨胀土胀缩、冻土冻融、沙土液化、淤泥触变;

(10) 土地退化灾害,如水地流失、沙漠化、盐碱化、潜育化、沼泽化;

(11) 水土污染与地球化学异常灾害,如地下水质污染、农田土地污染、地方病;

(12) 水源枯竭灾害,如河水漏失、泉水干枯、地下含水层疏干。

1.1.6 城市灾害的影响

城市灾害带来的直接影响主要包括人员伤亡和财产损失。间接影响主要包括:① 对人,引起压力、焦虑、压抑等情绪和知觉问题;② 对社会生活,使交通及生产停滞等;③ 对生产秩序，易引起谣言、聚众闹事等。

1.1.7 城市地下空间的防灾功能

城市地下空间的防灾功能主要包括以下 6 个方面：

（1）人民防空工程防御战争威胁。

（2）地震应急避难场所与避难疏散通道，如 2008 年汶川地震救灾西通道上的鹧鸪山隧道，如图 1-4 所示。

图 1-4　2008 年汶川地震救灾西通道上的鹧鸪山隧道

（3）保护重要设施、生命线系统的抗震安全，如城市综合管廊，如图 1-5 所示。

图 1-5　城市综合管廊

（4）储藏应急物资，如杭州市地下粮库、地下水封油库（如图 1-6 和图 1-7 所示）。

图 1-6　地下粮库

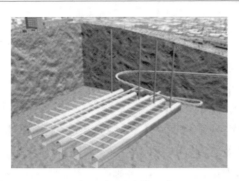

图 1-7 地下水封油库

（5）扩大城市容量、减少地面暴露性，如成都浣花溪公园地下车库，地表为绿地，如图 1-8 所示。

图 1-8 成都浣花溪公园地下车库（地表为绿地）

（6）防洪工程设施，如东京地下排水系统（如图 1-9 所示）、巴黎下水道系统（如图 1-10 所示）。

图 1-9 东京地下排水系统　　　　图 1-10 巴黎下水道系统

1.2 地下工程的种类及特点

1.2.1 地下工程分类

所有地表以下建筑物及构筑物统称为地下工程，是岩土工程的一部分。

1. 根据用途分类

(1) 能源:矿山井巷,地下油气库,水、核电站厂房,地下变电站。

(2) 交通:公路、铁路隧道,地铁,地下通道。

(3) 市政:地下管线(电、信、水、气等),共同沟。

(4) 建筑:建筑物基础,基坑、桥梁基础。

(5) 国防:地下军火库、地下指挥中心、导弹发射井、地下暗道。

(6) 民防:地下室、掩蔽室、建筑基础。

(7) 工业:地下冷库、工厂。

(8) 民用:地下商业街、游乐场所,过街通道,地下停车场。

2. 根据结构形式分类

(1) 平硐型:隧道、共同沟、通道、仓库。

(2) 竖井型:矿井、发射井。

(3) 硐室型:地下室、掩蔽室、指挥中心。

(4) 群硐型:电站厂房、地下工厂。

(5) 混合型:矿山井巷、大型隧道系统。

(6) 网络型:地铁、地下交通枢纽、地下街。

3. 根据容纳人数分类

(1) 无人型:油气库、管道,水、气管道。

(2) 限人型:共同沟、发射井。

(3) 有人型:隧道、电站厂房、地下工事。

(4) 众人型:矿山、地铁、通道、地下室、掩蔽室、地下商场。

1.2.2 地下工程的特点

当今地下工程的主要特点:数量剧增、规模扩大;尺度增大、结构复杂化、功能多样化;埋深增加、地质条件复杂化;施工难度和风险增加;管理难度和要求提高。

地下工程的优缺点如下。

优点:恒温,能较好地绝热和蓄热;抗震性能强;隐蔽性好,能经受和抵御武器的破坏;气密性、遮蔽性、隔音性均良好;具有良好的地下水保持性;节约用地;空间开挖有很大的灵活性;可综合利用。

缺点:见不到阳光、温差小、湿度大;空气封闭压抑,不易流通;人员活动不自在;环境噪声级增强;微生物繁殖快。

1.3 地下工程事故与灾害

地下工程一旦发生事故就会造成灾害,从而造成严重后果。地下工程事故与灾害按阶段可分为两类:建设期间的,如塌方、突水、突泥、岩溶、软岩大变形、岩爆、瓦斯、高地温等;运营期间的,如塌方、渗水、火灾、洪水、地震等。

(1) 塌方

塌方是自然因素(即地质状态、受力状态、地下水变化等)或人为因素(即不适当的设计,或不适当的施工作业方法等)引起的洞周围岩失稳的现象。它往往会给施工带来很大困难和很大经济损失,因此,需要尽量注意排除导致塌方的各种因素,尽可能避免塌方的发生。

(2) 软岩大变形

隧道围岩大变形主要发生在低级变质岩、断层破碎带及含煤地层等低强度围岩中,一般具有变形量大、径向变形显著及危害巨大等特点。发生该类变形的围岩一般被称为软岩(weak rock)、挤出性围岩(surrounding rock)或膨胀岩(swelling rock or expansive rock)。

(3) 岩爆

埋藏较深的隧道工程,在高应力、脆性岩体中,由于施工爆破扰动原岩,岩体受到破坏,使工作面附近的岩体突然释放出能量,产生脆性破坏,这时围岩表面产生爆裂声,随之有大小不等的片状岩块弹射剥落出来,这种现象称为岩爆。岩爆有时频繁出现,甚至会持续一段时间才逐渐消失。岩爆不仅直接威胁作业人员与施工设备的安全,而且严重地影响施工进度,增加工程造价。

(4) 高地温

隧道通过高温、高热地段,会给施工带来困难。一般在火山地带的地区修建隧道或地下工程会遇到高温高热的情况,如日本某地的发电厂工程的隧道,其围岩温度高达 175 ℃。更有甚者,在高温隧道中发生过施工人员由于地层喷出热水或硫化氢等有害气体而烫伤或中毒。

(5) 瓦斯

瓦斯是地下坑道内有害气体的总称,其成分以沼气(甲烷)为主,一般习惯称沼气为瓦斯。

当隧道穿过煤层、油页岩等,或从其附近通过而围岩破碎、节理发育时,可能会遇到瓦斯。如果洞内空气中瓦斯浓度已达到爆炸限度而与火源接触,就会引起爆炸,对隧道施工会带来很大的危害和损失。所以,在有瓦斯的地层中修建隧道,必须采取相应措施。

1.4 灾害的概念及灾害学基础

1.4.1 灾害的定义及内涵

灾害是指一切对自然生态环境、人类社会的物质和精神文明建设,尤其是人的生命财产等造成危害的天然事件和社会事件。马宗晋院士认为,凡危害人类生命财产和生存条件的各类事件,通称为灾害。

灾害,是能够对人类和人类赖以生存的环境造成破坏性影响的事物的总称。灾害不表示程度,通常指局部,可以扩张和发展,演变成灾难。如传染病的大面积传播和流行、计算机病毒的大面积传播即可酿成灾难。

根据联合国灾情调查报告,世界性大灾在过去 30 年内增加了数倍,主要灾害有雪崩、寒流、干旱、疫病、地震、饥饿、火灾、洪水、滑坡、热浪、暴风、海啸、火山爆发、战乱、恐怖活动等15 类。

"灾"侧重灾害形成的原因或动力,"害"侧重灾害对人类社会造成的损害。

1.4.2 灾害系统与结构

灾害系统如图 1-11 所示。(1) 孕灾环境:灾害酝酿和形成的环境条件;(2) 灾害源:导致灾害发生的自然或社会经济原因;(3) 灾害载体:灾害过程中具有破坏作用的事物,即破坏性物质与能量的载体;(4) 承灾体:受损的灾害作用对象。

图 1-11 灾害系统

灾害系统的发展演变过程可以分为孕育期、发展期、爆发期、扩散蔓延期、衰减期、恢复期。

1.4.3 灾害分类

分类标准不同,灾害的种类也不同。① 按灾害成因和灾害现象:自然灾害、人为灾害;② 按灾害链关系(因果、先后):原生灾害、次生灾害、衍生灾害;③ 按灾害危害的产业或行业:工业灾害、矿业灾害、农业灾害、牧业灾害、林业灾害、渔业灾害、商业灾害、交通灾害等;④ 按照灾害强度或损失程度:巨灾、大灾、中灾、小灾、微灾。

但一般灾害按成因可概括为自然灾害和人为灾害两大类。

1.4.3.1 自然灾害

自然灾害(natural disaster)一般是指自然力的作用给人类造成的灾难。地震、洪水、台风、森林草原火灾、干旱等重大自然灾害的发生往往存在较大的偶然性和随机性,虽然有的致灾因子可能存在相对比较清晰的孕育、发生和发展的过程,通过精细化的致灾因子要素的预测预报能够做到早期预警,但是,灾害最终对社会经济造成的影响和损失往往是难以准确预测和预报的,这也是为什么在重大自然灾害发生后,往往会出现"小灾成大害"等超乎人们预期和认知的情况。2021 年间,我国自然灾害形势复杂严峻,极端天气气候事件多发,自然灾害以洪涝、风雹、干旱、台风、地震、地质灾害、低温冷冻和雪灾为主,沙尘暴、森林草原火灾和海洋灾害等也有不同程度发生。全年各种自然灾害共造成 1.07 亿人次受灾,因灾死亡失踪 867 人,紧急转移安置 573.8 万人次,倒塌房屋 16.2 万间,不同程度损坏 198.1 万间;农作物受灾面积 $1.173\ 9\times10^{11}$ m²;直接经济损失 3 340.20 亿元。

自然灾害成因:(1) 大气圈变异活动引起的气象灾害和洪水;(2) 水圈变异活动引起的海洋灾害及海岸带灾害;(3) 岩石圈变异活动引起的地震及地质灾害;(4) 生物圈变异活动引起的农、林、病虫、草、鼠害;(5) 人类活动有时也会引起自然灾害。

自然灾害的特点如下。

(1) 气象灾害:包括干旱、雨涝、暴雨、热带气旋、寒潮、冷害、冻害、寒害、风灾、雹灾、暴风雨、龙卷风、干热风、沙尘暴、雷暴等。随着全球变暖趋势的进一步加剧,气象灾害已成为人类社会面临的最严重的自然灾害。

(2) 海洋灾害:包括风暴潮、海啸、海浪、海水入侵、赤潮、潮灾、海平面上升和海水倒灌等。海啸冲击使房屋、桥梁倒塌,海水倒灌使地下供水、排水、通信、电力、地铁、交通隧道等基础设施破坏,增加了灾后重建难度。

(3)洪水灾害:包括洪涝灾害和江河的泛滥等。

(4)地质灾害:包括崩塌、滑坡、泥石流、地裂缝、塌陷、火山喷发、矿山突水(瓦斯)、冻融、地面沉降、土地的沙漠化、水土流失、土地盐碱化等。

(5)地震灾害:包括由地震直接引起的各种灾害以及由地震诱发的各种次生灾害,地震是一种破坏力极大的自然灾害。地震除了直接引起山崩、地裂、房倒屋塌之外,还会引起火灾、水灾、爆炸、滑坡、泥石流、毒气蔓延、瘟疫等次生灾害。我国是多地震国家之一。

(6)农作物灾害:包括森林病虫害、鼠害、农业气象灾害、农业环境灾害。

(7)森林灾害:包括森林病虫害、鼠害、森林火灾。

我国的自然灾害种类繁多,而且灾害的强度大、频次高、危害面广、破坏性大,以及具有韵律性、群发性、转移性、继发性和相互制约性等特点。

1.4.3.2　人为灾害

人为灾害也被称为技术灾害(technological disaster),是因为人们行为失控和不恰当的改造自然行为,打破了人与自然和谐的动态平衡,导致科技、经济和社会系统的不协调而引起的灾害。它是人类认识的有限与无限、科技发展和欠发展等矛盾的必然表现形式。有时也是人和人所在的社会集团的有意行为。人为灾害主要是指人为因素引发的灾害,如环境污染、危化品事故、核事故等灾害。

人为灾害主要包括战争、恐怖袭击、空难、海难、车祸、火灾、爆炸、噪声、水土流失、沙漠化、核泄漏、核污染、土地退化、酸雨、毒雪以及生态环境的日益退化等。

1.4.4　灾害学概念

灾害学是一门以灾害为研究对象,研究灾害发生和演变规律,寻求有效防灾减灾途径的新兴学科。

灾害学主要研究各类灾害的成因和运动规律以及灾害防控与减灾的对策和技术,以构筑减灾管理的政策体系与技术体系,实现减灾经济与社会效益。

理论灾害学、基础灾害学、应用灾害学、分类灾害学共同构成了灾害学的学科体系。

1.4.5　灾害研究的基本原理

灾害不可完全避免:由于目前人类能力和认识的限制。

灾害形成和发生的对立统一规律:任何灾害都是致灾因子与承灾体相互矛盾作用的结果,灾害利弊具有相对性。

灾害形成和发生的量变质变原理:关注破坏性能量的积聚过程。

灾害系统的关联性原理:包括原生灾害与衍生灾害的因果关系、灾害链的关联集中表现、承灾体关联性。

灾害研究的信息反馈原理:正反馈使系统偏离强度越来越大,不能维持稳态过程;负反馈是系统对外部施加变化的响应及返回到一种稳定状态的过程——防灾减灾需要阻止正反馈、利用负反馈。

减灾的治标与治本相互促进关系:在减灾工作中要使两者有机结合、相互促进。

1.4.6 灾害链理论

灾害链是指孕灾环境中致灾因子与承灾体相互作用,诱发或酿成原生灾害及同源灾害,并相继引发一系列次生或衍生灾害以及灾害后果在时间和空间上链式传递的过程。

灾害链的本质反映了物质、能量的流动过程。

灾害链在减灾中有广泛的应用,如断链——通常在灾害孕育期采用;削弱——抓住薄弱环节消减其能量或冲击力;转移——将灾害链设法转移到威胁较轻的地域;规避——承灾体的空间和时间上的规避;接受——针对损害不大的灾害链。

1.5 安全科学基础

1.5.1 安全科学的发展历程

(1)原始阶段:人类历史的早期,人们对安全的需求只体现为求生的本能。有了狩猎、畜牧、农耕、矿产等活动后,为了防止野兽、环境、生产工具的危害,人们不得不注意自我保护,研究和掌握一定的安全技术。这只能算是安全科学的原始阶段。

(2)近代安全科学发展阶段:18世纪,以蒸汽机为代表的大机器生产时代从英国发起(工业革命)。生产力的发展,引起了一个影响巨大的负面效应,即事故增多,而且由于能量的集中,发生破坏性大、伤亡严重的事故的机会大大增加。1906年美国U.S.钢铁公司总经理格里提出"安全第一"的口号,然后各行业安全技术和管理体系初步建立,各种防护措施和装置有了改进,事故致因理论取得发展和进步。

近代安全科学发展中也存在一定的问题:主要着眼于一些局部或单元;方法的使用上还主要是直观的、片面的和事后处理;从总体上看,尚处于单学科研究的局部认知阶段。

(3)现代安全科学技术的发展:第二次世界大战后,新技术革命推动了各产业的迅猛发展;系统工程、信息论、控制论的理论和方法与计算机技术的结合并应用于规划、设计、组织和管理的产业全过程,使生产更加大型化、机械化、连续化和自动化,并最终导致其复杂化。

安全系统工程、安全性和可靠性分析及设计方法、安全评价等理论随之迅速发展。

1.5.2 现代安全科学与技术的主要内容

(1)哲学层次

安全观:安全的思想、方法论和认识论。

(2)基础科学层次

安全学:安全技术学、安全社会学、安全系统学、安全人体学。

(3)技术科学层次

安全工程学:安全技术工程学、安全社会工程学、安全系统工程学、安全人体工程学。

(4)工程技术层次

安全工程:安全预测、设计、施工、运转、总结和反馈、提高等具体技术活动与方法。

1.5.3　安全系统工程

1.5.3.1　对安全系统工程的理解

安全系统工程是系统工程在安全工程学中的应用,理论基础是安全科学和系统科学,追求的是整个系统或系统运行全过程的安全。

安全系统工程的核心是系统危险因素的识别、分析,系统风险评价和系统安全决策与事故控制。

安全系统工程要达到的预期安全目标是将系统风险控制在人们能够容忍的限度以内,也就是在现有经济技术条件下,最经济、最有效地控制事故,使系统风险在安全指标以内。

1.5.3.2　安全系统工程的内容

安全系统工程主要涉及事故致因理论、系统安全分析、安全评价、安全措施。

事故致因理论:对事故发生的原因及针对事故成因因素如何采取措施防止事故发生的模式和理论。

系统安全分析:对系统进行深入、细致的分析,充分了解、查明系统存在的危险,估计事故发生的概率和可能产生伤害及损失的严重程度,为确定哪种危险能够通过修改系统设计或改变控制系统运行程序来进行预防提供依据。

安全评价:对系统存在的危险性进行定性或定量的分析,得出系统存在的危险点与发生危险的可能性及程度,以预测出被评价系统的安全状况。

安全措施:对一个系统进行评价后,根据评价结果,针对系统中的薄弱环节或潜在危险,提出调整修正的措施,以避免事故的发生或使发生的事故得到最大限度的控制。

1.5.3.3　安全系统的组成因素

从灾害学的角度来说,每种事故都有一个共性,即都是由一些相同基本要素(4M 因素)构成的:人(man)、物(machine)、环境(medium)、管理(management),事故的发生是这 4 个要素相互作用或要素的不安全因子同时存在、同时发生的结果(图 1-12)。

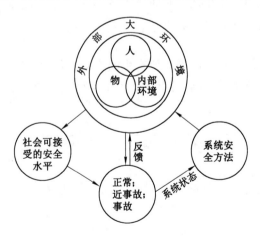

图 1-12　影响安全的因素及其相互关系

1.5.3.4 安全系统事故的 3E 对策

技术的因素、教育的因素和管理的因素是造成事故的主要因素。因此预防事故的相应对策,则为技术因素(engineering)、教育因素(education)和管理因素(enforcement)的"3E"安全对策,被称为防止事故的三根支柱(图 1-13)。

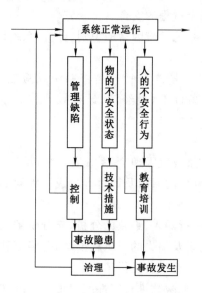

图 1-13 综合预防事故措施图

如果仅片面强调其中某一根支柱,是不能得到满意效果的;每一根支柱只有伴随其他支柱的支撑才能发挥作用,这就是综合的实质。

1.5.4 事故致因理论

1.5.4.1 海因里希事故因果连锁论

海因里希认为:防止事故发生重点是防止人的不安全行为,消除物的不安全状态,中断事故连锁进程,这样就可以避免事故发生。

1.5.4.2 轨迹交叉论

人的因素,如遗传、环境、管理缺陷等所产生的不安全行为与物的因素如设计、制造缺陷等所造成的不安全状态,在时间和空间上产生交叉,就有可能会发生事故,从而造成伤害(图 1-14)。

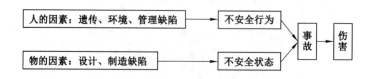

图 1-14 轨迹交叉模型

消除人的不安全行为或物的不安全状态均可以避免事故;为了有效防止事故的发生,必须同时采取措施消除人的不安全行为和物的不安全状态。但是需要注意的是,许多情况下人的因素与物的因素又互为因果,因而实际的事故并非简单地按照人、物两条轨迹发展,而是呈现非常复杂的因果关系,其中由于人的行为受到许多因素的影响,控制人的行为是非常困难的。

1.5.4.3　管理失误论

在海因里希事故致因连锁模型(图 1-15)基础上,重视管理机能中的控制机能,则可以有效地控制人的不安全行为和物的不安全状态。

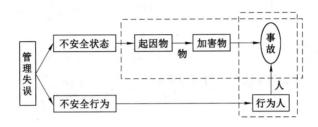

图 1-15　海因里希事故连锁模型

起因物:是导致事故发生的机械、物质;加害物:是直接作用于人体的能量载体或危险物质;人:区分行为人和被害者。

管理失误(根本原因)和人的不安全行为、物的不安全状态不是一个层次的问题,不应并列分析。

1.5.4.4　能量释放论

事故是一种不正常的或不希望的能量释放。

因果过程:管理失误、控制不力、员工素质—人的不安全行为和物的不安全状态—能量或危险物质的意外释放—事故。

1.5.4.5　扰动起源论

扰动起源论将事故看作由事件链中的扰动开始,以伤害或损害为结束的过程,这种事故理论也叫作 P 理论(图 1-16)。

1.5.4.6　综合论

综合论认为,事故的发生绝不是偶然的,而是有其深刻原因的,包括直接原因、间接原因和基础原因。事故是社会因素、管理因素和生产中的危险因素被偶然事件触发所造成的结果(图 1-17)。

1.5.5　安全科学在地下工程安全中的应用

提供基础理论支持:事故致因理论、灾害事故模型为分析、预测、预防安全事故提供理论依据。

提供安全分析和评价方法:系统安全分析及评价方法可以用于安全及灾害控制的分析、评价,为设计、施工及运营阶段提出安全措施提供指导。

提供安全管理理念:安全管理理念应始终贯穿运营管理工作的全阶段,通过提高管理效率、可靠度,控制灾害的发生概率和灾害损失程度。

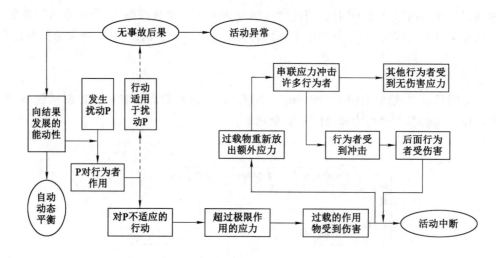

图 1-16　扰动理论示意图

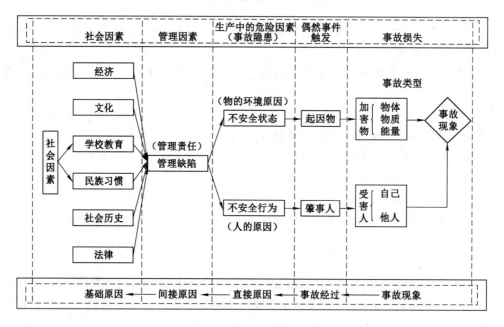

图 1-17　综合论事故模型图

1.6　地下工程灾害简析

1.6.1　地下工程灾害类型及特点

火灾为主要灾害,约占 30%,其他灾害包括水灾、爆炸、地震、空气恶化、交通事故、结构破坏等。

灾害特点包括致险因子多,疏散救援困难,灾害后果严重。

1.6.2 地下工程灾害的致灾机理

孕灾环境、致灾因子以及承灾体(图 1-18)相互作用、相互联系,三者共同影响导致灾情的发生。

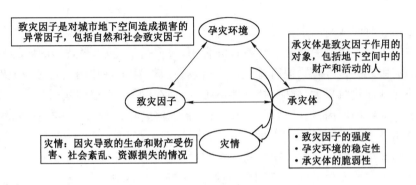

图 1-18 致灾关系图

思 考 题

1. 人类经常遇到的自然灾害和人为灾害有哪些?怎么防御?
2. 灾害的定义及分类是怎么样的?
3. 地下工程灾害有哪些危害?
4. 当今地下工程的特点有哪些?
5. 建设期和运营期事故各有什么特点?

第2章 地下工程火灾的防护

火灾是指在时间或空间上失去控制的燃烧所造成的灾害。新的标准中,将火灾定义为在时间或空间上失去控制的燃烧。在各种灾害中,火灾是最经常、最普遍的威胁公众安全和社会发展的灾害之一,与洪涝、泥石流、滑坡、台风、沙暴、冲击爆炸等灾害相比,火灾对地下工程的威胁比地面建筑更大,同时,扑灭地下工程火灾比扑灭高层建筑顶层火灾更为困难。引发地下工程火灾的原因,除了地下工程电气设备线路老化、短路外,还有机械碰撞、摩擦引起火花引燃车站和车厢易燃的装饰材料或其他化学药品,列车中乘客吸烟、携带易燃易爆的物品等,此外,地震和战争灾害的次生地下灾害也可产生火灾。

随着地下工程建设的发展,地下工程的规模不断扩大,用途也越来越广,功能越来越复杂。这些工程在给人们生产、生活带来便利的同时,消防设施的不完善以及其他方面因素的影响,使得地下工程存在严重火灾隐患。火灾事故一旦发生,就会直接导致经济的损失和不良的社会影响,因此,对地下工程进行火灾防护是十分重要的。

2.1 火灾对地下工程的破坏特点

地下建筑(underground building and construction),是指在地表以下修建的建筑物和构筑物。地下建筑外部有岩石或土层包围,由于施工困难、建筑造价高等原因,其与建筑外部相连的通道少,而且宽度、高度等尺寸较小,这样的构造对外部发生的各种灾害具有较强的防护能力。但是由于其是一种埋入地下的封闭式空间,对于发生在自身内部的灾害,因受到封闭环境的制约,要比地面上危险得多。因此,一旦发生灾情,混乱程度比在地面上严重得多,防护的难度也大得多,救援和紧急疏散都存在着极大的困难。

地下工程火灾的要素、产物、危害和后果,如图2-1所示。地下工程、可燃物、适当的通风(供氧)条件和足以引起燃烧的引火源成了造成地下工程火灾的主要要素。火灾的直接产物是热能、粉尘和有毒有害的气体,而热能传递的过程等是火灾的表现形式。

2.1.1 地下工程的火灾特点

2.1.1.1 温度急剧升高
地下建筑与外界连通的出口少,发生火灾后,烟热不能及时排出去,建筑空间温度上升快,可能较早地出现轰燃,使火灾房间温度很快升高到800 ℃以上,火源附近温度往往会更高,达1 000 ℃以上。

2.1.1.2 氧含量急剧下降
火灾发生时,由于地下工程的相对密闭性,大量的新鲜空气一时难以迅速补充,使空间中的氧含量急剧下降。当空气中氧含量降至10%~14%时,人体四肢无力,判断能力低,易

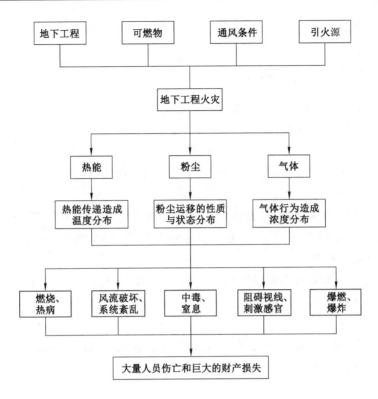

图 2-1　火灾危害示意图

迷失方向;降至 6%～10% 时,人即刻晕倒,失去逃生的能力。因此,在空气中氧含量降到 10% 以前,人员应全部疏散。

2.1.1.3　产生烟气量大,火灾的危害大

地下建筑出入口少,通风不足,燃烧不充分,有毒气体的浓度迅速增加,高温烟气的扩散流动,会导致疏散通道能见距离降低,影响人员疏散和消防队员扑救火灾。地下建筑发生火灾时,由于出入口数量少,氧气供给不充分,发生不完全燃烧,烟雾浓度高,并逐步扩散。

2.1.1.4　散热条件差,浓烟难以排除

地下工程被岩石和土壤包裹,热交换十分困难。一旦发生火灾,由烟气所形成的高温气流会对人体产生巨大的影响,若不加以控制或不及时排除,则会在地下空间四处流窜,短时间内将充满整个地下空间,对建筑物内的人员和救灾人员造成严重威胁。

2.1.1.5　人员疏散困难

地下工程只有数量有限的洞口,发生火灾时,人员疏散只能靠步行通过出入口或联络通道,当平时的出入口没有排烟设施或排烟设施较差时,出入口将成为喷烟口。高温浓烟的流动方向与人员逃生的方向一致,烟气的扩散流动速度比人群的疏散逃生速度快得多,所以人们就在高温浓烟的笼罩下逃生,能见度大大降低,使人心理更加恐慌。同时,烟气中的有些气体的刺激性使人的眼睛睁不开,可能会使人瘫倒在地或盲目逃跑,造成更多伤亡。

2.1.1.6　灭火救援难

地下工程发生火灾时,只有详细询问和研究工程图,才能提出灭火方案,同时出入口又经常是火灾时的冒烟口,消防人员在高温浓烟的情况下难以接近着火点,扑救工作面十分窄

小。此外,地下工程对通信设备的干扰较大,使扑救人员与地面指挥通信联络困难,造成战机贻误,为消防扑救增添了障碍。

2.1.2 地下工程火灾的原因分析

2.1.2.1 违反电气安装和使用的安全规定进行操作

违反电气安装和使用的安全规定进行操作是引发地下工程火灾的直接原因之一。有些工人用一般的绝缘管代替阻燃管,甚至连绝缘管也不使用;有些装了接线盒却不装盖子,从而极易引起短路;有的工人用照明灯烤物品,将其挂在易燃装饰物的墙上。

2.1.2.2 电气焊割

由于地下结构经常需要检修,在检修过程中,当进行电气焊接和切割时,会产生大量火星和熔渣,这些残渣的温度非常高,一旦落在可燃物上,会立刻引起火灾。

2.1.2.3 吸烟及用火不慎

有的地下工程中有比较多的可燃物,而许多人没有安全防火意识,常常违反操作规程,在作业时吸烟及用火不规范,从而引起火灾。

2.1.2.4 线路过负荷

过高的电流从线路上流过,往往产生较多的热量,从而导致线路绝缘燃烧或使绝缘损坏失去绝缘能力,造成断路,引起火灾。

2.1.2.5 爆炸引起火灾

爆炸同时伴随强烈放热、发光和声响的效应。爆炸后的次生灾害之一就是火灾,这种灾害往往是毁灭性的。

2.1.2.6 人为纵火或恐怖袭击

人为纵火或恐怖袭击发生的概率虽然比较小,但是由于它是有预谋或者有组织性的人为破坏行为,所以一旦发生,其后果将会不堪设想。

2.2 地下工程防火设计

2.2.1 概述

防火设计应遵循以下原则:

(1) 防火设计必须贯彻"预防为主,防消结合"的方针,从重视火灾的预防和扑救初期火灾的角度出发,制定正确的防火措施,设计比较完善的灭火设施。

(2) 防火设计必须严格执行国家消防技术标准、工程建设标准及相关消防设计的规定,同时注意规范间的协调。防火设计应坚持安全性和经济性的统一。

建筑防火设计应采用的技术措施,按工种划分,有以下几方面内容:

(1) 总平面布局和平面布置;

(2) 建筑耐火设计;

(3) 建筑防火分区;

(4) 安全疏散设计。

2.2.2　总平面布局和平面布置

在总平面设计中,应根据建筑物的使用性质、火灾危险性等因素,进行合理布局,避免建筑物相互之间构成火灾威胁和出现火灾后造成严重后果,并且为消防车扑救火灾提供条件。平面布置要满足安全疏散的要求。

2.2.2.1　地下建筑的总平面设计

地下建筑的总平面设计应根据城市的总体规划,合理确定其位置、防火间距、消防车道和消防水源。

2.2.2.2　合理确定防火间距

确定合理的防火间距可以防止火灾大面积蔓延,防火间距的大小要综合考虑建筑物使用的性质、功能、布置形式、耐火等级以及扑救火灾需要、节约用地等因素。

2.2.2.3　地下建筑要限制使用范围

为了保障安全,要对地下建筑限定使用范围。有爆炸危险的车间、仓库不能设在附建的地下建筑内,以免发生爆炸时殃及上部建筑物。由于地下建筑发生火灾时疏散困难,人员集中场所应尽量布置在上部空间,地下二层及以下各层宜设置停车场、仓库等。

2.2.3　建筑耐火设计

目前大多数国家的建筑设计防火规范对建筑结构的耐火设计都采用耐火等级设计方法。建筑耐火设计的目的在于防止建筑物在火灾时倒塌和火灾蔓延,保障人员的避难安全并尽量减少财产的损失。它要求在火灾高温的持续作用下,建筑物能在一定时间内不破坏,不传播火灾,从而延缓和阻止火灾蔓延,为人员疏散提供必要的疏散时间,为抢救物资、扑灭火灾以及火灾后结构修复创造有利的条件。

2.2.3.1　建筑耐火等级

耐火等级是衡量建筑物耐火程度的分级标度。划分建筑耐火等级是建筑设计防火规范规定的防火技术措施中最基本的措施。对于不同的建筑物,火灾的危险性是有差异的,因此在设计时应区别对待。根据建筑重要性、火灾的危险性、火灾荷载、扑救难度等因素,我国将建筑物的耐火等级划分为四个级别。地下建筑的耐火等级应为一级,其出入口地面建筑的耐火等级不应低于二级。

2.2.3.2　建筑材料的耐火性能

影响建筑材料耐火性能的主要因素有材料的物理性能、材料的导热性能、材料的燃烧性能、材料的发烟性能、材料的潜在毒性。

2.2.3.3　建筑构件的耐火性能

建筑物的耐火程度,直接取决于建筑构件在火灾高温作用下的防火性能。基于建筑构件所使用材料的燃烧性能不同,可将不同建筑材料制成的建筑构件分为三类:不燃烧体、难燃烧体、燃烧体。

2.2.4　建筑防火分区

防火分区就是在建筑物中采用耐火性极好的分隔构件将建筑空间分隔成若干区域(空间单元),一旦某一区域起火,则能够在一定时间内防止火灾向同一建筑的其他部分蔓延,从而把火灾控制在某一局部区域之中。

防火分区按其功能可分为水平防火分区和竖向防火分区两类。

2.2.4.1 划分防火分区的原则

建筑防火分区的大小应根据建筑物的使用性质、火灾危险性、消防扑救能力等因素综合确定。划分防火分区时应遵循以下原则：

（1）发生火灾危险性大、火灾燃烧时间长的部分应与其他部分隔开。

（2）同一建筑的使用功能不同的部分、不同用户应进行防火分隔处理。

（3）作为避难用的安全通道和为扑救火灾而设置的消防通道，应确保其不受火灾侵害，并保证其通畅。

（4）特殊用房如医院的重点护理病房、贵重设备和物品储存间，在正常的防火分区内还应设置更小的防火单元。

（5）多层地下室在竖直方向上应以每个楼层为单位划分防火单元。

2.2.4.2 防火分区的分隔物

防火分区的分隔物是指能保证在一定时间内阻燃的防火分区边缘构件，一般有防火墙、防火门、防火窗、防火卷帘、防火水幕带、耐火楼板、封闭和防烟楼梯间等。其中，防火墙、防火门、防火窗、防火卷帘和防火水幕带是水平方向划分防火分区的分隔物，而耐火楼板、封闭和防烟楼梯间则属于竖直方向划分防火分区的防火分隔物。

防火墙是建筑中采用最多的防火分隔构件，通常是水平防火分区的首选。防火墙应由非燃材料构成，耐火等级须满足现行规范要求。

防火门是一种活动的防火分隔构件，除了具有一般门的功效外，还具有能保证一定时限的耐火、防烟隔火等特殊功能。因此要求其具备较高的耐火极限，还应具有启闭、密闭性能好的特点。防火门按耐火极限分为三种：甲级、乙级和丙级。

防火窗是一种采用钢窗框、钢窗扇及防火玻璃制成的能隔离或阻止火势蔓延的窗。它具有一般窗的功能，同时具有隔火、隔烟的特殊功能。按安装方法的不同可分为固定防火窗和活动防火窗两种。防火窗按耐火极限可分为甲级、乙级、丙级三种。防火窗的选用与防火门相同，凡是防火门带有窗处，均应选用级别与防火门相同的防火窗。

防火卷帘是一种不占空间、关闭严密、开启方便的较现代化的防火分隔物，它可以实现自动控制，并与报警系统联动。防火卷帘应具备必要的非燃烧性能、耐火极限和防烟性能。防火卷帘由帘板、导轨、传动装置、控制机构等组成。

对于公共建筑中不便设置防火墙或防火分隔墙的地方，最好使用防火卷帘。当防火卷帘的耐火极限达不到防火墙的耐火极限时，需要加设自动喷水灭火系统。设在疏散通道和前室的防火卷帘，最好同时具有自动、手动和机械三种控制方式。

2.2.4.3 楼梯间、电梯间、管道井等的耐火构造

楼梯间、电梯间、管道井等在火灾时是火灾蔓延的途径，因此是竖向防火分隔的关键，应当采取必要的防火措施。

（1）楼梯间、电梯井、管道井的墙壁或井壁应当符合规定的耐火极限要求。

（2）电梯井应独立设置，井内严禁敷设可燃气体和甲、乙、丙类液体管道，不应敷设与电梯无关的电缆、电线等。电梯井壁除开设电梯门洞和通气孔外，不应开设其他洞口。电梯门应当用金属门，不应当用栅栏门。

（3）各种竖向管道井应分别设置,井壁上的检查门应采用丙级防火门。

2.2.5　安全疏散设计

地下工程疏散设计首先应考虑的是疏散时间,其次还要考虑疏散路线和安全出口、疏散通道、疏散楼梯等疏散设施的宽度和数量。同时,做好事故照明、疏散指示标志和防排烟设施的设计。

安全疏散设计要着重体现以下原则:有最有效的疏散设施、有最安全的临时避难所、有最简明的疏散路线、有最畅通的安全出口。

2.2.5.1　疏散计算的理论模型

疏散计算的目的是预测所有人员全部疏散结束所需的条件和时间。近年来国内外的一些专家对疏散的理论计算进行了大量的探索模拟工作。

模拟的基本条件分为两大类:

（1）假定建筑物内的所有人员均能正常地按照设计事先规划的路线和通道向安全地带转移,则理论模拟主要是解决疏散所需时间和人员状态的问题。

（2）当人员在火灾中受阻于烟气和火焰时,模拟人员当时的分布状况以及有可能出现的伤亡情况。

人员疏散模型基本上可以分成两种类型,即只考虑人运动的模型和综合考虑人的运动行为与环境相互关系的模型。

第一类模型是只考虑环境因素的模型。它将每个人都当作只对外部新产生的情况自动响应的无意识的客体。

第二类模型不仅考虑建筑物的物理特性,而且将每个人当作一个主动因素,考虑其对各种火灾信号的响应及个体行为,比如个体响应时间、如何选择出口等。

2.2.5.2　疏散时间

疏散时间是指需要疏散的人员自疏散开始到疏散结束的时间。疏散时间是安全疏散设计的基本指标之一。到安全出口的最大步行距离、通道的宽度、出口数量,都必须从安全疏散时间的要求出发来确定。影响疏散时间的因素有疏散设施的形式、布局,疏散线路的合理性,人员的密集程度等。

疏散时间的确定考虑以下两个方面:

（1）从着火防火分区向非着火防火分区的疏散时间要短;

（2）从非着火防火分区向地面疏散的时间可长些。

2.2.5.3　疏散速度

目前,国内还没有火灾情况下地下建筑人员疏散的相关数据,我国人防工程战备演习疏散中的实测人员流通量具有一定的参考价值,相关信息见表 2-1。

2.2.5.4　疏散距离

根据上述考虑疏散时间的原则,可得出对响应疏散距离的要求,即从着火防火分区向非着火防火分区的疏散距离要短;非着火防火分区向地面疏散的距离可长些,从而适应地下工程通道可能较长的特点。

表 2-1　人防工程战备疏散流通量

序号	试验地点	参加人员数量/人	工事出口总数/个	出口形式	人流股数/股	通过时间/min	流通能力/(人/min)
1	某地道1	3 700	18	阶梯式	单	10	20
2	某干道地道	23 000	112	阶梯式	单	10	20
3	某公司地道1	1 800	8	阶梯式	单	10	22
4	某地道2	10 000	85	阶梯式	单	6	20～30
5	某公司地道2	700	2	阶梯式	单	7	50

2.2.5.5　疏散路线

在安全疏散路线设计时应遵循以下原则：

(1) 疏散路线要简要明了，便于寻找、辨别。

(2) 疏散路线要做到步步安全。

(3) 疏散路线要符合人的习惯。

(4) 尽量不使疏散路线和救援路线交叉，以避免相互干扰。

(5) 疏散走道不要布置成不畅通的"S"形，也不要有宽度变化。走道上方不能有妨碍疏散的突出物，走道不能有突然改变地面高程的踏步。

(6) 在建筑物内任意位置最好有两个或两个以上的疏散方向可供疏散。

(7) 合理设置各种安全疏散设施，做好其构造等设计。如疏散楼梯，要确定好其数量、布置、位置、形式等；防火分隔、楼梯宽度和其他构造都要满足规范的有关要求。

2.2.5.6　疏散设施

地下工程的安全疏散设施主要包括安全出口、疏散通道、疏散楼梯、事故照明、疏散指示标志和防排烟设施等。一些大型的地下公共建筑，特别是地下改建工程，可以仿照高层建筑设置避难层那样在地下建筑中设置避难所。

安全出口应按防火分区之间的出入口和直通室外地面空间的出入口分别考虑。安全出口应分散均匀布置，使每个出口所服务的面积大致相等。安全出口的宽度应与所服务面积的最大人流密度相适应，以保证人流在安全疏散时间内全部通过。同时，安全出口要易于寻找，并应设明显标志。

在疏散总人数、疏散速度、允许疏散时间确定后，即可确定安全出口所需的总宽度。然后再按内部任意一点到达安全出口最大距离的规定，分配安全出口的数量和位置。

为了便于计算，一般以百人宽度指标 B 作为简洁的计算方法来确定安全出口的总宽度，设计时只要按照使用人数乘以指标即可。

$$B = \frac{N}{A \times t} \times b \tag{2-1}$$

式中　N——疏散总人数，取 100 人；

　　　t——允许疏散时间，min；

　　　b——单股人流密度，人/m²，一般取 0.5～0.7 人/m²；

　　　A——单股人流通行能力，人/min。

2.2.6　地下工程防火性能化设计

2.2.6.1　性能化防火设计的概念

性能化防火设计运用消防安全工程学的原理和方法,考虑火灾本身发生、发展和蔓延的基本规律,结合实际火灾中积累的经验,通过对建筑物及其内部可燃物的火灾危险性进行综合分析和计算,从而确定性能指标和设计指标,然后再预设各种可能起火的条件和由此所造成的火、烟蔓延途径以及人员疏散情况,来选择相应的消防安全工程措施,并加以评估,核定预定的消防安全目标是否已达到,最后再视具体情况对设计方案做调整、优化。

与传统的防火设计相比,性能化防火设计具有以下优点:

(1) 体现了一座建筑的独特性能和用途,以及某个特定风险承担者的需要。

(2) 可以根据工程实际的需要,制定并选择替代消防设计方案,设计思想灵活。

(3) 通过安全水平和替代方案的对比,可以确定安全水平与成本的最佳结合点。

(4) 运用多种分析工具,从而使设计的准确性和优良性大大提高,并可以产生更有革新意义的设计。

(5) 把消防系统作为一个整体考虑,整座建筑的各个消防系统之间总体协调性好。

2.2.6.2　性能化防火设计的特征

(1) 设计目标具有确定性。

(2) 设计方法具有灵活性。

(3) 必须对设计方案进行评估。

2.2.6.3　性能化防火设计的步骤

(1) 确定建筑的参数及具体的设计内容。

(2) 确定消防安全需要达到的总体目标、功能目标和性能目标。

(3) 确定设计目标。

(4) 确定火灾场景。

(5) 模拟设计火灾。

(6) 提出和评估设计方案。

(7) 编制设计报告和说明。

2.3　地铁火灾防护及救援

随着城市的不断发展,为缓解城市地上交通压力、降低污染排放,地铁已成为重要的公共交通设施,但地铁自身处于地下且密闭性强,导致地铁火灾救援十分困难。近年来,地铁火灾事故屡有发生。与其他地下工程相比,地铁可燃物多、发烟量大、火势易蔓延、热量易积聚、出入口少、人员密集,使得地铁火灾中人员疏散非常困难。此外,发生火灾后,消防救援人员在高温、浓烟的环境下,救援工作也很难迅速、有效开展。地铁防火设计须执行《地铁设计规范》(GB 50157—2013)和其他现行的相关规范;站厅及与地铁联合开发的地下商业街等公共场所的防火设计,也应符合民用建筑设计防火规范的规定。

根据地铁结构特点和火灾特性建立起有效的防灾系统(图 2-2)至关重要。

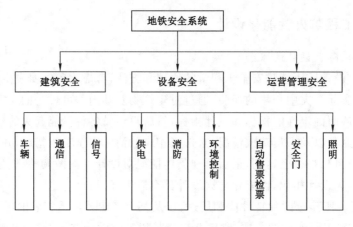

图 2-2　地铁安全系统结构图

2.3.1　地铁火灾的特性

2.3.1.1　火灾发生原因

地铁火灾事故发生的原因可大致归为两类：人为因素和设备故障。

（1）人为因素

首先是部分乘客缺乏安全意识，且安检程序不够严格谨慎，私自携带易燃易爆物品引发火灾。其次是地铁站作业的工作人员由于操作失误，如施工期间焊接等明火作业导致火灾。最后还包括部分恐怖分子和反社会人员出于报复心理在地铁站进行人为纵火。

（2）设备故障

地铁长期运行若检修维护保养不及时，极有可能造成地铁的各项设备，尤其是电气元件老化、过载、短路等，如供电设备中的牵引供电系统、电缆系统等设备发生故障从而引发火灾。除电气设备以外，列车行车部件缺乏检修，出现老化、剧烈摩擦也易造成火灾。

2.3.1.2　地铁火灾的特点

（1）安全疏散困难，极易发生次生灾害

地铁自身结构材料复杂，一旦发生火灾，会由于燃烧产生大量有毒有害气体，且火灾产生的烟雾也会极大影响可见度，影响人员逃生。地铁交通一般位于地下超过 15 m，有些多层地铁甚至位于地下超过 70 m，且逃生路径一般较为复杂且途径较少，很难在短时间内保证所有乘客安全疏散。

（2）灭火救援难度大

地铁自身的封闭结构，导致大型常用的灭火救援装备很难进入，比如消防车等。狭小复杂的结构也会严重影响消防救援人员的救援工作效率。由于地铁材料包含大量金属，热传导性能极好，因此一旦发生火灾，会导致车厢温度急剧上升，有很大的概率发生结构破损、坍塌，从而增加地铁救援的难度。

（3）火情探测和扑救困难

由于地铁的出入口有限，而且出入口又通常是火灾时的出烟口，消防人员不易接近着火点，扑救工作难以展开。再加上地下工程对通信设施的干扰较大，扑救人员与地面指挥人员联络困难，也为消防扑救工作增加了障碍。

（4）氧含量急剧下降

地铁火灾发生后，由于地下建筑的相对封闭性，足量的新鲜空气难以迅速补充，空气中氧含量急剧下降，导致受灾人员窒息死亡。

（5）产生有毒烟气，排烟排热效果差

由于地铁内乘客携带物品种类繁多，很多为可燃物品，一旦燃烧很容易蔓延，产生大量有毒烟气。由于地铁空间狭小，大量烟气集聚在车厢内无法扩散，易造成车厢内人员吸入有毒烟气死亡。

2.3.2　地铁火灾的危害

2.3.2.1　严重火灾实例

案例：2003 年 2 月 18 日，韩国大邱市的地铁遭人蓄意纵火，大火从当地时间 9 时 55 分开始燃烧，约 3 h 才被扑灭。此次大火至少造成几百人伤亡，并导致大邱市地铁系统陷入瘫痪，市中心秩序一片混乱。

教训：地铁内没有处于防备状态的防护系统，应对火灾的喷水消防装置仅设在地下二层站区，而站台上没有；地下车站没有可强行排烟的排风扇，救援人员三四个小时无法接近火场。

2.3.2.2　地铁火灾危害的表现

作为一个密闭空间，地铁火灾事故一旦发生，就会不可避免地造成巨大的经济损失以及恶劣的社会影响。具体危害如下：

（1）衬砌受损，人员伤亡，车辆、设备焚毁。

（2）载力降低或完全丧失。

（3）防水体系被破坏，造成不同程度的渗水。

（4）导致动力、照明、通信、通风及给排水设备无法运转，救援难度增大。

（5）造成恶劣的社会影响，污染环境。

2.3.3　地铁火灾的预防

2.3.3.1　建筑防火

（1）平面布置

地下车站管理用房宜集中一端布置，管理用房区应有一个安全出口通向地面，该区内站厅和站台层间的人行楼梯应为封闭楼梯间。

（2）耐火等级和建筑结构非燃化

在车站装修中大量采用可燃性物质，是地铁发生严重火灾的重要原因。因此，有必要控制可燃材料和有毒材料的应用。地下车站、区间隧道、出入口、通风亭及地面车站和高架桥结构的耐火等级为一级。上述结构的墙、地面及顶面的建筑装修材料，应采用不燃材料。

（3）防火分区

地铁地下车站站台和站厅乘客疏散区应划分为一个防火分区。其他部位的防火分区面积不应超过 1 500 m²。两个防火分区之间应采用耐火极限 4 h 的防火墙和甲级防火门分隔，当防火墙设有观察窗时，应采用 C 类甲级防火玻璃。地下车站与地下商场等地下建筑的联络通道内，应设防火门或防火卷帘。

2.3.3.2 防排烟系统设计

（1）防排烟系统设置范围和功能

地下车站及区间隧道内应设防排烟系统和事故通风系统,地铁的下列场所应设置机械防烟、排烟设施:地下车站的站厅和站台;地下区间隧道;同一个防火分区内的地下车站设备及管理用房的总面积超过 200 m²,或面积超过 50 m² 且经常有人停留的单个房间;最远点到地下车站公共区的直线距离超过 20 m 的内走道;连续长度大于 60 m 的地下通道和出入口通道。

（2）运营模式转换功能

当防烟、排烟系统与事故通风和正常通风及空调系统合用时,通风与空调系统应采用可靠的防火措施,且应符合防烟、排烟系统的要求,并应具备事故工况下的快速转换功能。

① 列车火灾时的运行模式

当列车在地下区间发生火灾停驶时,车站一端的事故风机向火灾区间送风,另一端的事故风机将烟雾经风井排至地面。控制中心确认火灾后,根据事故列车在区间的位置、列车火源位置等决定通风方向后,使乘客疏散的方向与气流方向相反,使疏散区始终处于新风带,以利于人员安全撤离。当发生火灾的列车进入地下车站停车时,启动设在车站两端的事故风机和排风机进行排烟,使乘客疏散方向与气流方向相反,以利于人员安全撤离。

② 车站火灾时的运行模式

若车站站台发生火灾,应停止向站台送风,并关闭站厅的排烟设备,开启站台的排烟设备排烟,使站台楼梯口形成一个由站厅向站台的气流,乘客由站台向站厅撤离;若车站站厅发生火灾,应停止向站厅送风,并关闭站台的排烟设备,开启站厅的排烟设备排烟,乘客由出入口向地面撤离。

（3）防烟分区

车站划分防烟分区,防烟分区的面积不超过 750 m²,且防烟分区不应跨越防火分区。防烟分区可采用挡烟垂壁等设施实现。挡烟垂壁等设施的耐火极限不应小于 0.5 h。站厅与站台间的楼梯口处宜设挡烟垂壁,挡烟垂壁下缘至楼梯踏步面的垂直距离不应小于 2.3 m。

（4）排烟量

地下车站的排烟量,按每分钟每平方米建筑面积为 1 m³ 计算。当排烟设备担负两个防烟分区时,其设备能力按同时排除两个防烟分区的烟量配置。当车站站台发生火灾时,保证站厅到站台的楼梯和自动扶梯口处具有 1.5 m/s 的向下气流。

（5）排烟口和排烟管道布置

排烟口的风速不宜大于 10 m/s。当排烟干管采用金属管道时,管道内的风速不宜大于 20 m/s,采用非金属管道时不应大于 15 m/s。

通风与空调系统下列部位风管应设置防火阀:

① 穿越防火分区的防火墙及楼板处。

② 每层水平干管与垂直总管的交接处。

③ 穿越变形缝且有隔断处。

（6）排烟风机

区间隧道排烟风机及烟气流经的辅助设备如风阀及消声器等,应保证在 150 ℃时能连续有效工作 1 h。地下车站站厅、站台和设备及管理用房排烟风机及烟气流经的辅助设备如风阀及消声器等,应保证在 250 ℃时能连续有效工作 1 h。

2.3.3.3　防灾用电和疏散指示标志

（1）电气设备

地铁电气设备数量多、用电量大、容易发生事故,电气设备火灾是地铁系统发生最多的火灾。地铁电气设备的基本要求是:消防用电设备的电源按一级负荷供电;地铁电气设备应选用无油型设备;地铁选用的电缆及电线应为无毒低烟阻燃电缆或耐火电缆;应急照明的连续供电时间不应少于 1 h;防灾用电的配电设备应有明显标志。

（2）应急照明

地铁下列部位应设置疏散应急照明:

① 站厅、站台、自动扶梯、自动人行道及楼梯口。

② 疏散通道及安全出入口。

③ 区间隧道。

（3）疏散标志

地铁的下列部位应设置醒目的疏散指示标志(指示标志与地面的距离小于 1 m):

① 站厅、站台、自动扶梯、自动人行道及楼梯口。

② 人行疏散通道拐弯处、交叉口及安全出入口,通道每隔 20 m 处。

③ 疏散走道和疏散门,均应设灯光疏散指示标志,并设有玻璃或其他非燃烧材料制作的护罩。

④ 站台、站厅、疏散通道等人员密集部位的地面,宜设置保持视觉连续的发光疏散指示标志。

2.3.3.4　消防给水和灭火装置

消防栓最大间距、最小用水量及水枪最小充实水柱长度如表 2-2 所示。

表 2-2　消防栓最大间距、最小用水量及水枪最小充实水柱长度

地点	最大间距/m	最小用水量/(L/s)	水枪最小充实水柱/m
车站	50	20	10
折返线	50	10	10
区间(单洞)	100	10	10

以下场所应设置自动喷水灭火装置:

（1）与地铁同时修建的地下商场。

（2）与地铁同时修建的地下可燃物仓库和Ⅰ类、Ⅱ类、Ⅲ类地下汽车库。

2.3.3.5　事故通风与排烟

（1）地铁车站及区间隧道内必须配备事故机械通风系统。

（2）排烟系统宜与正常排风系统合用,当火灾发生时应确保将正常排风系统转换为排烟系统。

2.3.3.6　地铁火灾防护措施

（1）加强定期检查维护。要严格对地铁各设备元件状态进行定期检测和维护,以及检查消防灭火救援设施的质量及数量是否符合规范要求,保证火灾自动报警系统等自动报警灭火装置处于正常良好的工作状态,一旦发生火灾可以在初期对火灾进行抑制。

（2）加强地铁火灾安全教育。消防及地铁管理部门要多渠道向普通民众普及地铁应急

逃生路径。定期组织乘客逃生疏散演习,切实提高乘客对地铁内消防通道及消防设施位置及使用方式的熟悉程度。

2.3.4 地铁火灾报警系统

火灾自动报警及控制系统(FAS)与环控监控系统(BAS)是两个各自独立但又相互联络的系统。火灾自动报警及控制系统负责保护区域的火灾探测和全线消防设备的管理,用以及早发现火情,自动或协助消防人员手动对有关消防设备进行联动控制,指挥抢险救灾,引导乘客安全疏散。环控监控系统负责对车站所有环控设施(包括通风、空调、给排水、照明、自动扶梯等)的日常运行进行自动化管理,在满足环境调控的同时尽量考虑节约能源。当灾害发生时,BAS通过信息传输接口接受FAS的指令执行救灾任务。

2.3.4.1 火灾自动报警及控制系统构成及功能

(1)地铁应设置防灾自动报警与监控系统,并应设置中心和车站两级控制室。

(2)火灾自动报警系统中的信号装置和联动控制装置,应采用自动和手动两种方式。

(3)地铁主排水泵站和排雨水泵站,应设危险水位自动报警装置。

防灾报警系统示意图见图2-3。

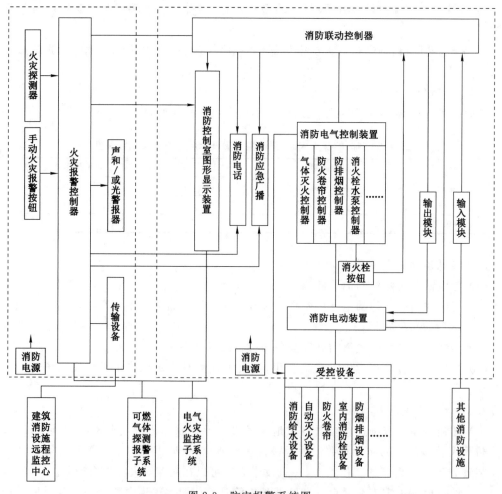

图 2-3 防灾报警系统图

2.3.4.2 火灾自动报警及控制系统方案

FAS 由防灾报警、防灾控制、防灾通信三大部分构成。具体方案如下：

（1）分散管理系统；

（2）全线分控级相互联网,无主次管理系统；

（3）集中管理系统。

地铁有关防灾规范还不完善,防灾报警设计应与当地有关部门密切合作,确定适于本地的系统方案。

FAS 组网方式如图 2-4 所示。

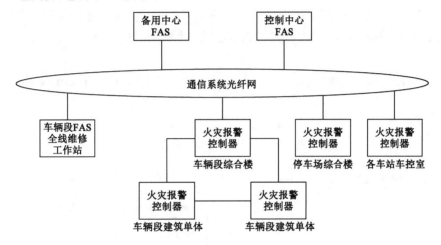

图 2-4　FAS 组网方式

FAS 中心级构成如图 2-5 所示。

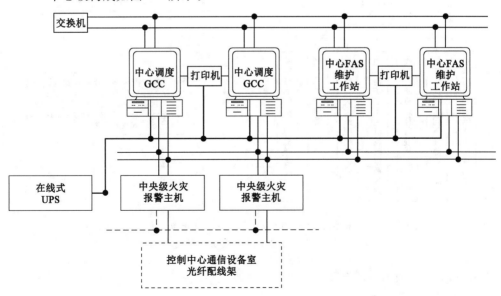

注:1. GCC(global command center),即全球指挥中心。这个中心通常负责监控和管理防灾报警系统的运行情况,及时响应报警信号并采取必要的措施。2. UPS,即不间断电源。

图 2-5　FAS 中心级构成

FAS 车站级构成如图 2-6 所示。

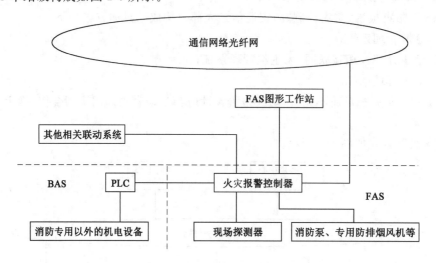

注:PLC 为可编程控制器。

图 2-6　FAS 车站级构成

FAS 车站级联动如图 2-7 所示。

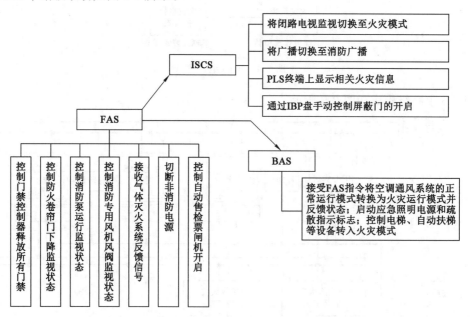

注:ISCS 为集成安全和通信系统。PLS 指优先级设置。IBP 盘是输入/输出旁路面板。

图 2-7　FAS 车站级联动示意图

FAS 相关接口如图 2-8 所示。

FAS 现场级设备有如下几类:

(1) 设备用房、管理用房等处设置点型感烟探测器。

(2) 疏散通道处的防火卷帘门两边应分别设置一组感烟、感温探测器。

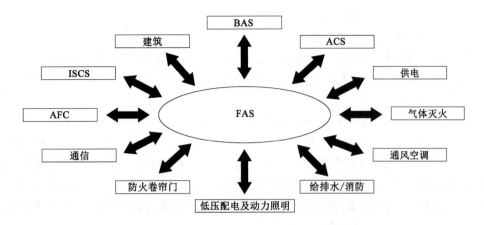

注:AFC 指自动火灾控制系统;ACS 指门禁控制系统。

图 2-8　FAS 相关接口图

（3）自动灭火保护区设置点型感烟探测器、点型感温探测器。

（4）电缆密集区宜设置极早期空气采样探测器。

（5）车站公共区域及设备区走廊应结合装修形式选择极早期空气采样探测器或点型感烟探测器。

（6）在高大空间宜设置极早期空气采样探测器。

防灾监控中心设计需要考虑以下几点:① 监控中心位置的选择;② 几个行车线路设一个监控中心;③ 中心与监控范围间具备良好的网络通道。

防灾通道设计要注意以下两点:① 地铁工程中防灾报警可不设网络专用通道,由通信系统提供通道较合理,但防灾报警系统应根据选用的设备提出传输信息通道的要求。② 考虑地铁空间狭小、存在较强的随机干扰,应选用抗干扰性能较高的网络。

2.3.4.3　环控监控系统构成及功能

环控监控系统也分为控制中心(主控级)和地下车站控制室(分控级)两级管理模式。由于地面高架车站建筑规模小,设备较简单,故不设车站级控制系统。车辆段不设 BAS。

① 控制中心:只用于管理,平时不进行操作控制。主要作用是:监视全线环控设备的运行状态,接收本系统事故警报,组织修改全线空调系统等运行工况,集中管理记录和储存有关历史记录,提供维修报告等。

② 车站控制室:负责对车站管理范围内的通风、空调、给排水、照明、自动扶梯等设备进行自动监控、自动控制、自动测量记录,并调节到最佳运行状态。发生灾害时,接收并执行防灾指令,负责信息传输接口处理。

2.3.5　地铁火灾的救援

2.3.5.1　救援要点

（1）若火源出现在运行的车辆中,应及时报警,控制火源,待乘客撤离到两端无火车厢后将门关闭,非万不得已不能停车,应尽快驶向前方车站。

（2）如果火情发生在车站内,除控制火源外,应封闭防火单元以阻隔火势蔓延。

（3）车站中的各种厅、室和售票处的可燃物最多,是重点防范的地点。

（4）通风系统进行有效排烟。

2.3.5.2　安全疏散设计

据测试,人在地铁火灾事故中如果不能在 6 min 内迅速有效逃生,就很难有生还的机会。因此,地铁配备良好完善的应急处理设施和保障安全疏散通道的畅通尤为重要。

（1）疏散设施

车站的布置和设计要以能够迅速疏散为原则,每一个车站要有两个相反方向的出口,发生火灾时乘客可以从不同方向疏散。车站的疏散能力,按 6 min 内将列车上的所有乘客、站台候车乘客和车站工作人员全部疏散计算。出入口要有足够的宽度,应从区间救援疏散措施方面考虑,根据不同情况,按一列电动客车在区间发生火灾,能满足乘客的疏散和抢救人员的灭火救援来设计。在地下车站之间的两条单线区间隧道之间最少设一处防灾联络通道,通道内设一道双向开关的防火门。

首先要保证安全出口的数量和宽度,禁止在通道上设置任何障碍,同时要提高疏散路线的安全系数。地下车站站厅、站台及疏散通道内不得设置商业场所。

安全出口门、楼梯、疏散通道的最小净宽应满足表 2-3 的要求。

表 2-3　安全出口门、楼梯、疏散通道的最小净宽　　　　　　单位:m

名　称	安全出口门、楼梯	疏散通道	
		单面布置房间	双面布置房间
地铁车站设备、管理用房区	1.00	1.20	1.50
商场等公共场所	1.50	1.50	1.80

地下车站防火分区(有人区)安全出入口的设置应符合下列规定:

① 车站站台和站厅防火分区,其安全出口不应少于两个,并应直通外部空间。

② 其他防火分区安全出口的数量也不应少于两个,并应有一个安全出口直通外部空间。与相邻防火分区连通的防火门可作为第二个安全出口;竖井爬梯出入口和垂直电梯不得作为安全出口。

③ 与车站相连开发的地下商业街等公共场所,通向地面的安全出口应符合现行的《建筑设计防火规范》(GB 50016—2014)的规定。

站台公共区的任意一点距疏散楼梯口或通道口不得大于 50 m。站台每端均应设置到达区间的楼梯。

设于公共区的付费区与非付费区的栅栏应设疏散门。

供人员疏散时使用的楼梯及自动扶梯,其疏散能力均按正常情况下的 90% 计算。

地下出入通道长度不宜超过 100 m,超过时应采取措施满足人员疏散的消防要求。

在车站、隧道内设置事故应急照明和明显的安全疏散标志及通路引导标志,包括与出口路线一致的视觉信息,如标牌、照明以及布局图等,且标志间距不应太大,以使逃生人员能及时得到与疏散有关的信息,引导逃生人员以最简捷路线疏散。

（2）疏散程序

地铁火灾根据发生地点的不同,可分为列车在区间隧道内发生的火灾、列车在车站附近发生的火灾和车站内发生的火灾。

① 车站内发生的火灾:车站内火灾分为站台火灾和站厅火灾,无论何者都应该立即采取紧急措施,第一时间安全疏散乘客,同时停止车站空调系统,将地铁站的普通通风空调模式改为火灾情况下的通风模式。其疏散程序分别见表 2-4 和表 2-5。

表 2-4　站台火灾紧急疏散程序

职责	值班站长	行车服务员	客运服务员	站台服务员	站厅服务员	售票员	其他人员
1. 发现火灾,向值班站长报告,并试图灭火		√	√	√			√
2. 报告控制中心,要求停止本站列车服务,并请求支援	√						
3. 宣布执行火灾紧急疏散计划	√						
4. 指示环控操作人员执行灭火排烟模式		√					
5. 关掉广告灯箱电源		√	√				
6. 担任事故处理主任,指挥疏散和灭火	√						
7. 向控制中心报告火灾情况		√					
8. 关停扶梯,设置闸机为自由释放状态		√					
9. 指引乘客疏散出站		√	√	√	√		√
10. 拦截乘客出站					√	√	
11. 指引消防员到火灾现场	√			√			

表 2-5　站厅火灾紧急疏散程序

职责	值班站长	行车服务员	客运服务员	站台服务员	站厅服务员	售票员	其他人员
1. 发现火灾,向值班站长报告,并试图灭火		√	√				
2. 报告控制中心,要求停止本站列车服务,并请求支援	√						
3. 宣布执行火灾紧急疏散计划	√						

表 2-5(续)

职责	值班站长	行车服务员	客运服务员	站台服务员	站厅服务员	售票员	其他人员
4. 指示环控操作人员执行灭火排烟模式		√					
5. 关掉广告灯箱电源		√	√				
6. 担任事故处理主任,指挥疏散和灭火	√						
7. 向控制中心报告火灾情况		√					
8. 关停扶梯,设置闸机为自由释放状态		√	√		√	√	
9. 指引乘客疏散出站			√		√		√
10. 拦截乘客出站			√		√	√	
11. 指引消防员到火灾现场	√			√			

② 列车在车站附近发生的火灾:如果列车在车站附近发生火灾,应该立即执行火灾紧急疏散计划,停止路线上的其他地铁运行和阻止其他乘客进入火场,并利用车站楼梯、出入口疏散乘客。其疏散的具体程序基本同"车站内发生的火灾"。

③ 列车在区间隧道内发生的火灾:列车在运行过程中,在区间隧道内发生火灾时,应尽量驶入前方车站,利用前方车站来疏散乘客。如果列车不能驶入前方车站,停在区间隧道,必须紧急疏散乘客。车头着火时,乘客必须迅速从车尾下车然后步行至后方的车站;列车中部着火时,乘客必须从两端下车然后分别步行至前后方车站;车尾着火时,乘客必须从车头迅速下车然后步行至前方车站。此时,隧道通风系统迅速启动排除烟气,并向乘客提供必要的新风,形成一定的迎面风速,诱导乘客安全撤离。本区间的列车运行立即中止,另一条隧道也应立即停止正常的行车。处理程序如图 2-9 所示。

2.3.5.3 防灾通信系统

地铁内应配备在发生火灾时供救援人员进行地上、地下联络的无线通信设施。地铁通信系统的设计,应具备火灾时能迅速转换为防灾通信的功能。地铁公用通信的程控电话应具有火警时能自动转到市话网的"119"功能。

(1)无线通信系统

地铁控制中心设置无线控制台,列车司机室应设置防灾无线通话台,车站控制室、站长室、保安室及车辆段值班室应设无线通信设备。

(2)调度电话系统

控制中心设防灾调度总机,各车站及车辆段设分机。

(3)广播系统

控制中心设广播控制台,车站控制室、车辆段值班室也应设广播控制台。

(4)闭路电视监视系统

控制中心防灾调度员处有监视器和控制键盘,供防灾调度员监视使用。

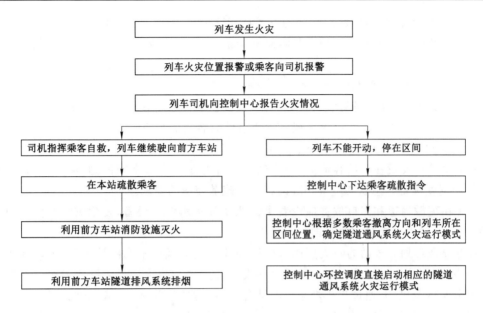

图 2-9　列车在区间隧道发生火灾的处理程序图

2.3.5.4　地铁火灾逃生时的人员心理特点

在人的心理特点中,分别为火灾时恐慌状态的产生,火场中人心理状态变化及人员避难特性等三部分。人在受到某些影响时在短时间内向异常、非常状态过渡而产生恐慌。对恐慌的处理分为三步:① 尽可能使之不出现恐慌状态;② 尽可能缩短恐慌状态维持时间;③ 尽快脱离恐慌状态。

其中①、②可从建筑设计方面着手解决,如设计较大的疏散出口、疏散空地以降低人群密度,有明确的指示等。③则必须有适当的信息引导,如发生火灾时及时进行消防灭火、救护作业,这样会给人带来安全感。

火灾中心理与行为关系主要有以下两种:

(1) 模仿性。情况不明时,人们会模仿其他重要人士的行为,例如在餐厅、旅馆中,人们会寻找经理或服务员,以获得正确的避难方向或方法。

(2) 惯性。承受高度压力时,人们会选择熟悉的、每天使用的出入口路线。

避难路径选择的心理特性类型有以下几种:

(1) 归巢特性。当人遇到意外灾害时为求自保,会本能地返回原来的途径,或以最习惯的途径寻求逃脱。人选择原途径避难时,将造成主出入口拥塞,而其他出入口较少有人使用,使避难时间加长。

(2) 从众特性。生活环境中,多人一同行事可获得较大的安全感;在非常状态中,因恐慌很容易失去主见判断,易接受他人行动的暗示,而追随多数人。运用此特性,避难逃生时若有熟悉环境的人员适当引导,可减少避难时的混乱及伤亡。

(3) 向光特性。由于火灾黑烟弥漫、视线不清,人们具有往稍亮方向移动的倾向(火焰亮光除外),而且明亮的地方也可能为较安全之处。紧急出口、标示、安全区间等场所是明亮的,均为引导避难的手段。

(4) 左转特性。人们大多习惯使用右手右脚,在黑暗中步行,也许是较强的右侧保护较弱的左半身的自然本能,因此左转向的方式具有安全感、方便及速度快的特点。

(5)往开阔处。越开阔的地方其障碍可能越少,安全性也可能较高,生存的机会亦可能越多。

2.3.5.5　地铁救援的结构设计对策

车站建筑物、列车车体等设计时,应为人员安全疏散创造最大可能的条件。

(1)站台宽度要满足发生灾害或者紧急事件时客流的疏散需求。车站应设置临时避难场所。其空间应该足够宽敞以收容使用者。

(2)出入口要设在车站客流大、行人较密集并有足够集散空间的地方。出入口与通道的数量和宽度满足紧急状态下 6 min 内将客流疏散完毕的要求。

(3)在疏散通道和出口位置应设置事故照明和指示灯等设备,发生灾情时能紧急连接备用电源,及时引导人员安全疏散。

(4)要合理划分车站的防火区间。由于即使在火灾规模不大的情况下,烟与热也会充满整个空间,因此应在各独立防火区间之间设置防火墙和防火门或者防火卷帘。在防火区间内划分防烟分区,并通过与排烟系统的结合,尽可能地排除烟雾,减少烟雾对人员逃生的危害。供使用者通行的部分,防火分隔的防火门平常保持关闭。车站大厅层与其他部分之间需进行防火防烟分隔。

(5)合理设计地铁列车。采取车厢之间互相贯通、列车加装逃生系统等措施。

2.3.6　地铁火灾的灭火及消防工作

地铁火灾灭火方法有断氧窒息、降温、采用阻燃材料三种方法。其中断氧窒息法包括沙袋封堵和化学灭火,不过沙袋封堵不适合长大隧道,宜与防火分区结合;降温指用水或空气进行降温,水源可以是自动洒水系统或者常规消火栓系统;内部装修材料一般采用无毒、碳含量较低的阻燃材料。在实际操作中,三类方法相互配合使用,可以达到更好的效果。

地铁的消防工作必须重视火灾的预防和早期自救。要立足于完善地铁内部防火灭火设施的功能,如针对可能遇到的火灾,必须设立火灾自动报警系统;为了及时扑灭火灾应设置室内消火栓系统、自动喷水灭火系统或气体灭火装置等各种紧急救援设备。

(1)消防水源

地铁的消防水源应优先采用城市自来水,确保消防水源的可靠性。地铁消防给水系统的设计,宜采用生产、生活和消防分开的给水系统。

(2)室外消防栓和消防泵

在地铁的地下车站出入口或通风亭的口部等明显位置应设水泵结合器,并在 15～40 m 范围内设置室外消火栓。

当自来水的供水量能满足消防要求,而供水压力不能满足消防要求时,应增设消防泵。

(3)消防栓用水量

消防栓用水量,地下车站不小于 20 L/s,地下折返线及地下区间隧道应不小于 10 L/s。

(4)消防给水管道

① 地铁地下车站和区间的消防给水应设计为环状管网。

② 每座地铁地下车站宜由城市两路自来水管各引一根消防给水管和车站环状管网相接。地下区间上下行线路隧道内各设置一根消防给水管,并宜在区间中部连通。在车站端

部和车站环状管网相接的消防给水管的水力计算长度,为一座车站长度及车站前后区间给水管的连通管处的长度之和。区间连通管处宜设手动、电动阀门。

③ 如果地面仅有一路城市自来水管,每座车站只可引入一根消防给水管,相邻地下车站再引一路消防给水管作为另一路消防给水水源。如果城市只有一路自来水,但管径较大,供水管能满足消防要求,城市管网又构成环状,可以在自来水干管上增设阀门,在阀门两侧分设车站消防引入管,可不设消防水池,但应与消防部门和自来水公司协商。消防给水管的水力计算长度,为地下两个车站的长度及两站之间的区间长度之和。

(5)室内消防栓设置的范围和要求

地下车站站厅、站台、设备及管理用房区域,超过 30 m 的人行通道、地下区间隧道应设室内消火栓,地面或高架车站室内消火栓的设置应符合现行国家标准《建筑设计防火规范》(GB 50016—2014)的规定。

① 消火栓口径均为 DN65,水枪喷嘴直径为 19 mm,每根水龙带长度为 25 m,栓口距地面或楼板高度应为 1.1 m。

② 在车站的站厅层、站台层、设备用房及出入口等处,宜将消火栓与灭火器共箱设置,箱内配备水龙带和水枪、自救式消防软管卷盘和灭火器。设双口双阀消火栓箱时,箱内可配一根 25 m 的水龙带。

③ 消火栓的布置应保证有两只水枪的充实水柱同时达到室内的任何部位。水枪充实水柱不应小于 10 m。消火栓的间距应按计算确定,单口单阀消火栓不应超过 30 m,双口双阀消火栓不应超过 50 m。地下区间隧道(单洞)内消火栓的间距不应超过 50 m,车站及地下区间的消火栓按单口单阀设置。

④ 消火栓的静水压力不应超过 0.8 MPa,消火栓口处出水压力不应超过 0.5 MPa,超过时宜采用减压稳压消火栓。消火栓口出水压力不得小于 0.20 MPa。

⑤ 地下区间隧道的消火栓,不设消火栓箱,不配水龙带。将水龙带放在邻近车站端部专用消火栓箱内。

⑥ 当车站设有消防泵房时,消火栓处应设水泵启动按钮。

(6)灭火器

地铁工程应按现行国家标准《建筑灭火器配置设计规范》(GB 50140—2005)的规定配置灭火器。

2.3.7　地铁防灾救援技术总结

防火的难点:火灾的扑救困难,人员疏散不便。

救灾的关键:控制火势的发展和烟气的流动。

具体应做好以下几方面的工作:

(1)严格按防火规范设计地铁

一般强调建筑、结构、机电专业的通力合作。

(2)制定严格的防火制度

要健全防火组织,建立防火制度,明确分工,责任到人,普及消防知识,加强安全教育,争取把火灾消灭在萌芽阶段。

(3)加强日常的管理与维护

主要包括：专人巡逻，禁止在地铁内吸烟和使用明火；做好电气设备与线路的维护与更换工作，防止发生短路和电弧现象，排除电火；做好消防设备的维护管理工作。

（4）合理选用建筑材料，做好有机高分子装饰材料的阻燃处理

尽量不用可燃材料，可用可不用的坚决不用；使用轻质不燃材料，如水泥石棉板、加气混凝土制品、矿棉制品、珍珠岩制品、玻璃纤维制品以及可燃材料难燃化处理制品等，进行不燃和难燃处理。

（5）科学划分防火隔间与防火分区

结合地铁的特点划分防火隔间，宜选在大、小硐室相交处，主硐室与连接通道的结合处；结合地铁的使用要求划分，既满足功能需要和建筑空间处理的要求，又能为建筑防火创造有利条件；结合平战结合的地铁防护单元划分防火隔间；结合地铁内部消防设施情况划分防火隔间。

（6）正确选择消防设备，并按规定配备必要的消防器材和包括的设备

美国纽约市 8 000 幢设有自动喷水灭火设备的高层建筑，共发生 1 990 次起火事故，其中 1 935 次是自动喷水设备扑灭或控制住火势蔓延的，占起火总数的 97.2%。外部消防人员和消防设备不易进入地铁火场的情况下，必须以内部消防设施为主，其中包括自动探测系统、自动报警系统和自动灭火排烟系统。

（7）完善地铁的防排烟设计

主要方式有：密闭排烟；用密闭性高的墙、门窗和阀，使火灾房间封闭起来，控制烟气扩散和新鲜空气的流入；自然排烟；机械排烟（主要排烟方式有机械送风与机械排烟系统、机械送风和自然排烟系统、自然进风与机械排烟系统）。

（8）设置消防用水，做好通风、空调防火

通风、空调系统水平管道按防火分区设置，以阻止火灾蔓延，风管要用金属等非燃性材料制作，特殊部位可用难燃性材料制作；风管及设备的保温材料要用非燃性材料，消声、过滤材料及其黏结剂应采用非燃性材料或难燃性材料；必要时设防火阀。

（9）采取各种措施，做好火灾时人员的安全疏散

主要考虑以下几点：允许安全疏散的时间；防火的安全距离；建筑平面形式的选择；安全出入口数量与要求；通道的最小宽度；通风照明与引导设施。

2.4 铁路隧道火灾防护及救援

目前在世界发达国家及发展中国家，各种铁路（公路）隧道、地铁隧道以及城市交通隧道大量存在并发展迅速。隧道的结构复杂、内部空间相对封闭、火灾荷载较大，一旦发生火灾事故，火灾所产生的热量和烟气很难及时排除，会造成较大的人员伤亡和财产损失。

火灾危害特点：烧毁设施，产生大量热量、粉尘、毒害气体，烧毁构筑物。

隧道火灾的特点：隧道气流速度大，火势蔓延快；通道狭长，高温浓烟聚集，人员和物资疏散困难；遇特殊火灾行为的影响，易加速火焰传播速度；障碍物多，疏散速度慢，火灾扑救非常困难。

2.4.1　铁路隧道火灾概述

铁路隧道是修筑在地面以下的铁路通道,具有能克服高程和平面障碍、缩短线路长度等多种优点。列车一旦在隧道内发生火灾,其后果将十分严重。因为火灾不仅会造成人员伤亡,而且会烧毁物资,破坏隧道的设施和结构,之后,需较长时间封闭进行维修加固,使正常的铁路运输中断而导致某一局部地区因物资流通渠道不畅而影响生产活动。铁路隧道内的火灾事故主要有三种类型:旅客列车在隧道中的各种意外着火事故、货物列车以及油罐列车在隧道内发生的重大火灾事故。

铁路隧道内火灾灾害原因涉及两个方面:列车及隧道内运营维修设备。铁路隧道内火灾灾源主体是列车本身,灾害原因主要是列车本身起火、列车与隧道内设备物理接触产生的不良变化。运营维修设备老化不能承受负荷所引起的爆炸起火、电缆短路起火等,灾害是局部发生的,没有扩散的介质,灾害时间有限,不会造成人员伤亡,会引起短时间行车中断,通过更新设备可恢复通车。

2.4.1.1　铁路特长隧道火灾特点

(1)着火列车停在隧道内时,车厢燃烧生成有毒烟气迅速蔓延,着火范围较大,列车周围温升快,火灾蔓延速度快、持续时间长,排烟困难。

(2)隧道内能见度低,人员疏散困难,救援设备和人员难以接近着火点,扑救困难。

(3)隧道衬砌和结构受到破坏,直接损失和间接损失巨大。

2.4.1.2　我国 15 km 以上特长铁路隧道情况

目前我国 15 km 以上特长铁路隧道数量多且设计标准高,设计时速能满足基本要求,安全性也较高,表 2-6 罗列了部分隧道概况。

表 2-6　我国目前部分特长铁路隧道概况

隧道名称	长度/m	设计时速/(km/h)	所处线路
高黎贡山隧道	34 531	120	大瑞铁路保山至瑞丽段
关角隧道	32 645	160	青藏铁路西宁至格尔木段
西秦岭隧道	28 238	160	兰渝铁路
太行山隧道	27 839	200	石太铁路客运专线
中天山隧道	22 452	160	南疆铁路吐库二线
青云山隧道	22 175	200	向莆铁路
青天寺隧道	21 457	250	包兰铁路银川至兰州段
吕梁山隧道	20 785	200	太中银铁路
乌鞘岭隧道	20 050	160	兰新铁路兰武段
秦岭隧道	18 456	160	西康铁路
哈达铺隧道	16 591	250	兰渝铁路
黑山隧道	15 764	250	兰渝铁路

2.4.2 特长隧道防灾救援设计调查

特长隧道防灾救援设计示例见表2-7。

表2-7 特长隧道防灾救援设计示例

隧道名称	长度/m	设计时速/(km/h)	所处线路	正常通风	定点
高黎贡山隧道	34 531	120	大瑞铁路保山至瑞丽段	射流	隧道中部设1处避难所,设置9个救援通道,设置送风、排烟斜井
关角隧道	32 645	160	青藏铁路西宁至格尔木段	射流	隧道中部设1处避难所,长500 m;每50 m设置一个救援通道、一个排烟斜井
太行山隧道	27 839	200	石太铁路客运专线	射流	隧道中部设2处紧急救援站,每处长500 m;每60 m设一个救援通道、一个送风斜井和一个排烟竖井
乌鞘岭隧道	20 050	160	兰新铁路兰武段	射流	隧道中部设1处避难所,长500 m;每100 m设置一个救援通道,无斜井

(1)乌鞘岭隧道

运营通风为全纵向射流式。左线兰州端设5组共30台,右线武威端设5组30台射流风机;设置了1处定点救援疏散;隧道中部526 m的长度范围内设置专用应急疏散横通道,横通道间距较标准的横通道间距更小,在该范围内共设有5条横通道。

(2)太行山隧道

运营通风为全射流纵向式,共设40台射流风机。如图2-10所示,设置2个紧急救援站,每个长度为500 m,1号救援站设在太行山隧道5号斜井与正洞交叉部位,两座单线隧道之间设排烟竖井1处;2号救援站设在太行山隧道进口端,两单线隧道间横通道60 m一处,每个救援站设9个横通道。

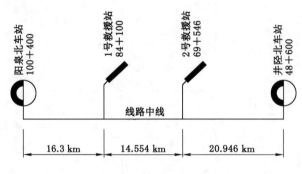

图2-10 救援站设置示意图

(3)关角隧道

正常运营采用全纵向射流诱导式通风方式。

如图2-11所示,Ⅰ线隧道进口设4组、出口设3组,Ⅱ线隧道进口设3组、出口设4组,每组布置 6 台风机,壁龛式悬挂。两隧道间设一避难所,避难所长 500 m,宽 5 m,有效高度为 3.5 m,顶部设通风风道,面积约 6.5 m²,以横通道与运营隧道连接,横通道间距为 50 m。

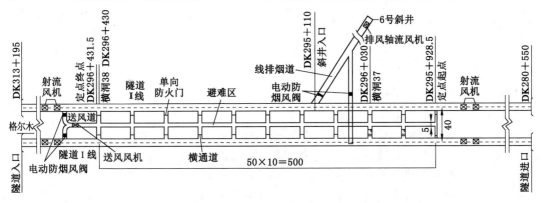

图 2-11　关角隧道全纵向射流诱导式通风示意图

2.4.3　铁路隧道消防设计特点

2.4.3.1　铁路隧道消防方法

铁路隧道消防方法主要有隔离法、降温法和降氧法三种。对于在隧道中着火且不能运行的列车火灾,一般采用降温和封堵隧道洞口降氧灭火的方法,主要灭火设备有固定式自动消防系统和移动式消防设备两种。固定式自动消防系统由火灾探测及报警系统、自动化喷淋系统、诱导疏散系统、通风排烟系统和消防控制中心等组成,可将火灾扑灭在萌芽状态。由于隧道火灾发生的地点、性质和火灾荷载都具有很大的随机性,因此,这些固定式消防设施的设备投入及日常维护管理费用都很高。移动式消防设备绝大多数以公路上行走的车载式消防车为主,由于消防车具有良好的机动性能,其服务范围大,可以用少量人力、设备投入,为大范围内的隧道火灾服务。苏联和德国铁路部门都曾研究设计制造了铁路隧道消防救援列车,它由消防灭火车、化学灭火车、工具车、救援车等组成。消防救援列车可利用铁路行车集中调度、畅通无阻的优点,高速开到火场灭火。

2.4.3.2　隧道衬砌结构火灾损伤评定及加固措施

影响隧道衬砌结构火灾损伤程度的主要因素是温度。通过石油产品在隧道中起火燃烧的模拟试验可以发现,隧道内火势极为猛烈,温度上升很快并能达到 1 300 ℃。高温下混凝土结构破坏严重,强度损失大,甚至可能丧失承载能力。破坏特征表现为表面剥落、强度降低、结构变形及开裂,损伤深度一般达 10~25 cm。通过试验和现场火灾隧道的损伤调查结果可知,火灾后绝大部分隧道均能通过整治加固而重新使用。

2.4.3.3　火灾报警系统

特长隧道中一般都要设置固定式消防设施,火灾报警系统(手动和自动)是这一设施的"耳目"。手动报警采用有线、无线通信方式与消防控制室联系,特长隧道中设有线电话通信,供隧道维修人员使用;无线通信主要供司机和列车长使用。

2.4.3.4　危险货物泄漏监测系统

铁路经常运输有毒、易燃和易于发生化学反应的化学物质。这些物质在列车发生脱轨等事故时,有可能发生泄漏,从而导致环境污染,甚至发生火灾爆炸事故。为了避免危险货物泄漏引发重大铁路事故,国外在铁路危险货物泄漏监测方面进行了大量的研究。

危险货物泄漏监测方式主要有随车监测(独立于脱轨和其他铁路事故)、事故监测(发生较小事故后的泄漏检查)、行动小组监测(对重大事故后的危害及损害进行监测)以及固定地点监测。

2.4.4 铁路特长隧道防灾救援设计

2.4.4.1 铁路隧道通风防灾设计原则

要坚持"以人为本"的设计理念。

(1) 防火灾设备的设计能力,按全线同一时间内发生一次火灾考虑。

(2) 防灾通风与运营通风有机结合,以减少通风设备配置。

(3) 人员疏散阶段控制烟雾速度为 2~6 m/s。

(4) 两条单线隧道之间的横通道间距宜为 300~500 m。

(5) 长度在 15 km 以上的隧道宜考虑设置定点(定点救援站)。

(6) 定点结构形式宜采用加密横通道、站台+加密横通道、中间避难区+加密横通道。

(7) 定点通风形式宜采用独立斜(竖)井供、排风式或隧道供风和独立斜(竖)井排风式。

(8) 定点纵向长度根据列车编组长度设置,一般为 450~600 m。

(9) 紧急出口(横通道)的密度,综合考虑火灾后的错综复杂的环境因素,取间距为 50 m。

2.4.4.2 铁路隧道防灾救援原则

(1) 人员疏散方式为:人员下车经定点加密横通道进入安全隧道。

(2) 人员经过区为新鲜风,横通道内风流方向为安全隧道→火灾隧道。

(3) 火灾隧道内烟气不进入横通道、安全隧道。

(4) 火灾隧道内烟气经最短路径排出。

(5) 每两横通道间的距离均需满足要求。

2.4.4.3 随机停车防灾通风方案

(1) 隧道内着火列车尽量开出前方洞口或开至救援站内。

(2) 随机停车时,需根据着火点部位决定事故区段送风、排烟模式。

(3) 排烟的原则是使人员疏散区最大限度地处于新风区,并保证区段隧道 2~6 m/s 烟气流速。

(4) 靠近洞口停靠时,利用隧道射流风机将烟气向洞口外排出,打开联络通道门,对安全隧道及联络通道送风,乘客迎着新风从联络通道向安全隧道撤离。

(5) 靠近定点停靠时,利用定点轴流风机和隧道射流风机,将烟气向排烟斜井送排。

(6) 打开联络通道门,对安全隧道及联络通道进行送风,乘客迎着新风由联络通道向安全隧道内撤离,并等待救援列车进行救援。

2.5 公路隧道火灾防护及救援

2.5.1 公路隧道火灾概述

相较欧美等发达国家,我国高速公路隧道建设起步较晚,但近些年来,随着国家对中西部地区的大力支持与开发,我国高速公路建设得到迅猛发展。公路隧道因在缩短翻山越岭里程、节省车辆运输时间、减少对自然环境的不可逆破坏等社会与经济方面的双重优势,在我国中西部多山或重丘的地理环境中得到广泛应用,其建设数量与长度也随之快速攀升,我国已然成为世界上隧道最多、最复杂、发展最快的国家。

随着公路隧道的大规模建设,交通流量、危险品运输量、隧道数量都日益增多,隧道长度逐年增长,公路隧道内火灾的危险也呈上升的趋势,隧道火灾安全问题成为国内外专家共同关注的焦点。

2.5.1.1　公路隧道火灾特点

时间特点如下:

(1) 火情成灾时间特点为,成灾时间短,失火爆发成灾的时间一般为 5~10 min,较大火灾的持续时间与隧道内的环境有关,一般在 30 min 至几个小时之间。

(2) 人员逃生疏散时间短。

温度场特点如下:

(1) 高温烟气流动快,高温迅速沿隧道蔓延,顺风时空气温度可达到 1 000 ℃,且火能从一个火点"跳跃"引燃下一个着火点。

(2) 隧道内纵向温度分布特征为,随着远离火区温度逐渐降低,同等条件下,随着通风风速的增大,火灾区附近的温度下降,而沿程温度上升,温度纵向分布曲线变得平缓。

(3) 当通风风速<2.0 m/s 时,隧道内温度的横向分布规律是拱顶>拱腰、边墙>底部,当风速>2.0 m/s 时,火区底部温度高、拱顶最低;火区下游拱顶温度最高、底部最低;远离火区后横断面温度分布渐趋均匀。

烟雾场特点如下:

(1) 烟雾地带长,且在很短的时间内(20~30 s)即充满整个隧道断面,使能见度降低到 1 m 左右。

(2) 在纵向通风的情况下,烟雾在不到 1 min 的时间内即充满整个断面;在不通风的情况下,烟雾的纵向扩散速度为 1~2 cm/s。

(3) 温度越高,烟雾在水平方向扩散速度越快。

(4) 烟雾在竖直方向的扩散速度为 2~4 cm/s。

交通特点如下:

(1) 火灾初期阶段,由于火势较小或处于阴燃状态,后续车辆大多从着火车辆旁快速驶离逃生,容易操作失误,造成二次事故。

(2) 灭火救援阶段,救援车辆不易进入,火灾隧道现场混乱,交通组织、救援指挥、车辆调度困难,车辆和人员难以逃生,火灾事故扩大、损失大。

(3) 车辆疏散阶段,由于大量车辆滞留,隧道、路段以及相邻出入口的协调控制、信息提示诱导与调度指挥能力是能否尽快疏散滞留车辆与人员的关键。

2.5.1.2　隧道火灾分级

按火灾规模分类如下:

(1) 小型火灾。一般为客车着火,释热率为 3~5 MW。

(2) 中型火灾。一般为货车或公共汽车着火,释热率为 10~20 MW。

(3) 大型火灾。一般为载货汽车或油罐车着火,释热率为 50~100 MW。

2.5.1.3　研究现状

主要研究内容：(1)火灾场景的温度场与烟雾场变化规律；(2)隧道安全运营设施布设与防灾减灾；(3)隧道安全评价方法；(4)隧道运营管理的法律、法规与规范。

主要研究方法：理论分析、模型试验、模拟仿真。

主要研究工况：火灾、毒气泄漏、交通阻塞、交通事故、隧道维修以及正常运营。

自 2001 年以来，交通主管部门针对建设与运营中的共性问题、特殊问题及重大工程问题展开了研究，构建了公路交通安全基本理论体系框架，填补了我国在该领域理论研究的空白，实现了应用技术、管理技术、标准规范、长效管理手段的创新。(1)研究与检测试验平台基本形成；(2)重大工程技术问题取得突破；(3)标准、规范初步配套；(4)特殊工程技术问题初步解决；(5)安全保障与节能减排技术初见成效；(6)信息化、智能化管理技术水平得到提升。

从近半个世纪以来国内外主要公路隧道火灾事故的实例资料分析可知，引发火灾事故的主要原因多为交通事故和汽车自身起火，其他有易燃物泄漏、爆炸、隧道内电气设备故障等。引起火灾蔓延扩大的主要原因是火灾发生后灭火措施不当、车辆的疏导不及时。

公路隧道火灾防范的基本原则如下：

(1)公路隧道防火灾应贯彻"以防为主、防消结合"的原则，集中考虑人员的生命安全、财产保护及隧道使用的连续性这三方面的防火安全设计要求。

(2)隧道内应进行合理的防火分区，防火分区的设计应针对可能发生的最不利火灾，同时结合救援、排烟以及经济条件等因素统筹安排。

(3)建立完善的消防系统，消防系统的设计应采用固定式和移动式相结合的方案，同时满足不同火灾规模和火灾不同发展阶段的灭火需要。

(4)设置合理的逃生通道，逃生通道的布设应结合逃生和救援工作的需要综合考虑。

(5)合理的火灾通风形式是逃生、控制火情、排烟和救援的先决条件。

(6)隧道火灾报警系统应动作迅速、情报准确，并具有全自动装置，它是隧道内重要的安全设备之一。

2.5.2　公路隧道等级划分

我国的建筑设计规范将单孔和双孔城市交通隧道按其封闭段长度及交通情况分为一、二、三、四等四类，见表 2-8。

表 2-8　城市交通隧道分类

用途	隧道封闭段长度 L/m			
	一类	二类	三类	四类
可通行危险化学品等机动车	$L>1\,500$	$500<L\leqslant1\,500$	$L\leqslant500$	—
仅限通行非危险化学品等机动车	$L>3\,000$	$1\,500<L\leqslant3\,000$	$500<L\leqslant1\,500$	$L\leqslant500$
仅限人行或通行非机动车	—	—	$L>1\,500$	$L\leqslant1\,500$

一类隧道内承重结构体的耐火极限不应低于 2.00 h，二类不应低于 1.50 h，三类不应低于 1.00 h，四类隧道的耐火极限不限。

2.5.3　公路隧道防火设计

2.5.3.1　公路隧道安全设施的组成

报警设施:手动报警器、自动报警器(火灾探测器)、紧急电话。

警报设施:警报显示板、闪光灯及警报灯、音响信号发生器。

消防设施:灭火器、消火栓、给水栓、喷水雾设施、消防车。

其他设施:排烟设施、避难设施(车行及人行横洞)、紧急停车带、导向设施(导向标志、广播设施)、应急照明及电源设施、隧道电视监控系统、隧道管理中心。

2.5.3.2　公路隧道安全设施的配置

公路隧道结构复杂,较一般路段更易发生事故,且由于隧道的封闭性,发生事故后疏散和救援难度大,易增加事故严重程度,完善的交通安全设施对提升高速公路隧道安全、预防交通事故至关重要。根据《公路隧道安全设计指南》(DB61/T 546—2012),公路隧道安全设施配置如表 2-9 所示。

表 2-9　公路隧道安全设施配置

安全分级	Ⅰ级	Ⅱ级	Ⅲ级	Ⅳ级	Ⅴ级
安全等级函数 $F/(\text{m·辆/d})$	$F \geqslant 1 \times 10^8$	$1 \times 10^8 > F \geqslant 5 \times 10^7$	$5 \times 10^7 > F \geqslant 3 \times 10^7$	$3 \times 10^7 > F \geqslant 1 \times 10^7$	$1 \times 10^7 > F$
隧道长度 L/m	$L \geqslant 10\,000$	$10\,000 > L \geqslant 3\,000$	$3\,000 > L \geqslant 1\,000$	$1\,000 > L \geqslant 500$	$500 > L$
消防盲区	有	可能有	无	无	无
消防箱	有	有	有	有	有
消防车	两端配置	根据需要配置	无	无	无
主动灭火	配置	根据需要配置	无	无	无
防火规模/MW	$\geqslant 20$	20	20	20	20

注:表中安全等级判别函数 $F = N \cdot L (\text{m·辆/d})$。其中,$N$ 为隧道断面交通量,辆/d;L 为隧道长度,m。

2.5.3.3　隧道内建筑材料的选择

隧道内建筑材料的选用与隧道自身的防火性能密切相关。从防火的角度出发,隧道的结构物、内部装修等均应选用阻燃、耐温材料,在高温状态下,不能有大量的有毒气体产生,还必须有较高的耐火极限值,必要时还应在结构表面喷涂防火隔热材料。国际道路协会(PIARC)规定:在 1 200～1 320 ℃的条件下,隧道衬砌和防火涂料之间的界面温度应低于 380 ℃,衬砌内钢筋温度应低于 250 ℃,耐火时间为 1.5 h。

2.5.3.4　车道

为尽量减少交通事故引发的火灾,车行道应有足够的宽度,隧道内设紧急停车带。紧急停车带是供故障车紧急避难或管理车辆临时停车所用的,以防止因汽车故障而发生交通事故,引发火灾。一般情况下,紧急停车带设在行车隧道和横通道的交叉处要扩大断面的位置。

2.5.3.5　防火分区

在交通隧道中,火灾往往源自一个起火点,然后火势通过建筑构件或其他物质的燃烧以及风力的作用逐步扩散蔓延,最后形成大面积的火灾。如果在火灾发生的初期将火势控制在最小的范围内,就能将火灾的影响减小到最低程度。基于此种考虑,可以在隧道中划分若干防火区间。划分防火区间应考虑隧道的长度、消防设施等因素。在一个独立的防火区间内,有单独的内部消防设备,有单独的排烟系统和通风系统,并且在防火区间的两端设置滑槽式防火门,一旦在某个防火区间内发生火灾,防火门将自动关闭,从而将火势控制在该防火区间的范围内,而不会使火势波及整条隧道。

我国现行的公路隧道规范推荐的防火区段为 1 000 m 左右。在实际隧道的设计中,为了管线和灭火设施布置方便,防火区段的设置应与横通道相对应。防火区段之间宜采用水幕带的形式实现对烟气的隔断、降温和降尘。

2.5.3.6　电气管线的布设

在隧道防火设计中,电缆布置的基本要求是在救援、灭火过程中隧道内动力、照明以及通信用电保证不间断供应。基于以上基本原则,通常有以下两种布线方案,可根据具体的情况选用。方案 1:在上下行隧道之间修建独立电缆隧道,上下行隧道共用一条电缆隧道。方案 2:将照明、通信以及动力用电的主电缆埋置在隧道混凝土衬砌中,并实现隧道内分段供电。供电区段以横通道之间的隧道区间为单位设置较为合适。一般,电缆在隧道混凝土衬砌中的埋置深度达到 20 cm 以上即可满足防灾要求。同时灯具、电话箱和灭火箱等均采用不燃性材料制成,电缆线应采用阻燃电缆或耐火电缆,各类电气线路应穿管保护。

2.5.3.7　公路隧道结构防火

(1)隧道结构防火要求

隧道结构可以从火灾危害方面考虑防火要求:混凝土爆裂;混凝土耐久性降低、力学性能劣化;钢筋强度、弹性和黏结性能弱化;高温作用下的衬砌结构体系内力变化及承载力降低;衬砌结构体系的变形,如力学性能劣化、爆裂、大变形、耐久性降低、内力变化及承载力降低。

(2)隧道衬砌防火措施与方法

① 利用防火材料隔热防护

防护原理:利用防火材料本身导热系数低来降低混凝土受火面与热烟气流的综合换热系数,达到隔断或者减弱热荷载的目的。

施作方法:采用防火板、防火涂料等。

② 利用喷水(雾)降温防护的方法

这种降温措施对于隧道早期灭火和隧道内降温效果较好,但需要可靠、充足的水源,此外造价及维护费用也相当高。

喷水(雾)系统也会破坏隧道内的逃生环境,目前仍然争议很大。

③ 改善混凝土性能的防护方法

主要包括掺加聚丙烯纤维,掺加钢纤维(钢纤维＋聚丙烯纤维),增设钢筋(钢筋网),改善混凝土材料组成、配合比等。

④ 增加衬砌混凝土厚度的防护方法

可通过增加衬砌混凝土的厚度(包括增加钢筋保护层厚度)来提高隧道衬砌结构的耐火能力(包括抗爆裂及承载力)。

2.5.4　公路隧道火灾报警设施

2.5.4.1　隧道火灾报警系统

隧道火灾报警系统(图 2-12)是监控系统的一个重要的子系统,它与其他子系统一起集成到中控系统,为中控系统提供火灾信息。火灾可以通过人工手动报警按钮进行人工报警,或者通过火灾探测器自动报警。在火灾报警系统中,火灾探测器是重要的组成部分。

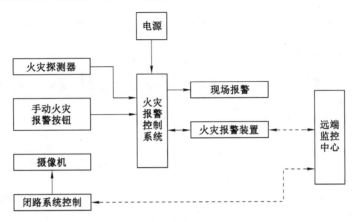

图 2-12　火灾报警系统原理图

采用这种系统,一旦发生火灾,现场人员能够方便快速报警,并有条件进行自救,以减轻灾害程度,或等待救援。隧道内部有完善的自动检测、报警和灭火系统,能自动捕捉检测区域内火灾初期的烟雾或热气,从而发出声、光报警信号,开动紧急广播和闭路电视监控系统,在联控系统的控制下启动消防灭火。对应关系如图 2-13 所示。

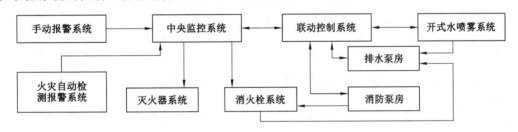

图 2-13　火灾防控联动系统原理图

2.5.4.2　火灾探测器

燃烧会产生烟雾,引起周围环境温度升高,发出辐射光或可见光,这是燃烧过程中所发生的一些物理现象,火灾探测器就是利用火灾发生时周围这些物理量的变化来探测火灾的。

火灾探测器的种类有感烟探测器、感温探测器、感光探测器、气体探测器、复合探测器。

目前隧道内使用的火灾探测器(表 2-10)主要有空气管线型差温火灾探测器、感温电缆定温火灾探测器、红外线感烟火灾探测器、热敏电阻火灾探测器、光纤光栅感温火灾探测器、双波长火灾探测器。

表 2-10　不同火灾探测器的基本属性

参数	测温精度	灵敏性	响应时间/s	误报漏报	监测距离/m	抗干扰性	费用	普及性	其他
空气管线型差温火灾探测器		7.5 ℃/min	<60	一般	20~100	隧道内环境因素影响大	高	较少	空气管线线路暴露,检查维修不方便
		15 ℃/min							
		30 ℃/min							
感温电缆定温火灾探测器	±10%	68 ℃(±10%)	<30	容易	<200	抗电磁干扰能力差	较高	一般	不可恢复式感温电缆成本高。可恢复式感温电缆抗电磁干扰能力差
		85 ℃(±10%)							
		105 ℃(±10%)							
		138 ℃(±10%)							
红外线感烟火灾探测器		60%	5~10	容易	<100	抗车辆尾气以及潮湿空气和电磁干扰差	较高	较少	受到车辆排出烟雾潮湿腐蚀性的气体和严重的电磁影响大
		35%							
		20%							
热敏电阻火灾探测器	±1 ℃	10 ℃/min	<30	少	<200	受环境影响少	低	广泛	
		20 ℃/min							
		30 ℃/min							
光纤光栅感温火灾探测器	±5 ℃		≤20	少	<10 000	受环境影响少	昂贵	极少	维护困难,造价很高。目前,在国内应用的例子不多
双波长火灾探测器			<30	少	<200	受环境影响少	低	渐趋广泛	

2.5.4.3　其他火灾报警设施

（1）手动报警器：是一种开关式报警装置(一般每隔 50 m 装一个)，需要报警时按下开关，报警信号就会传递给中心控制室。

（2）紧急电话：是一种报警专用电话(一般每隔 200 m 装一个)，报警者拿起电话便可以直接向中心控制室报告火灾地点和灾情。

2.5.4.4　公路隧道火灾报警系统配置

公路隧道火灾报警系统根据隧道交通工程分级（长度与交通量）进行配置，如表 2-11 所示。

表 2-11　公路隧道交通工程部分设施配置

设施名称		隧道交通工程分级			
		A	B	C	D
火灾报警、消防与避难设施	火灾探测器	1	2	3	—
	手动报警按钮	1	1	3	—
	灭火器	1	1	1	1
	消火栓	1	1	3	—
	固定式水成膜泡沫灭火装置	1	2	3	—

注:1 表示必选设施;2 表示应选设施;3 表示可选设施;—表示不做要求。

2.5.5　公路隧道火灾消防设施

隧道消防系统主要以水消防为主,辅以化学消防和其他的消防措施。消防能力设计一般按一处火灾延续 2 h 计。

对于长大隧道,一般采用两端高位水池保持一定的管压供水(火灾初期)和消防水泵后期补水的方式进行消防水系统的配置和设计。在消防送水管网中最好配置压力检测点,同时根据隧道所处的地理位置对水管采取防冻措施。

消防给水系统设计应考虑以下几个方面:消防水源和供水系统;供水管道的管材选择和管道铺设;用水量;供水压力。消防水源可利用天然水源,也可利用市政自来水供水。在隧道进出口处设置由集水池、加压泵站、蓄水池和供水管网组成的给水系统。一般多利用地形设高位水池,也可设低位水池由水泵供水,无论哪种方式都必须确保消防用水量。同时,还应在隧道口设置室外地上消火栓,供专业消防队伍及消防车取水。隧道消防用水量因隧道规模不同,要求也不同,隧道消防用水量应不小于表 2-12 中的规定。

表 2-12　隧道消防用水量说明

隧道长度 L/m	消防栓灭火用水量/(L/s)	同时使用水枪数量/支	供水延续时间/h
$500 \leqslant L < 1\,000$	15	3	2
$1\,000 \leqslant L < 3\,000$	20	4	4
$L \geqslant 3\,000$	20	4	6

2.5.5.1　灭火器

灭火器的种类,按照灭火剂的种类,可以分为卤代烷灭火器、泡沫灭火器、干粉灭火器、二氧化碳灭火器。按照使用方式,可以分为固定式和移动式,其中移动式又可分为车载式和手提式,车载式又有消防车专用和手推车用之分。

灭火器的配置要求:隧道内应配置手提式灭火器,成组配置在灭火器箱内,每个灭火器箱内的灭火器数量不应少于两具,不宜多于 5 具,灭火器箱设置间距不应大于 50 m。

每处灭火器数量计算如下:

$$N = \frac{L \times W \times K \times K_{\mathrm{L}}}{U \times Q_{\mathrm{m}}} \tag{2-2}$$

式中　N——每个灭火器材箱内的灭火器数量。

　　　L——灭火器材箱的设置间距,m。

　　　W——单孔隧道横断面的建筑限界净宽,m。

　　　U——隧道灭火器的配置基准,m²/B,建议取为 7.5 m²/B。

　　　Q_m——拟选用灭火器所对应的配置灭火级别,B,建议取为 10 B。

　　　K——灭火设施修正系数,未设置消火栓系统的,K 取 1.0;设置消火栓系统的,K 取 0.7。

　　　K_L——隧道长度修正系数,长度不超过 1 000 m 的隧道,K_L取 1.0;长度超过 1 000 m 的隧道,K_L取 1.3。

2.5.5.2　消火栓

(1)隧道外消火栓:隧道每个出入口都应设置室外消火栓,宜采用地上式。

(2)隧道内消火栓:隧道内宜采用双口双阀室内消火栓,应保证隧道内的任何部位有两个消火栓的水枪充实水柱同时到达;消火栓箱应安装在隧道侧壁上,设置间距不应大于 50 m。

2.5.5.3　水成膜泡沫灭火装置

隧道汽车燃油火灾宜采用水成膜泡沫灭火;水成膜泡沫灭火装置应安装在隧道侧壁的箱体内,设置间距不应大于 50 m,与隧道内消火栓同址设置。

2.5.5.4　自动喷水灭火系统

主要有自动喷水灭火系统(水滴粒径 0~6 mm)、水喷雾灭火系统(水滴粒径 0.2~2 mm)、细水雾灭火系统(水滴粒径 0.1~1 mm)、泡沫-水喷雾联用灭火系统。

2.5.5.5　消防车

(1)普通消防车:以水作为灭火剂,水来源广泛、价格便宜,在一般中小公路隧道中配备。

(2)专用消防车:专门用于某种特殊火灾(如燃油、燃气火灾)的消防车,在一些长大公路隧道、重要城市道路隧道以及专用线公路隧道中应配备。

2.5.5.6　消防水源及水量

(1)公路隧道一般都远离城市,隧道的消防给水水源可采用溪水、河水、隧道涌水及地下水等。

(2)当利用天然水源时,应确保枯水期最低地下水位时的消防用水,且应设可靠的取水设施。

(3)隧道消防用水的供水方式一般情况下是将消防水池设于高处,利用重力供水。当无条件设置高位水池时,应采用自动加压供水。

2.5.6　公路隧道火灾烟气控制

2.5.6.1　隧道火灾燃烧的烟流形态和温度场

从火场至排烟出口可划分为 A、B、C、D 四段(图 2-14 按中型火灾,即一辆货车着火考虑,进行火灾通风)。

A 段(火场):有火焰,燃料产生的高温烟气以及隧道纵向通风流入的冷空气被火焰加热膨胀后的热空气快速上升,气流折向两侧和前方,此时顶板温度可达 1 200 ℃,拱部(火焰

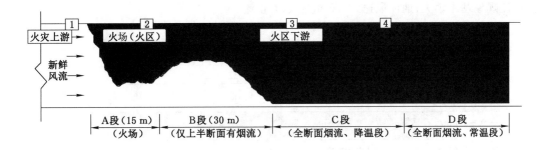

图 2-14　隧道火灾燃烧的烟流形态和温度场示意图

之外)的烟气温度可达 400～500 ℃。

　　B 段:隧道上部为快速流动的高温烟气,而下部风速很小,烟气不多,甚至接近新鲜空气,上下部差异甚大。

　　C 段(渐变区):由于烟气的比热值较小,在热量不断传给衬砌的过程中,烟温下降很快。此段烟雾纵向速度和温度迅速降低,至 C 段的终点即降为常温,风速也接近火场之前的纵向风速。烟气充满隧道全断面。

　　D 段:烟气温度已是常温,烟气充满隧道全断面。

2.5.6.2　隧道火灾火风压

　　火风压定义:火风压是隧道发生火灾时,由于考虑高温烟流的存在而引起的通风阻力增量。

　　火风压的组成与计算如下。

　　火区加速阻力 $h_{f(1)}$:上游空气经过火场因高温膨胀而使风速加大,动量增加;燃料燃烧产生烟气,也增加了动量;纵向气流经过火场时火焰及燃烧的车辆对风流有阻挡,此为绕流阻力;另外,还有烟气与洞壁间摩擦力。

　　高温烟气热压差 $h_{f(2)}$:高温烟气体积增加、密度减小,则在隧道内形成热压差;如通风方向是上坡(烟囱效应),它是负阻力,下坡则是阻力,平坡时不存在热压差。

　　高温烟气摩阻增量 $h_{(3)}$:烟气与隧道壁面的摩擦和流体内部的湍流团相互摩擦产生的阻力,称为摩擦阻力;烟气的摩阻与密度是一次方关系,与风速是二次方关系,当烟气的温度发生变化时,密度、风速也会发生变化(考虑质量流量不变),烟气摩阻也会相应发生变化。

　　火风压计算:$h_f = h_{f(1)} \pm h_{f(2)} + h_{(3)}$。式中,$h_f$ 为火风压,表示火灾时的风压;$h_{f(1)}$ 为火灾时的第一个风压值;$h_{f(2)}$ 为火灾时的第二个风压值;$h_{(3)}$ 为第三个风压值。

　　发生火灾时风机台数计算(以纵向通风为例):$i = (\Delta p_r + \Delta p_m - \Delta p_t - \Delta p_f)/\Delta p_j$。式中,$i$ 为所需射流风机的台数;Δp_r 为通风阻抗力;Δp_m 为自然风阻力;Δp_t 为火灾区域内的热风压;Δp_f 为火灾区域内的压力损失;Δp_j 为单台风机产生的风量。

2.5.6.3　隧道火灾烟流流动性态

　　隧道火灾烟气流动受隧道通风的影响,隧道自然通风和不同风速条件下烟流流动性态有明显区别,不同通风速度条件下隧道火灾烟流流动性态如图 2-15 所示。根据图 2-15 可知,自然通风状态下,烟流向上游扩散;通风风速<1.5 m/s,烟流发生逆流;通风风速=2.0 m/s,烟

流逆流现象基本消失;通风风速＞2.5 m/s,烟流正流。

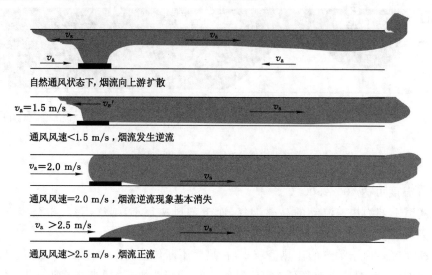

自然通风状态下,烟流向上游扩散

$v_a=1.5$ m/s

通风风速＜1.5 m/s,烟流发生逆流

$v_a=2.0$ m/s

通风风速＝2.0 m/s,烟流逆流现象基本消失

$v_a＞2.5$ m/s

通风风速＞2.5 m/s,烟流正流

图 2-15　隧道火灾烟流流动性态示意图

2.5.6.4　隧道火灾排烟模式

隧道防烟和排烟对人员疏散、灭火工作极为重要。一般可结合隧道的通风系统进行设计,在正常情况下为通风功能,满足环保的要求,而在火灾情况下为排烟、控烟功能。其主要目的是为乘车人员创造一个安全的疏散路线和提供一个通往火场的洁净路线,帮助救火人员到达火灾现场。隧道火灾全射流纵向、分段纵向、半横向、全横向排烟模式如图 2-16所示。

2.5.6.5　隧道通风

（1）通风方式

隧道通风方式一般有全横向通风(图 2-17)、半横向通风(图 2-18)及纵向通风(图 2-19)三种。必要时可采用半横向加纵向通风方式,短隧道可用自然通风方式。

横向通风是沿隧道的整个长度持续均匀地送风或排风。全横向通风排烟方式具有正常交通运行时最好的通风效果和火灾时迅速排烟的安全性。此通风排烟方式一般是在隧道的顶部空间建设一个通道,其本身可以为预制混凝土结构的一部分,另一种就是安装铁皮风管系统。为防止火灾时隧道下部烟气因不受上部排烟道的排烟影响而迅速扩散的现象产生,在隧道的下部送入少量新风则有利于控制烟雾扩散。

由于横向通风的造价比较高并受空间的限制,纵向通风排烟作为一种较为经济和实用的方式被广泛采用。纵向通风方式就是在隧道内产生纵向风流。隧道顶部安装射流风机,此射流风机具有耐高温性且可以通过控制改变转向。此种方式是在火灾发生时通过控制烟气的流动方向,来确保人员的疏散以及消防队员的救援活动能安全进行。在设计中可以按隧道允许通行车辆的性质,确定火灾时控制烟气流所需的纵向风速并考虑火灾规模及隧道坡度的综合指标,从而来确定风机的功率及台数。

（2）通风量计算

一般情况下,分别按一氧化碳及烟雾浓度计算出每千米的标准通风量,然后根据隧道长

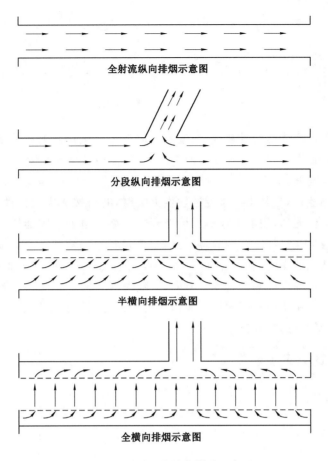

图 2-16　隧道火灾排烟模式示意图

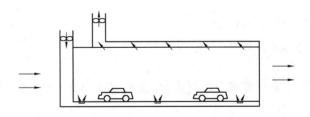

图 2-17　全横向通风示意图

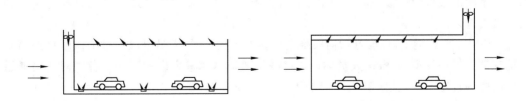

图 2-18　半横向通风设计图

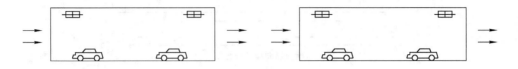

图 2-19　纵向通风示意图

度计算所需通风量。再依据行驶速度、坡度和不同车型一氧化碳的排放量进行修正而得出最终结果。同时要计算出阻塞火灾排烟所需通风量,作为验算通风量的依据。

（3）通风排烟组织

对于双孔公路隧道,当其中一条隧道发生火灾时,隧道按火灾救援模式通风,另一隧道主通风机按正常运营通风,用射流风机保证打开的联络通道处火灾隧道的风压小于正常运营隧道的风压,使火灾隧道的烟雾和高温气体不蔓延到另一隧道。火灾情况下的风流组织应视逃生和灭火救援工作的进度分阶段实施。当发生火灾后首先应调整风机运行状态,采用救援模式控制火灾的发展和烟气流动方向,待隧道内逃生人员完全安全撤离后,启动排烟通风系统。排烟通风系统的机械通风应根据火灾点的位置选择不同的通风方向,排烟的基本原则是使烟气沿较近的竖井排出。

2.5.7　公路隧道火灾疏散救援

2.5.7.1　避难逃生通道

隧道发生火灾后,人员是否能安全疏散主要取决于两个时间:火灾发展到对人构成危险所需时间(危险时间 T_f)、人员疏散到安全场所需要时间(疏散时间 T_e),$T_f > T_e$ 时,人员能安全疏散。

人员疏散时间通常由火灾探测时间 T_1、反应时间 T_2、行动时间 T_3 组成:$T_e = T_1 + T_2 + T_3$。

2.5.7.2　公路隧道火灾人员救援模式

公路隧道火灾人员救援模式如图 2-20 所示。

2.5.7.3　疏散和避难

（1）在隧道两侧分别设置安全疏散走道,该种方式安全性高,人员疏散快;但开掘空间大,投资较大。

（2）通过隧道地下电缆沟或其他夹层进行疏散,此种方式造价较低,较经济。

（3）受条件限制无法设置人行通道时,也可在隧道内设置避难所,以满足人员疏散要求。避难所的最低耐火极限应与隧道结构相匹配,同时安装独立的送风系统以隔绝高热和阻止烟气进入。

（4）对于双孔隧道,可设置横向联络通道。发生火灾时,人员可以通过横向联络通道安全地疏散到另一隧道内,救援人员亦可通过联络通道迅速进入事故现场。各国对联络通道设置间距的规定不一,且随隧道功能的不同也有所差异,但大多在 100～500 m 之间。此外,在横向联络通道两端应设防火门保护。

同时,隧道内还应设置带蓄电池的事故照明灯、紧急广播、灯箱式疏散诱导标志等。

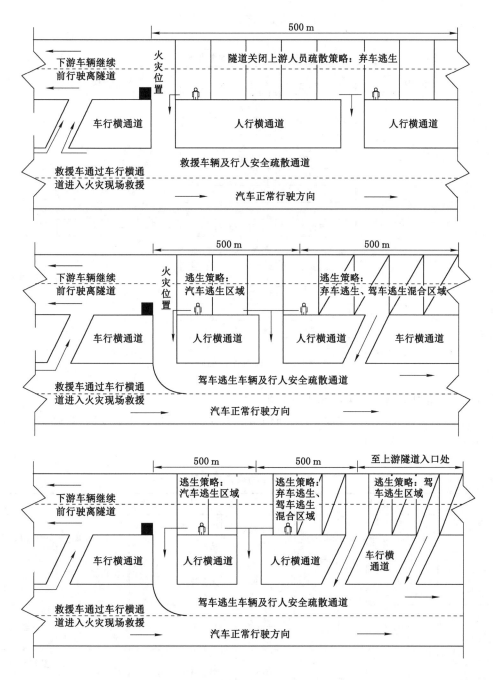

图 2-20　公路隧道火灾人员救援模式示意图

2.5.8　公路隧道火灾损伤评估

2.5.8.1　火灾评估程序

隧道火灾现场勘查可以分为初勘和复勘。具体评估程序见图 2-21。

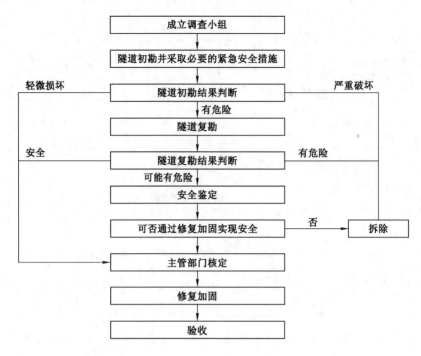

图 2-21　火灾评估程序图

2.5.8.2　隧道衬砌结构火灾损伤等级判定

隧道衬砌结构火灾损伤程度不同,损伤指标和损伤特征也有明显不同,衬砌结构火灾损伤等级划分如表 2-13 所示。

表 2-13　衬砌结构火灾损伤等级划分

损伤程度	损伤指标		损伤特征			
	烧蚀温度/℃	烧损深度/cm	剩余抗压强度/%	烧伤区混凝土组织结构	表面颜色	损伤层颜色
轻火区（1 度）	＜350	＜1	＞95	无变化	烟熏所致的黑色	无变化
轻度损伤（2 度）	350~450	1~3	80~95	基本原状	烟熏所致的黑色	呈浅红色
中度损伤（3 度）	450~650	3~5	70~80	部分发生变化	浅红色	呈褚红色-浅红色
严重损伤（4 度）	650~850	5~10	50~70	发生较大变化,有 2~3 cm 的酥松层	浅黄色	呈褚红色-浅红色-浅黄色
极度损伤（5 度）	850~1 050	10~15	＜50	发生质变,有 2~3 cm 的剥落层和 4~5 cm 的酥松层	灰白色	呈褚红色-浅红色-浅黄色-灰白色

2.5.9 公路隧道火灾安全管理

2.5.9.1 防灾救灾救援保障体系

（1）工作机构及职责

① 领导机构：由高速公路管理单位、高速公路执法大队牵头成立隧道应急指挥部，全面负责突发事件应急管理工作，指挥协调隧道突发事件应急处置工作。

② 隧道应急指挥部协调组：在隧道应急指挥部负责人或其授权人员到达前负责隧道突发事件的初期处置，同时负责信息的收集、整理、报送和发布。

③ 隧道应急指挥部现场处置组：分为交通组织疏散小组和应急救助抢险小组，负责事故现场的交通组织、疏散、应急救助和在保障自身安全的前提下开展抢险工作。

（2）应急联动机制

应动员消防、医疗、公安、环保等社会各方力量，迅速形成应急处置合力。

（3）信息共享与发布

隧道监控中心及时收集处理各类信息，同时做好隧道突发事件信息的后续上报工作，为决策提供信息保障；隧道监控中心要积极同应急处置联动单位互通信息，保障信息共享和畅通；在隧道应急指挥部的统一指挥下，隧道监控中心应及时对外统一地发布相关信息。

高速公路隧道突发事件应急处置组织体系框架如图 2-22 所示。

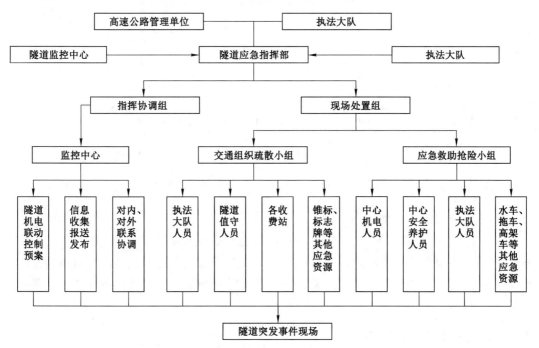

图 2-22　高速公路隧道突发事件应急处置组织体系框架

2.5.9.2 火灾爆炸事故防灾救援预案

制定火灾爆炸应急预案目的是加强消防安全管理工作，降低火灾爆炸事故带来的损失，提高消防队员的防火防爆综合作战能力，保护人民生命财产安全。火灾爆炸事故防灾救援预案应依据国家有关法律及规定制定,火灾爆炸事故的防灾预案框架如图 2-23 所示,火灾爆炸事故的防灾救灾预案如图 2-24 所示。

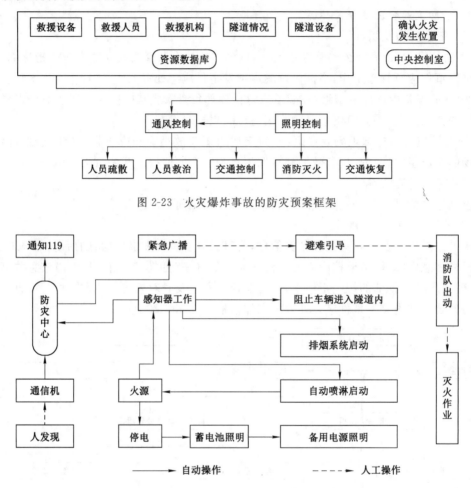

图 2-23   火灾爆炸事故的防灾预案框架

图 2-24   火灾爆炸事故的防灾救灾预案示意图

2.5.9.3   应急救援管理流程

隧道事故发生后应急救援管理至关重要,应急救援流程主要如下:首先是事故发生察觉,之后是受理确认和通报派遣与签到作业,然后是人员避难指导及交通疏导管制和救援单位初步应变,最后是事故处置及受困者、伤员救助和灾后恢复。隧道事故应急救援管理流程如图 2-25 所示。

2.5.10   交通管理和组织

公路隧道火灾多因交通事故和汽车自身起火引起,应通过检测器、巡逻车、紧急电话和图像信息,及时地掌握火灾地点交通情况,并向有关方面通报火灾的发生地点、性质及关联的交通状态等。

对火灾发生路段上下游交通提供引导和控制管理,开启防止后续车辆驶入隧道的警报装置,进行车道、车速控制,使车辆以最佳速度行驶,防止车辆发生首尾相撞等二次事故。同

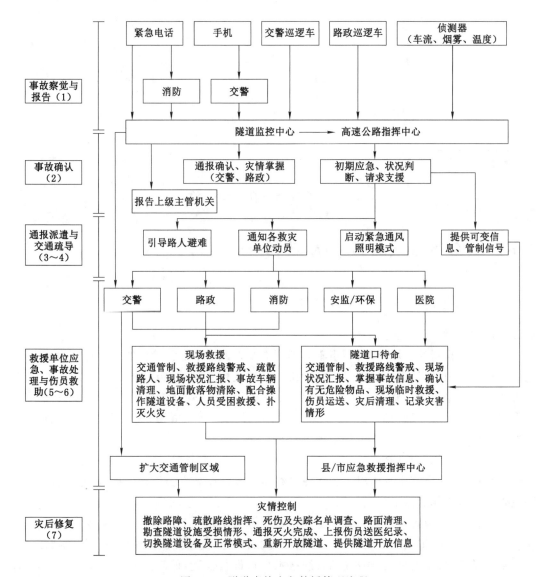

图 2-25　隧道事故应急救援管理流程

时,为救援交通提供最佳路径及沿途的交通控制和管理,保证救援通道的畅通。

为避免火灾发生时隧道内的交通混乱,在隧道出入口及隧道内设置警报提示(可变指示牌),每隔 500 m 设一处。

火灾情况下的行车组织(以双洞单向交通隧道为例,图 2-26)可按下述步骤进行:

(1)隧道内发出火警后两条隧道同时关闭,严禁车辆驶入;

(2)打开发生火灾隧道所有火灾点上风侧横通道;

(3)火灾点下风侧的车辆快速有序地驶出事故隧道;

(4)火灾点上风侧车辆通过横通道安全疏散到另一侧隧道;

(5)未发生火灾的隧道改为双向行车,同时行车速度限制在 30 km/h 以内,并严禁超车。

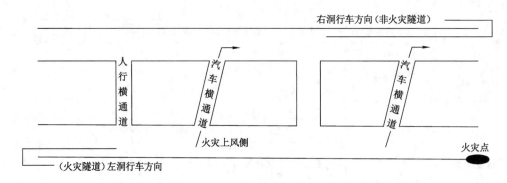

图 2-26　火灾情况下的行车组织示意

2.6　综合管廊火灾防护及救援

2.6.1　综合管廊分类与火灾危险性

2.6.1.1　基本概念

综合管廊是指建于城市地下,用于容纳两类及以上城市工程管线的构筑物及附属设施,它能实现将电力、通信、供水、燃气等多种市政管线集中在一体,方便电力、通信、供水、燃气等市政设施的维护和检修,做到"统一规划、统一建设、统一管理",达到地下空间的综合利用和资源共享的目的。城市综合管廊作为一类集约使用的新型隧道,提供了市政管线可持续发展的新途径,但其潜在的火灾危害也不容小觑。

2.6.1.2　综合管廊构成要素

管廊本体:综合管廊本体以入廊专业管线路径及敷设需求为设计依据,满足预留城市道路下管线敷设载体的需求。

入廊管线:入廊管线作为综合管廊的主要服务对象,依据其空间需求和技术特点,对综合管廊的设置情况提出明确要求。入廊管线是综合管廊的直接服务对象及重要构成因素。

附属设施:根据人员安全及入廊管线技术特点进行设置,保障入廊管线安全运作,便于入廊人员安全运维。

2.6.1.3　综合管廊类型

按功能用途分为如下几种:

(1) 干线。干线综合管廊一般设置于机动车道或道路中央下方,主要用于连接源站(如自来水厂、发电厂、热力厂、变电站等)与支线综合管廊。

(2) 支线。支线综合管廊主要用于将各种管线从干线综合管廊分配、输送至直接用户。

(3) 缆线。缆线综合管廊一般设置在道路的人行道下面,其埋深较浅,工作通道不要求人员通行,上部仅设置可开启的盖板和手孔。

管廊的断面形式需要根据纳入管线的种类及规模、施工工艺、预留空间等因素确定,如矩形综合管廊、半圆形综合管廊、圆形综合管廊和拱形综合管廊。

2.6.1.4　管廊内火灾或爆炸事故致灾因素分析

引起火灾的主要要素有助燃物、可燃物、火源或热源。综合管廊内有天然的氧气、固体可燃物、可燃气体等,如管廊内线缆、管廊内运输的燃气、管廊积水产生的沼气(甲烷)等;还存在潜在的火源与热源,如电火花、静电、电热效应等。三要素在一定的条件下便可能引发火灾或爆炸事故。例如,综合管廊内电气设备及电缆较多,若电气设备过热或短路,则可能引发电气火灾;燃气管道内燃气泄漏至爆炸浓度,可能引起爆炸事故。此外,维修人员在进入管廊进行日常维护管理时,可能会带来一些外来可燃材料和引火源而引起火灾。常见的综合管廊内火灾或爆炸事故致灾分析如下。

(1)短路引起的火灾:一是受机械损伤,线芯外露接触不同电位导体而短路;二是电气线路因为过热、水浸、长霉、辐射等的作用而导致绝缘水平下降。

起火情况:金属性短路起火、电弧性短路起火。

(2)电气设备接触不良导致火灾:互相接触的两个导体电阻之间不能完全接合,始终存在缝隙,该缝隙导致两导体之间电阻加大。

(3)线路过载引起的火灾:电气设备或导线的功率和电流超过了其额定值。

(4)电缆绝缘劣化导致火灾:电缆的绝缘层由于炭化、潮湿、污染等因素而导致其绝缘劣化,可能会在绝缘表面形成高温电弧发生漏电事故。

(5)燃气管道引起的火灾:管道内运输的燃气泄漏后,泄漏的燃气和管廊内的空气形成混合物,随着燃气浓度的逐渐增加,达到爆炸浓度下限,形成了爆燃性环境。

2.6.2 综合管廊耐火设计与防火封堵

2.6.2.1 耐火设计

综合管廊内包含了各种市政管线及附属电气设施,内部存在一定的可燃物。在管廊长期的运营过程中,各类管线及附属电气设施会发生老化或局部损坏,可能导致燃气泄漏、电缆短路或局部过热等危险,容易引发火灾或爆炸事故。因此,管廊的主结构体应采用耐火极限不低于3.0 h的不燃性结构。另外,管廊其他结构的防火设计还应符合以下要求:

(1)综合管廊内不同舱室之间应采用耐火极限不低于3.0 h的不燃性结构进行分隔。

(2)综合管廊交叉口及各舱室交叉部位应采用耐火极限不低于3.0 h的不燃性墙体进行防火分隔。当有人员通行需要时,防火分隔处的门应采用甲级防火门。

(3)天然气管道舱及容纳电力电缆的舱室应每隔不超过200 m采用耐火极限不低于3.0 h的不燃性墙体进行防火分隔。当有人员通行需要时,防火分隔处的门应采用甲级防火门。

(4)综合管廊内部装修材料除嵌缝材料外,其余部分均应采用不燃性材料。

2.6.2.2 防火封堵

综合管廊由于其自身特点限制,管线穿孔较多,为了避免某个舱室或防火分区内发生火灾时向其他区域蔓延传播,管线穿越防火分隔处应采用阻火包等防火封堵材料进行防火封堵,防火封堵组件的耐火极限须不低于3.0 h。另外在封闭式电缆线槽贯穿孔口处,应在线槽内部采用防火胶泥封堵严实(图2-27)。

2.6.2.3 电力电缆防火要求

电力电缆本身存在的发热特性是造成管廊火灾的重要因素之一。因此,电力电缆线路应采用更为严格的防火设计要求,具体如下:

(1)电力电缆应采用阻燃电缆或不燃电缆,通信电缆应采用阻燃电缆;通信电缆和电力

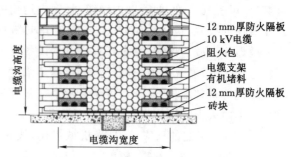

图 2-27 某电缆沟防火封堵设计图

电缆不应在同一线槽内敷设;双回路线路不应在同侧敷设。

(2)电缆桥架上的电缆中间接头处应设置防火防爆盒(图 2-28),防火防爆盒两侧 3 m 长的区段以及沿该电缆并行敷设的其他电缆同一长度范围内的电缆应涂刷防火涂料或包覆防火材料。

(3)对于管廊内并列敷设的电缆,为了避免发热量较大,其接头的位置应相互错开。

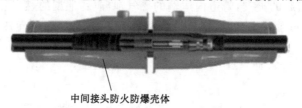

图 2-28 电缆中间接头防火防爆盒

2.6.3 综合管廊火灾报警与监控

干线、支线综合管廊,含电力电缆的舱室应设置火灾自动报警系统。综合管廊火灾报警系统由集中报警控制器、消防控制室图形显示装置、区域报警控制器、气体灭火控制器、现场探测部件、手动报警按钮、声光警报器、模块等组成。由区域报警控制器负责各自区域的火灾报警及联动,通过普通组网或光纤组网将报警信息上传至消防控制室。区域报警控制器通常放置于变电所或配电设备井夹层内,集中报警控制器通常放置于监控中心或配电设备井夹层内。综合管廊每 200 m 划分一个防火分区及探测区域。

鉴于综合管廊为非公共场所,平时只有少量工作人员进行巡检工作,火灾警报器可以满足紧急情况报警需要时,可不设消防应急广播系统。

2.6.3.1 综合管廊常用火灾报警探测器

(1)线型感温火灾探测器

对于电力舱室而言,线缆的短路和过载是其主要火灾原因,这类火灾通常有一定时间的线路升温过程。如果能对这一异常温度进行早期预警,并及时对线路采取断电、冷却等措施,则能大大降低综合管廊发生火灾的概率,提高灭火救援响应速度。对线缆进行连续性的温度监测是综合管廊火灾预防的一种方法。《城市综合管廊工程技术规范》(GB 50838—2015)规定:干线、支线综合管廊含电力电缆的舱室应设置火灾自动报警系统并应在电力电缆表层设置线型感温火灾探测器,在舱室顶部设置线型光纤感温火灾探测器或感烟火灾探测器。

《火灾自动报警系统设计规范》(GB 50116—2013)对管廊电缆舱室火灾探测装置设置的要求是:无外部火源进入的电缆隧道应在电缆层上表面设置线型感温火灾探测器;有外部火源进入可能的电缆隧道在电缆层上表面和隧道顶部,均应设置线型感温火灾探测器。

(2)感烟火灾探测器

风机房、变配电室等其他场所宜设置点型感烟火灾探测器(图 2-29)。需要联动启动自动灭火设施时应设置感烟及感温火灾探测器。

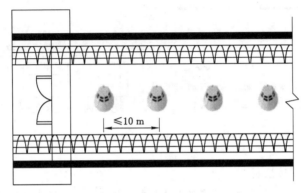

图 2-29　线型感温火灾探测器与感烟火灾探测器在管廊内安装示意图

2.6.3.2　综合管廊可燃气体检测

综合管廊天然气舱应设置可燃气体探测报警系统监测管廊内可燃气体浓度,防止气体泄漏引发灾害。可燃气体报警控制器的报警信号以及管道阀门泄漏处、管廊内天然气容易积聚处的可燃气体浓度均应上传至监控中心,同时把报警信号同步传送至燃气公司监控中心。此外,可燃气体探测报警系统应包含火灾声光警报器。天然气舱内每个防火分区的人员出入口、逃生口和防火门处应设置火灾声光警报器,且每个防火分区不应少于两个。

可燃气体探测器是可燃气体探测报警系统的前端感知模块。可燃气体探测器宜通过现场总线方式接入可燃气体报警控制器。每个防火分区的探测总线应采用独立回路,且可燃气体探测报警系统信号建议接入综合管廊系统管理平台,实现综合管廊内可燃气体浓度的整体在线监测。

可燃气体探测器应在天然气舱室的顶部、管道阀门安装处、人员出入口、吊装口、通风口、每个防火分区的最高点气体易积聚处设置,且舱室内沿线点型可燃气体探测器设置间隔不宜大于 15 m。当可燃气体探测器安装于管道阀门处时探测器的安装高度应高出释放源 0.5~2 m。

2.6.3.3　综合管廊火灾报警与监控

综合管廊火灾报警与监控系统主要包括三个部分,分别为消防电话系统、手动报警按钮和防火门监控系统。

(1)消防电话系统:在每个火灾报警控制柜内设置消防电话主机,在每个防火分区设置 3 个电话分机(出入口 2 个、中间 100 m 处 1 个),每个配电所和监控中心各 1 个电话分机,安装高度为 1.5 m。消防控制室设有可直接报警的外线电话。

(2) 手动报警按钮:在有电力电缆的舱室每个防火分区出入口、通风口和舱室内设置手动报警按钮和声光报警器,现场工作人员可通过手动报警按钮报警。火灾自动报警系统确认火灾后,能同时启动所有声光报警器。

(3) 防火门监控系统:日常运行时,防火门监控系统(图 2-30)用于监测各个防火门的开、闭状态,当防火门处于非正常的打开或非正常的关闭状态时,发出门故障报警信号。发生火灾时防火门监控系统用于远程控制(手动或自动)常开防火门的关闭,阻止火势、烟气向外蔓延,接收并显示防火门关闭的反馈信号。

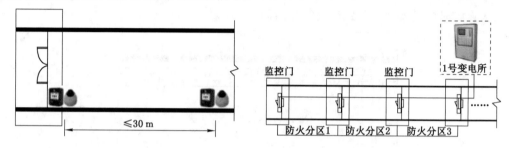

图 2-30　防火门监控系统在管廊内安装示意图

2.6.3.4　消防设施联动控制

综合管廊应设置消防控制室,消防控制室宜与管廊监控中心共建。其防火分隔措施应符合相关规定,火灾自动报警系统信号应接入综合管廊统一管理平台。当确认火灾后,消防联动控制器应能联动关闭着火分区及同舱室相邻分区的通风设备,启动自动灭火系统并切断非消防相关设备的电源,然后向安全防范视频监控系统发出联动触发信号。

对于燃气泄漏事故,当天然气管道舱的可燃气体浓度超过报警浓度设定值(上限值)时,可燃气体报警控制器启动本防火分区的火灾声光警报器和天然气舱事故段防火分区及其相邻防火分区事故通风设备。燃气公司监控中心接收报警信号后,给出远程切断信号,控制燃气管道紧急切断阀门动作。

2.6.3.5　自动报警系统供电与布线

综合管廊内监控与报警设备防护等级不宜低于 IP65。监控与报警系统中的非消防设备的仪表控制电缆、通信线缆应采用阻燃线缆。消防设备的联动控制线缆应采用耐火线缆。此外,综合管廊的消防设备、监控与报警设备、应急照明设备应按现行国家标准《供配电系统设计规范》(GB 50052—2009)规定的二级负荷供电。

《火灾自动报警系统设计规范》(GB 50116—2013)规定,火灾自动报警系统应设置交流电源和蓄电池备用电源,交流电源应采用消防电源,备用电源可采用火灾报警控制器和消防联动控制器自带的蓄电池电源或消防设备应急电源。当备用电源采用消防设备应急电源时,火灾报警控制器和消防联动控制器应采用单独的供电回路,并应保证在系统处于最大负载状态下不影响火灾报警控制器和消防联动控制器的正常工作。

火灾自动报警系统的传输线路和 50 V 以下供电的控制线路,应采用电压等级不低于交流 300 V/500 V 的铜芯绝缘导线或铜芯电缆。采用交流 220 V/380 V 的供电和控制线路应采用电压等级不低于交流 450 V/750 V 的铜芯绝缘导线或铜芯电缆。火灾自动报警系统的供电线路和传输线路设置在室外时,应埋地敷设。综合管廊内的接地系统应形成环形接地网,接地电阻不应大于 1 Ω。

2.6.3.6　系统设计与施工要点

火灾自动报警系统的设计、施工及验收,应符合《火灾自动报警系统施工及验收规范》(GB 50166—2019)的相关规定。其中,线型感温火灾探测器的设计、施工及验收,还应符合下列规定:

(1) 非接触式安装的缆式线型感温火灾探测器的敏感部件宜安装在电缆支架上层电缆托架的下表面,最上层电缆支架探测器的敏感部件吊装在舱的顶部,距舱顶不宜大于 100 mm。敏感部件的固定间距不大于 2 m。

(2) 接触式缆式线型感温火灾探测器应采用 S 形布置在每层电缆的上表面。

(3) 接触式线型光纤感温火灾探测器应采用一根感温光缆保护一根电力电缆的方式,并应沿电力电缆敷设。

(4) 线型感温火灾探测器的调试应采用专用检测仪器进行火灾模拟,探测器应能发出报警信号,显示报警部位。采用断线方式进行故障模拟时,探测器应能发出故障信号。

可燃气体探测报警系统的设计、施工及验收,还应符合下列规定:

(1) 点式可燃气体探测器的安装高度和安装间距应依据《石油化工可燃气体和有毒气体检测报警设计标准》(GB/T 50493—2019)规定的保护半径确定,应能完全覆盖天然气管道舱室。

(2) 系统设备的安装与接线技术要求应符合《爆炸危险环境电力装置设计规范》(GB 50058—2014)的有关规定。

2.6.4　综合管廊消防灭火系统

根据火灾风险以及管廊内可燃物的分布,建议在如下区域设置自动灭火系统:① 干线综合管廊中容纳电力电缆的舱室;② 支线综合管廊中容纳 6 根及以上电力电缆的舱室;③ 综合管廊中容纳电力电缆舱室的电缆接头区、接头集中敷设区等重点防护区。此外,综合管廊内应在沿线人员出入口、逃生口等处设置灭火器材,灭火器材的设置间距不应大于 50 m。综合管廊内消防控制室、管廊监控中心、风机房、变配电室等设备用房,应配置手提式灭火器。

目前,我国城市地下综合管廊的自动灭火系统主要采用水喷雾灭火系统、细水雾灭火系统和超细干粉灭火系统。

2.6.4.1　灭火系统

(1) 水喷雾灭火系统

以灭火控火为目的水喷雾灭火系统主要应用于扑灭综合管廊综合舱、电力电缆舱等舱室火灾。

优点:① 水喷雾灭火系统对环境无污染,可用于扑救带电设备火灾;② 水雾喷射时可净化火灾中的烟气,有利于安全疏散,适用于有人的场所;③ 水作为灭火剂来源广泛、价格低廉。

缺点:① 水喷雾灭火系统较复杂,附属设施较多,占用空间较大;② 系统存在一定的水渍损失,当用于保护电气设备时,系统动作前必须首先切断电源。

(2) 细水雾灭火系统

目前,细水雾灭火系统在综合管廊中被逐渐应用于扑灭综合管廊综合舱、电力电缆舱等火灾。综合管廊细水雾灭火系统应采用泵组式细水雾灭火系统,可采用全淹没、分区应用或局部应用的开式系统。

优点:① 细水雾灭火系统灭火效能高,对环境无污染;② 水雾雾滴直径很小,不连续,电绝缘性能好,可用于扑救带电设备火灾;③ 系统灭火用水量小,水渍损失甚微;④ 细水雾喷射时可净化火灾中的烟气,有利于安全疏散,适用于有人的场所;⑤ 水作为灭火剂来源广泛,价格低廉。

缺点:① 系统较复杂,附属设施较多,占用空间较大;② 一次性投资较高。

（3）超细干粉灭火系统

灭火机理:以化学灭火为主,通过化学、物理双重灭火方法扑灭火灾。化学方面,自动灭火装置释放出的超细干粉灭火剂粉末,通过与燃烧物火焰接触产生化学反应迅速夺取燃烧自由基及热量,从而切断燃烧链,迅速扑灭火焰。物理方面,实现被保护物与空气的隔绝,阻断再次燃烧所需要的氧气,防止复燃。

超细干粉灭火剂适用于 A、B、C 类火灾及电气火灾。在城市综合管廊重点防护区域宜分区应用或局部应用非储压式超细干粉灭火装置。分区应用灭火系统(装置)是指向部分防护区喷放灭火剂保护其内部所有对象的灭火系统(装置);局部应用灭火系统(装置)是指向保护对象直接喷放灭火剂,保护空间内某具体保护对象的灭火系统(装置)。

优点:① 灭火效率高,速度快;② 装置体积小,质量轻,系统简单,安装、调试及后期维护方便;③ 绿色环保。

缺点:① 超细干粉每 10 年需更换一次。② 灭火释放过程中,管廊内能见度较低,可能会影响人员逃生。③ 超细干粉防水能力差,易吸潮结块。④ 超细干粉抗复燃能力差,在长管廊中需多点密集悬挂,系统整体联动性差,抗干扰能力差,易发生误动作。

超细干粉灭火装置有储压型和非储压型两种,因储存方式不同,其主要的零部件也不同。

2.6.4.2　系统设计与施工要点

综合管廊内水喷雾灭火系统应参考《水喷雾灭火系统技术规范》(GB 50219—2014)设计,细水雾灭火系统应参考《细水雾灭火系统技术规范》(GB 50898—2013)设计,超细干粉灭火系统应参考《干粉灭火装置技术规程》(CECS 322—2012)设计。

其中,分区应用的开式、泵组式细水雾灭火系统的设计、施工及验收,应符合下列规定:① 电缆接头集中敷设区细水雾喷头应朝向保护对象,电缆接头区喷头应朝向电缆支架;② 细水雾系统设计参数可参考相关资料;③ 系统应进行实际细水雾喷放试验,以验证系统的可靠性。

2.6.5　综合管廊通风排烟

2.6.5.1　通风方式

综合管廊通风主要包括自然通风、自然通风辅以无风管的诱导式通风和机械通风三种方式。

（1）自然通风:根据室外环境季候风诱导,以及管廊内废热产生的热压进行通风的方式。

（2）自然通风铺以无风管的诱导式通风：在自然通风的基础上，在综合管廊内沿纵向布置若干台诱导或射流风机，使室外新鲜空气从自然进风口进入管廊内后以接力形式流向排风口的通风方式。

（3）机械通风又分为：① 自然进风、机械排风；② 机械进风、自然排风；③ 机械进风、机械排风。

三种通风方式具体的优缺点见表 2-14。

表 2-14 三种常见的综合管廊通风排烟系统对比

通风方式	自然通风	自然通风辅以无风管的诱导式通风	机械通风
优点	节省通风设备初始投资和运行费用	通风效果良好，同时解决了进、排风口距离受限制和排风竖井建得太高等影响景观的问题	增加了通风分区的长度，减少进、排风竖井的数量
缺点	需要把排风井建得很高，且通风分区不能过长，需设置较多的进、排风竖井，常受到地面路况的影响，布置难度较大	通风设备初期投资较大	设备初始投资和运行费用较诱导通风的大

2.6.5.2 通风排烟设计原则

（1）综合管廊宜采用自然进风和机械排风相结合的通风方式。其中，天然气管道舱和含有污水管道的舱室应采用机械进风、机械排风的通风方式。综合舱、电力舱宜采用自然进风、机械排风的纵向通风方式。

（2）综合舱、电力舱、污水舱正常通风换气次数按 2 次/h 设计，事故通风换气次数按 6 次/h 设计。燃气舱正常通风换气次数按 6 次/h 设计，事故通风换气次数按 12 次/h 设计。配电间事故通风换气次数按 12 次/h 设计。

（3）送风、排风井混凝土风道风速不大于 6 m/s，管廊内风速不大于 3 m/s。

（4）综合管廊舱内应设置事故后机械排烟设施，可与通风系统合并设计。

（5）风口结合防火分区布置，每个防火分区设一个进风口和一个排风口。

2.6.5.3 管廊通风系统运行工况

根据管廊内作业或突发事故处置的需求，设置机械通风的管廊通风系统一般分为正常工况、巡视工况、火灾及灾后工况、事故（泄漏）工况四类通风系统工况。四类工况的基本要求如下。

（1）正常工况：管沟内温度不小于 40 ℃时，自动开启通风系统排风机；管沟内温度不大于 40 ℃时，排风机停止工作。

（2）巡视工况：工作人员进入综合管沟巡视开始前 30 min，保证巡视段通风系统排风机开启。当温度大于 28 ℃或含氧量小于 19.5%时开启排风机。

（3）火灾及灾后工况：当天然气舱内某段发生火灾时，立即关闭着火区段的排风机和防烟防火阀。事故处理完毕，经人工确认后，开启排风机及已关闭的防烟防火阀，进行灾后通风，排出废气。当其他舱室某段发生火灾时，立即关闭着火区段的防烟防火阀，排风机正常运行。事故处理完毕,经人工确认后,开启已关闭的防烟防火阀,并将排风机切换为高速运行,排走烟气。

(4) 事故(泄漏)工况:在管道重要节点处设置监控摄像头,当监测到某区段的热水或蒸汽、燃气泄漏时,应将该区段的排风机切换为高速运行,快速排走高温高压气体,为检修提供条件。

2.6.5.4 设备选型

综合舱、电力舱、污水舱排风风机宜选用双速高温消防风机,污水舱进风风机选用斜流或轴流风机。燃气舱排风风机选用防爆型双速风机,进风风机选用防爆型斜流或轴流风机,且排风风机不应设于地下。所有燃气舱内的通风设备及阀门等均应为整体防爆型。配电间风机应采用低噪声壁式风机。

为保证管廊内灭火后的排风要求,排烟风机要满足 280 ℃时能连续工作 0.5 h(或 250 ℃时连续工作 1.0 h)的要求,同时为保证管廊灭火的密闭要求,排风管入口部设置 280 ℃全自动常开排烟防火阀,进风口部设置 70 ℃全自动常开防烟防火阀,便于通风状态的切换。

2.6.5.5 通风口的设计原则

通风口的设计首先满足平时运行时的风量及灾后排烟量的需要,其次要满足城市规划需要,尽量减少对城市景观的影响以及满足环境对噪声的要求。

对外凸出风口常布置在绿化带内、人行路边,并结合周边的实际情况设置。如果风口离绿化带、人行路地面高度过小,暴雨和绿化洒水车激起的泥水容易进入风口,使通道内通风机房的卫生条件变差,影响通道内空气环境。如果能使新风口或排风口下边缘高出绿化带地面 0.5~0.8 m,则既可以避免上述情况发生,又可以减少风亭对城市景观的影响,达到规划要求。另外,应制定安全措施,防止闲杂人员通过通风口进入管廊对管廊内设备及管线进行破坏,造成不必要的损失,同时,在风口百叶处采用内衬 10 mm×10 mm 不锈钢丝网的方式,防止小型动物及落叶进入。

2.6.6 综合管廊火灾人员疏散

综合管廊内每个防火分区设置一个直通室外的安全疏散出口。单舱管廊长度超过 150 m 时,没有疏散出口的舱段应设临时避难间,并独立设置通风系统和通信电话。人行通道应设应急疏散照明和灯光疏散指示标志,应急疏散照明照度不应低于 5 lx,应急电源持续供电时间不应小于 60 min;出入口处和设备操作处的照度不应小于 100 lx。灯光疏散指示标志应设在距地面 1.0 m 以下,间距不应大于 20 m。设置位置应明显可视,并在主要入口处设置管廊标识牌,其内容应简单、信息应明确,清楚标识管廊分区、各类设备室距离、容纳的管线,并注明警告事项。

2.7 其他地下工程火灾的防护

2.7.1 地下商场火灾

地下商场空间封闭、人流聚集、人员流动频繁,而且内部空间结构复杂,排烟口较少。当火灾发生时,整个地下商场空间将面临严重的安全威胁,只有在优化建筑防火设计的前提下才能保证地下商场的安全,从而降低火灾风险等级。

2.7.1.1　地下商场火灾特点

(1) 高危风险性

地下商场为商业建筑,用作商业经营、货品流通与人员集散,一旦陷入火灾将带来极大的危险和挑战,其中不仅是经济损失,还可能导致大量的人员伤亡。地下商场火灾的高危风险性具体体现为:地下商场通常面积大、空间广,若商场内部空间规划不合理,忽视了消防规划设计,当发生火灾时将难以控制。同时,地下商场多为综合性商业中心,其中各种可燃物、危险品等聚集,这就使火灾荷载更大,各种可燃物、货架及装修材料等发生火灾时,可燃物将陷入高燃状态,可能导致无法挽救。地下商场多为人员聚集、频繁流动的区域,其地下空间封闭性较强,没有或者极少有排烟口,火灾出现后不仅不利于人员的安全、及时疏散,烟气也无法及时排除,从而更容易引发人员伤亡问题。地下空间内电气设备较多,不同类型的照明设备、空调设备等交错混杂,而且整个地下空间的经营时段都依赖照明设备,任何的局部运行不善都可能引发问题。

(2) 扑救难度大,人员伤亡严重

地下商场由于其特殊的空间位置,疏散通道和安全出口的设置数量都十分有限,这就为火灾救援和人员疏散等带来了极大的难度,而且火灾出现后由于没有充足的排烟口,通风条件也较差,烟气无法及时排除,浓烟、毒气等有害气体立即充斥整个地下空间,使地下商场的能见度较低,消防人员在实际消防过程中视线受影响,一些消防设备由于受到高温、浓烟等影响可能无法发挥其功能,这就在某种程度上妨碍了抢救工作的开展,而且地下商场的通道多迂回曲折,相关消防设备,例如水带等无法有效铺设,对火灾的扑救形成阻碍。同时,地下商场建筑物内部一般有信号屏蔽设备,其中的无线通信装置无法发挥有效功能,实际消防通信救援中可能出现通信设备信号受阻的问题,从而导致地上指挥员难以和地下救援通畅交流,也就难以掌握火灾的特点与发展态势,从而为救援指挥带来困难。地下空间的阻塞和通道曲折不利于人员逃生,在有限的时间内,更容易造成人员的晕厥,增加了人员伤亡的危险。更重要的是,当火灾来临时,电气设备将处于断开状态,整个地下空间无法照明,地下人群处于黑暗状态,很容易造成踩踏事故,再加上地下商场中各种有毒物燃烧时释放出大量毒害气体,可能导致人员在密闭条件下中毒身亡。

2.7.1.2　地下商场建筑防火设计的科学方法

(1) 明确建筑结构的耐火等级

地下商场建筑的防火设计前提是要考虑地下商场的特点——瞬间增加的烟气浓度与高温将影响建筑物的承载能力,要想确保火灾状态下地下建筑物结构依然完好无损,而且为人员的安全疏散赢得充足时间,就要选择高级别的耐火材料。其中一级耐火材料为钢筋混凝土、砖墙与钢筋混凝土组合结构,二级耐火结构为钢结构屋架、钢筋混凝土柱与砖墙结构,三级耐火建筑则为木屋顶与砖墙组合的砖木构造,四级耐火等级为木屋顶与难燃烧材质墙壁组合形成的可燃结构。要根据商场火灾的实际情况、特点来选择商场建筑结构耐火等级,例如大型地下商场耐火等级必须达到二级以上。对各个防火分区要有最大允许建筑面积规定:高层建筑要控制在 4 000 m² 以下,单层建筑和多层建筑首层内不能超出 10 000 m²,地下商场建筑内要控制在 2 000 m² 以下。大型地下商场设计时应选择防火墙,相邻区域要连通处理,例如设置下沉式广场,打造出一片室内的开阔空间,而且要保证不同空间之间彼此连通。

（2）防火分区与防烟分区的设计

防火分区主要是借助防火墙、耐火楼板等对建筑内部实施空间分隔，以此来阻断火灾跨区域蔓延。具体可以结合建筑物的现实使用及所储存货物类型等设计分隔设施。要想确保地下商场整体有视觉上的宽敞度、通透感，不妨选择防火卷帘门来分隔，结合地下商场的防火设计需求，可以选择防火货架来完善防火分隔设计。防火卷帘要控制在防火分区轮廓长度的三分之一，防火货架安装时要将易燃物品设置在上方，这样即便上层物品燃烧，也能分开各个相邻分区中的物品，以此来控制火灾蔓延。地下商场火灾将出现较多浓烟，所以应设置防烟分区，从而确保高温烟气受控于特定区域，引导烟雾及时排至室外。所设计的防烟分区严禁跨越防火分区，也要控制防烟分区面积，防止面积过大造成烟气影响范围较大。科学的地下商场防烟分区面积应在 500 m^2 以内，而且要将排烟风机、风管等配设其中。在防烟分区中设置排烟口，要让排烟风机与排烟口能联动运行，并和火灾报警系统连通。

（3）科学设计安全疏散宽度和距离

要确保地下商场的各个防火分区中配设两个以上的安全出口，其中防火墙的防火门可以当作一个安全出口。确保各个防火分区中要有一个以上的安全出口能够同室外露天连通。而且要确保防火门疏散宽度在 1.5 m 以上，以此来实现人员的高效、及时疏散。用于地下商场人员疏散的自动扶梯以及上下电梯等都要选择安全的不可燃材料，而且要确保自动扶梯能妥善适应防火分区，具体就是要合理地设计自动扶梯的疏散宽度。要充分借助自然排烟、机械排烟设备等来及时排除烟气，而且要根据气流方向来反向设计人员疏散方向，还要合理设置安全出口的部位，最终形成科学、高效、安全、可操作的疏散方案。消防预警系统的设计，首先应合理设计营业厅，可以设量在地下建筑的顶层，而且要形成防火间距，地下商场严禁售卖任何易燃易爆物品。其次，设计消防控制室，通常在地下负一层较好，这样才能保证同外部紧密对接。要对任何储存易燃易爆物品的房间实施消防安全处理，可以设置耐火墙体、安装隔离设施，同时要配设防火门等。再次，科学设计电力设施，可以将其设计在空旷空间内，而且要远离入口区，以此控制人流在此聚集，而且要配设自动发电设备，当地下商场出现火灾断电后，自动发电机能独立发电为消防救援提供照明服务。对地下商场装修材料的防火等级要做出严格的要求，严禁使用任何易燃材料，可以优选隔热能力好的材料，以此为安全消防创造有利条件。

综上所述，地下商场火灾有自身的高危风险性，为了有效防范火灾就必须优化地下商场的防火设计，根据火灾特点、源头选择科学的设计方式和理念，选择科学的防火配套系统，对建筑防火设计等级做出严格要求，而且要对火灾扑救方法做出合理的选择，以此确保地下商场的消防安全。

2.7.2 矿井火灾

2.7.2.1 矿井火灾特点

凡是发生在煤矿井下或是井口附近，直接影响井下安全生产并造成损失的非控制燃烧，都称为矿井火灾。发生在井下的火灾同地面火灾相比具有如下两个明显的特征：井下火灾发生在受限空间内，一旦发生火灾受灾范围大，对人员威胁严重，人员逃生困难；井下火灾时期通风直接受火灾影响，风流路线难以控制，灭火人员的生命也受到严重威胁。

矿井火灾发生必须同时具备三个因素:可燃物、一定的温度和足够热量的引火热源、一定氧浓度的足量空气,三者同时具备才能构成火灾。

矿井火灾分为内因火灾和外因火灾,外因火灾来自外来人员,内因火灾源于煤炭自燃。有很多的因素影响煤自燃,主要包括煤自燃倾向性、煤的成分和分子结构、煤层赋存的地质条件、开拓开采条件、煤体漏风条件和聚热情况等。

2.7.2.2　矿井火灾防治措施

(1) 内因火灾的防治措施

预防矿井内因火灾的措施涉及煤矿生产的各个环节。

① 减少发火隐患,预防煤炭自燃,主要包括两个主要方面:

a. 在开采技术方面,要正确选择矿井的开拓方式、采煤方法和开采程序,合理布置采区,不得随意采掘划定的段间、区间煤柱,以提高开采有自然发火危险煤层的矿井的防火能力。

b. 在通风技术方面,要选择合理的通风方式,正确设置控制风流的设施,采取均压防火措施,加强通风防火管理等,以减少漏风,这对防止煤炭自燃有重要作用。

② 掌握自然发火预兆,及时进行发火预测预报,把自然发火消火在"萌芽"阶段。

③ 对采掘生产过程中遗留下的各种发火隐患要及时处理,如加强"三道"维修,加强对废旧巷处理,及时处理高温火点等。

(2) 外因火灾的防治措施

外因火灾在矿井火灾总数中所占的比率不大,只有 20% 左右,但外因火灾由于具有突发性和意外性,一旦发生,往往容易造成人们的惊慌失措而酿成重大事故。另外,随着采掘机械化程度的迅速提高,外因火灾呈现上升趋势。因此,矿井必须十分重视外因火灾的预防工作。

① 一般措施

a. 推荐的防火系统

《煤矿安全规程》规定,生产和矿井建设必须制定矿井上下防火措施。矿井内所有地面建筑物、煤堆、木材堆场等的防火措施和系统必须符合国家防火规定。

b. 防止火灾和烟雾进入竖井

为防止井口附近可能发生的火灾产生的烟雾进入井筒,《煤矿安全规程》规定:木材场、矸石山等距离进风井口不得小于 80 m。木料场与矸石山的距离不得小于 50 m。矸石山不得位于进风井主导风向的上风侧。

c. 设置消防水池和地下消防管线系统

矿井必须设置地面消防水池和井下消防管道系统。井下消防管路系统每 100 m 设置支管和阀门,但在带式输送机巷道中应每 50 m 设置支管和阀门。地面消防水池的容量必须经常保持不小于 200 m³ 的水量。

d. 非易燃建筑材料的使用

《煤矿安全规程》规定:新建矿井的永久性井架和井口房,以井口为中心的联合建筑,必须使用不燃性材料建筑。对现有生产矿井中使用可燃性材料建造的井架和井口房,必须制定防火措施。

e. 设置防火门

　　为防止地表火势蔓延到地下,《煤矿安全规程》规定:进风井口应设置防火铁门,铁门必须严密并易于关闭,开启时不妨碍提升、运输和人员通行,并应定期维修;如果未配备防火铁门,必须有防止火进入矿井的安全措施。

　　f. 建立防火材料仓库

　　防火材料仓库符合下列规定:应建在煤矿生产区域内,便于工人在火灾发生时迅速取用;应远离易燃物品和火源,确保防火材料的安全储存;建筑结构应符合建筑防火要求,保证仓库本身具有一定的防火性能;内部应分类储存各类防火材料,保持整洁有序;应有专人负责管理和保管,定期检查防火材料的有效性和完好性;应与煤矿的应急预案相配合,确保在火灾发生时能够及时、有效地使用防火材料进行灭火和救援。以上是建立防火材料仓库的一般要求,具体的规定可能会根据不同地区和煤矿的实际情况制定。建立防火材料仓库是煤矿安全管理中重要的一环,有助于提高应对火灾风险的能力和效率。

　　② 技术措施

　　预防外因火灾的技术措施主要包括预防明火引火的措施、预防爆破引火的措施、预防电气火灾的措施和防止产生摩擦火花等几个方面。这几项措施的具体做法与防止引燃瓦斯的方法基本相同。除此之外,还应认真保管和使用易燃物,井下硐室内不准存放汽油、煤油或变压器油。井下使用的润滑油和棉纱、布头等,必须存放在盖严的铁桶内,用过的棉纱、布头也要放在盖严的铁桶内,并定期送到地面处理。

思　考　题

　　1. 地下建筑工程安全生产管理指导方针是什么?

　　2. 当今地下工程的特点有哪些?

　　3. 铁路隧道定点消防救援结构形式有哪些?

　　4. 地下工程火灾的特性是怎样的?

　　5. 地下工程火灾的四要素是什么?

　　6. 地下工程防火设计的方针是什么?

　　7. 目前隧道内使用的火灾探测器主要有哪些?

　　8. 地铁车站破坏的主要特点是什么?

　　9. 隧道火灾燃烧的烟流形态及分段图是怎样的?

第 3 章　地下工程水灾的防护

广泛埋藏于地表以下的各种状态的水,统称为地下水。根据地下埋藏条件的不同,地下水可分为上层滞水、潜水、毛细管水和层间水四大类。上层滞水是埋藏在地表浅处、局部隔水层(透水体)上部且具有自由水面的地下水。上层滞水距地表较近,一般为 $1\sim2$ m,分布范围有限,补给区与分布区一致,水量极不稳定,通常雨季出现,旱季消失。潜水是埋藏在地表以下第一个隔水层以上具有自由水面的地下水,主要由大气降水、地表水和凝结水补给。毛细管水是土粒和水接触时受到表面张力的作用,沿着土粒间连通孔隙上升而形成的。毛细管水的上升高度与土壤的种类、孔隙的大小、土颗粒大小以及土壤湿度有关。埋藏在两个隔水层之间的地下水称为层间水。层间水上下都有隔水层,具有明显的补给区、承压区和泄水区。

隧道作为典型的地下工程之一,修筑在地表之下,时刻处于地下水包围的环境中,倘若隧道防排水设计不合理或施工工艺不妥当,将导致隧道防排水体系出现缺陷,从而引发隧道发生渗漏水。现阶段我国所修筑的公路隧道和地铁等地下工程,尽管在设计施工时对工程结构的防水进行了专门设计,但在工程长期运营过程中仍然会发生渗漏水现象。目前,国内运营的隧道中,不管是山岭隧道还是城市地铁的区间隧道,衬砌结构都不可避免地存在这样那样的渗漏水现象,工程界中常说的"十隧九漏"充分反映了隧道渗漏水问题的严重性,渗漏水已经成为我国公路隧道常见的病害。

地下工程水害防护是对各类地下工程进行防水设计、防水施工和维护等综合性的技术工作。地下水一般具有水压力,任何微小的防水环节失效,均会造成地下水渗漏,影响建筑物使用,甚至使其丧失夫地下工程的功能。为保证地下防水工程的质量,需力求设计完善合理,施工严密精细,防水材料质量合格。

3.1　地下水的危害及其防治进展

地面洪涝灾害、积水回灌危害、地下水的渗漏浸泡危害是地下工程时刻面临的危害。如地下工程水灾防护工作做得不好,地下水渗漏到工程内部。不仅会造成结构损坏、设备腐蚀、影响外观和危害运营安全等,更易造成地下工程及地面建筑物的不均匀沉降和破坏;不仅导致混凝土衬砌耐久性的降低,还会降低地下工程内各种设施的功能,恶化其使用环境,甚至危及运行安全。而对地下工程渗漏整治,不仅影响地下工程的正常运营,根治困难,而且投入较大。

3.1.1　地下水的危害

3.1.1.1　地下水对地下工程结构的危害

（1）地下水对围护结构的危害

① 毛细作用

组成地下工程构筑物结构的大部分物质组织并不十分紧密,结构中有许多肉眼看不到的缝隙,称为毛细管。这些形状不一、粗细不同的毛细管,遇水后只要彼此有附着力,水就会沿着毛细管上升,直到水的重量超过它的表面张力才会停止。毛细管吸水现象在许多建筑材料中都可以看到,在有些材料中,有的可以上升到数米之高。如砖墙毛细管水上升现象,往往可以达到一层楼的高度。不仅地下水遇有孔的建筑材料会产生毛细作用,润湿的土壤也能通过毛细作用,引起潮气上升,对地下结构产生危害。

② 吸湿作用

任何固态物质内,表面的分子和内部的分子所处的情况并不一样,物质内部的每个分子在各个方向上被其他分子包围,作用在它上面的力彼此平衡,互相抵消。但对于表面层上的分子,里面分子对它的作用力没有被抵消,也就是说,在物质表面上保留着自由力场,因而物质就借助这种力场,从和它接触的气相或液相中,把其他分子吸引住。当物质表面积增大时,吸湿现象将增强。砖、石、混凝土等建筑材料,都是非均质的多孔材料,在空气和水中都有很强的吸湿作用。

③ 渗透作用

在实际工程中,水的压力远远小于物质间分子的引力,由于物质分子间孔隙而引起渗漏是不可能的。但是建筑工程围护结构材料,如砖、石、混凝土中有大量毛细孔、施工裂缝,在水有一定压力时,水就会沿着这些孔隙流动而产生渗透作用。实测证明:地下工程埋得越深,地下水位越高,渗透压就越大,地下水的渗透作用也就越强。

④ 侵蚀作用

地下水对构筑物的侵蚀作用主要表现为酸、盐及有害气体对各种构筑物围护结构的损害。一般,以不致密的混凝土、不坚固石材或金属衬砌的地下构筑物、房屋基础,最易受到侵蚀的影响。

a. 碳酸侵蚀

普通水泥硬化后会产生大量的游离 $Ca(OH)_2$,它和水中碳酸作用,在混凝土表面生产碳酸钙硬壳,对混凝土起保护作用,使内部的 $Ca(OH)_2$ 不易与水接触,化学反应式为:

$$Ca(OH)_2 + CO_2 =\!\!= CaCO_3 + H_2O \tag{3-1}$$

如果在地下水中含有 CO_2,它就会破坏碳酸钙的硬壳:

$$CaCO_3 + CO_2 + H_2O =\!\!= Ca(HCO_3)_2 \tag{3-2}$$

b. 溶出性侵蚀

水泥硬化后产生大量氢氧化钙,其溶解度很大。当地下水侵入混凝土时,它首先被溶解,如果侵入的水分是有压水,就会把溶解的 $Ca(OH)_2$ 带走。由于 $Ca(OH)_2$ 的溶出,混凝土结构就会变得疏松、透水性增强、强度降低,同时,其他几种水化产物只有存在于一定浓度的 $Ca(OH)_2$ 溶液中才能保持稳定平衡,因此随着 $Ca(OH)_2$ 的溶出,它们也相继分解,加强了破坏混凝土的作用。

c. 硫酸盐侵蚀

水中含有的过多 SO_4^{2-} 与 $Ca(OH)_2$ 作用生成 $CaSO_4$。$CaSO_4$ 结晶时,体积增大,受到硬化水泥石的约束而产生应力,使混凝土毁坏。$CaSO_4$ 还会和水泥石的水合铝酸钙起作用,生成铝和钙的复硫酸盐($3CaO \cdot Al_2O_3 \cdot 3CaSO_4 \cdot 30H_2O$)。这种硫铝酸钙的晶体呈细针形,结晶时体积增大两倍多,因而可在硬化混凝土中引起很大的破坏力,故一般都称之为"水泥病菌"。

钢筋混凝土中混凝土的腐蚀,可使钢筋同时发生锈蚀。如果混凝土有大于 $0.2 \sim 0.25$ cm 的裂缝,钢筋锈蚀后没有混凝土参与,化学破坏也能发生。由于电化学作用而发生的钢筋锈蚀,使钢筋在体积上逐渐增大以致引起混凝土保护层的劈裂、钢筋露出,使承载能力降低,甚至完全丧失。地下构筑物中钢筋的腐蚀主要是电化学作用的结果。

⑤ 冻融作用

在严寒地区的工程结构含水时,特别是砖砌体,不致密的混凝土经过多次冻融循环很容易破坏。地下工程处于冰冻线以上时,土壤含水,冻结时不仅土中水变成冰,体积增大,而且水分往往因冻结作用而迁移和重新分布,形成冰夹层或冰堆,从而使地基产生冻胀。冻胀使地下工程不均匀抬起,融化时又不均匀地下沉,年复一年而使地下工程产生变形,轻者出现裂缝,重者危及使用。

(2) 地下水位变化对结构的危害

地下水位的变化幅度是很大的,最低水位和最高水位有时能相差数米。影响地下水位的因素有很多,有天然因素(如气候条件、地质条件、地形条件等)和人为因素(如修建水利设施、水管渗漏、大量抽取地下水等)。水位变化对地下工程可产生浮力影响、潜蚀作用影响,对地下结构耐久性和地基强度也有很大影响。

① 浮力作用影响

地下工程位于地下水包围之中,势必受到向上的浮力,尤其是地下水位骤然上升时,其浮力增大,这使地下工程很容易浮起而被破坏。如有的掘开式工程和地道的底板曾因浮力的作用而发生断裂。

② 潜蚀作用影响

地下工程进行自流排水或机械排水而使地下水位降低时,容易引起潜蚀作用,掏空地基,不仅可使地下工程地基失稳,而且还会引起地表塌陷,危及地面建筑的安全。

③ 对地下结构耐久性和强度的影响

地下水位在地下工程埋置的范围内发生变化,使结构长期处在湿润和干燥交替更迭之中,这将降低结构材料的耐久性。

④ 对地基强度的影响

当地下水位上升浸蚀软化岩石后,地基的强度就会降低,其压缩性加大,从而使地下工程产生很大变形。

3.1.1.2　地下水对地下工程施工的影响

在地下水位以下开挖的基坑,构筑的地下室、竖井、地道穿过含水地层时,均会有地下水渗入基坑或洞内的可能。施工中必须采取降低地下水位,防止地面水回流进入基坑引起流砂、管涌等基坑失稳事故。带水作业的工程一般其工程质量都难以保证,渗漏水较为严重。

(1) 地下水对基坑工程施工的影响

深基坑工程降排水是基坑工程中的一个难点,是影响深基础施工质量的关键。如果地下水处理不当则可能引起严重事故。

① 挡土结构上发生的事故

挡土结构未设止水帷幕或止水帷幕存在缺损(空洞、蜂窝、开叉等)时,基坑降水开挖后在地下水作用下,水携带淤泥质土、砂质粉土和粉细砂等细粒土从基坑挡土结构的背部流入基坑,如不及时堵漏,就会因流砂和管涌造成基坑失稳垮塌,同时造成坑周地面或路面下陷和周围建筑物沉降倾斜、地下管线断裂等事故。

② 基坑底面发生的事故

当基坑内外侧的地下水位差较大,并且基坑下部有承压水层时,如果地下水位差超过地下水流坡度,就会产生突涌。当地下水的向上渗流力(动水压力)大于覆盖土的浮重度时,坑内降水会引起挡土结构近端的基坑底面处出现管涌现象,而其结果也将会使坑底出现流砂。

③ 基坑周边发生的事故

抽降软弱土层上下透水层的潜水或下部的承压水将引起软弱土层固结下沉。深基坑降水时常会带出很多土粒,同时使软弱土层产生固结下沉,加上基坑挖土,将引起基坑周围一定范围和不同程度的工程环境变化。若处理不当,严重者将使基坑附近建筑产生位移、沉降破坏,其中最普遍的是地面建筑和地下建筑(地下室、地下储水池和地下停车场等)的沉降变形、发生水平位移和倾斜,道路及各种地下管沟的开裂和错位,以及边坡失稳等。

(2)地下水对隧道施工的影响

地下水是影响隧道正常施工的重要因素之一。在隧道施工期间,地下水的存在不仅能降低围岩的稳定性(尤其是对软弱破碎围岩影响更为严重),使得开挖十分困难,并且增加了支护的难度和费用,有时需采取超前支护或预注浆堵水和加固围岩等措施。此外,若对地下水处理不当,则可能造成更大的危害,如地下、地上水位下降及水环境的改变,将影响农业生产和生活用水。如果被迫停工,则会影响工程进度,带来巨大的损失。同时,隧道掘进过程中,若掘进前对水文地质条件和周围市政管线资料掌握得不够准确,而没有事先采取必要的措施,还有可能发生涌水事故或盾尾涌砂事故。

近年来,随着城市轨道交通的发展,不时需要从江河底穿越,以满足地下交通线路走向的需要。隧道从江河底穿过时,地下水丰富的施工环境,给施工增加了不少风险和难度,目前水下隧道的施工主要采用沉管法和盾构法。由于沉管隧道在经济、技术上的独特优点,并随着沉管法隧道设计和施工中的关键技术问题,如结构形式、管身防水、水下基槽开挖和地基处理、管节水下对接和接头防水等的逐步解决和日趋完善,以及沉管法在世界各国的广泛采用和技术之间的经验交流,沉管隧道受到越来越多国家的重视,逐渐成为水下大型隧道工程的首选施工方法。

盾构法施工越江隧道必须根据地质情况正确处理有关设备的选型和采用相关的施工技术,避免盾构开挖面与江水沟通。根据经验,过江段的地下水往往与岩层裂隙水连通,而且补给迅速,受江水涨落影响较大;另外,由于岩层层面起伏较大,地质交接带间也容易形成水源通道。施工前进行地基处理,封堵断层裂隙破碎带等地下水通道,保持开挖面泥水压力平衡,加强盾尾密封,控制同步注浆压力及注浆量是盾构法穿越江河湖海水域施工的关键技术。

3.1.1.3 地下水对地下工程设备及其使用功能的危害

在运营期间,地下水常从混凝土衬砌的施工缝、变形缝(伸缩缝和沉降缝)、裂缝甚至混凝土孔隙等通道渗漏进隧道中。这将造成洞内通信、供电、照明等设备处于潮湿环境而发生霉变锈蚀。寒冷地区的隧道,衬砌施工后的地下水渗漏到隧道中,冻结成冰,悬挂在拱部成冰溜,贴附在边墙成冰柱,积聚在道床上成冰丘,都可能危及行车安全。水结冰膨胀和侵蚀性地下水的作用,导致衬砌裂损、脱落,使衬砌受到破坏。嫩林线的岭顶隧道、兰新线乌鞘岭隧道、京原线平型关隧道,都曾因上述原因中断行车。

在隧道富水地段,如果衬砌背后没有设置环向及纵向疏水盲沟,大量地下水可能涌入隧道,给运营带来很大危害。如成昆线沙马拉达隧道、贵昆线梅花山隧道,施工时都设有水平导洞,当时均没考虑用于运营排水。相反隧道交付运营后水平导洞因未衬砌而坍塌,大量积水倒灌至正洞。即有隧道排水侧沟沟底位于基床底面以上,排水沟只能排除基底以上衬砌的渗漏水,隧道底部的地下水排不出去,长期积聚在基底以下。在列车动荷载作用下基底软化,沟墙开裂或倾倒,铺底或仰拱破碎,道床翻浆,隧道水害严重,导致长期限速运行。对于长大隧道,仅靠隧道内排水沟不能将流入隧道的地下水排出时,往往引起水漫道床,中断行车。针对此种情况,一般都采用增设或疏通平行导洞的方法。

岩溶发育地区的山岭隧道,大量涌水、涌泥导致衬砌裂损,隧底吊空,铺底或仰拱破碎,道床翻浆冒泥现象常有发生,危害严重,必须予以高度重视。

3.1.1.4　地下水对基坑工程的危害

(1) 地下水压力对地下工程的影响

地下水通过填充水位以下岩土中的空隙,产生静水压力,进而导致浮托力的出现。随着坑内土体不断开挖,当上覆土层的重度不足以抵抗承压水水头压力时,即开挖深度达到临界值时,承压水就能顶破基坑底板涌水涌砂。其表现形式为基坑底部土体隆起,布满树枝状裂缝,并向外喷水涌砂;基坑底部发生流砂,导致围护结构底部出现整体或局部滑移,从而造成边坡失稳;基坑底部充满积水,土体软化,基底土强度降低,承压水位降低,坑外发生地表沉降。若基底的不透水层较薄,且下部存在较大承压水头时,达到临界状态后可能导致坑底隆起破坏。因此地质勘查尤为重要,可通过相应的地质勘查详细了解建筑场地周边承压水水头的分布情况,并通过计算得到基坑抗突涌的稳定安全系数。

(2) 地下水的渗透破坏对基坑工程的影响

① 渗透破坏或称渗透变形是指岩土体在渗流作用下,土颗粒发生局部移动或流失,从而导致土体变形失稳,在基坑工程中主要表现为流砂、管涌和潜蚀等,从而影响基坑的稳定性和周边环境的安全性。疏松土的孔隙率较大,当渗流通过其孔隙时,土颗粒会阻碍水流从孔隙中通过,根据力的相互作用原理,水流将产生一个作用于土颗粒的作用力(渗水压力),该力的方向与土颗粒表面垂直。除渗水压力外,土颗粒还切向渗透摩擦力。土颗粒在渗水压力和摩擦力的共同作用下,将产生渗透合力。当渗透合力大于土颗粒的重力时,土颗粒会随着水流一起滚动。当土体的重力小于水流带来的渗透合力时,土体就会在水流的作用下发生整体失稳。

② 流砂现象主要出现在土体内,主要是一些较为松散的土体以及非黏性土在饱和之后发生,是松散细小的土颗粒在动水压力下产生的悬浮流动现象。地下水自下而上渗流时,当地下水的渗流力超过了土颗粒的重力或地下水的水力坡度大于临界水力坡度时,使土颗粒的有效应力等于0,土颗粒悬浮于水中,随水流出就会产生流砂。在基坑开挖过程中,流砂会造成大量的土体流动,破坏工程建设的基础,使其产生位移,使地表塌陷或建筑物的地基破坏,甚至影响基坑的稳定性,进而使得基坑坍塌、失稳、破坏。防治流砂主要可采取减少或平衡动水压力的方法,该方案主要采用的是使水压力方向向下或截断地下水流的同时,通过加固基坑周边的土层,来确保其稳定性。

③ 管涌是地基土在具有某种渗透速度的渗透水流作用下，其细小颗粒被冲走，土的孔隙逐渐增大，慢慢形成一种能够穿越地基的细管状渗流通路，从而使基坑变形、失稳、破坏。管涌多发生在无黏性土中。产生管涌的条件主要有土体颗粒级配不均匀，且孔隙相连通；土颗粒较高的磨圆度；土体中孔隙较大，细颗粒含量较少，无法充满孔隙；颗粒密度较小，渗流力作用下易发生移动；有良好的排泄条件。管涌现象的发生多与浸入土体存在密切的联系，其中砂性土作用最为明显。由于产生管涌的土体颗粒大小具有非常大的差异，因此一定范围内的颗粒缺失，会造成很大空隙，并且通过水流的作用使其贯通。一般黏性土只会发生流土而不会发生管涌，故属于非管涌土。无黏性土当同时满足下列两个条件时会产生管涌：① 土中粗颗粒所构成的孔隙直径大于细颗粒的直径，可以让细颗粒在其中移动；② 渗透力能够带动细颗粒在孔间滚动或移动。

3.1.2 地下工程防水技术的进展

地下建(构)筑物的防渗漏是一项系统工程，近些年各国的防渗漏技术取得了很大进步。

3.1.2.1 结构自防水技术

所谓结构自防水指混凝土结构本体防水，它是人为地从材料和施工等方面采取措施抑制或减少混凝土内部孔隙生成，提高混凝土密实性，从而达到防水的目的。结构自防水的主要材料是普通硅酸盐水泥、矿渣水泥、粉煤灰水泥等，这些水硬性胶凝材料的抗渗性和耐久性都比较好，但防水混凝土的抗拉强度低、变形小、易于收缩，往往会破坏结构的整体防水性能，而且普通防水混凝土内部的孔隙也容易形成渗水通道。因此，混凝土防水的关键是施工时必须确保混凝土密实及控制混凝土不产生裂缝。

大量工程实践表明，混凝土在水泥凝结硬化过程中由于水分蒸发引起收缩而导致混凝土结构开裂，破坏整体防水功能。对此，我国开发了膨胀剂补偿收缩混凝土技术，取得较好的防水效果。所谓补偿收缩混凝土就是在水泥中添加膨胀剂或使用膨胀水泥，使混凝土的收缩得到补偿。中国建筑材料科学研究院研制了 UEA 膨胀剂，其掺入混凝土中取代等量水泥，UEA 与水泥水化产物生成结晶钙矾石使混凝土产生膨胀，在钢筋和相临位置限制下，这种膨胀抵消或削弱了混凝土在收缩过程中的开裂。这不仅使混凝土密实性增加，也使抗拉强度提高，可使混凝土结构不开裂或把裂缝控制在无害范围(小于 0.2 mm)以内，混凝土的抗渗能力提高 2 倍以上。同时，以加强带取代温度伸缩缝，可以实现连续浇筑百米以上的地下工程结构混凝土，减少了混凝土接缝，有利于防渗漏。

3.1.2.2 膨润土防水毯(板)防水技术

膨润土的主要成分为蒙脱石，其粒径为 $10^{-10} \sim 10^{-8}$ m，国外称其为天然纳米材料。它具有遇水膨胀的特性，钙膨润土膨胀后，体积约为原来体积的 3 倍；钠膨润土膨胀后约为原来体积的 15 倍，能吸收 5 倍于自身重量的水。膨胀后的膨润土所形成的胶体具有排斥水的性能。利用这个性能，人们用膨润土来作防水材料。

膨润土类防水卷材通常指两种材料，一是膨润土防水板(简称膨润土板)，另一种是膨润土防水毯(简称膨润土毯)。膨润土板是将膨润土颗粒按照设计重量要求均匀分层喷胶黏结在一定厚度的聚乙烯膜表面形成的防水卷材。膨润土毯是将钠膨润土填充在有纺土工布和无纺土工布之间，将上层的非织布纤维透过膨润土颗粒经特殊的工艺和设备用专门的方法连结在下层的织布上而做成的。这种方法做成的防水毯中膨润土颗粒不是向一个方向流动,因此能在全范围内形成均匀的防水层,具有优异的防水防渗性能,能广泛地适用于各种施工条件的防水防渗工程。国外一般将膨润土板设置于结构的侧墙,膨润土毯设置于结构的底板。

膨润土毯(板)的材料特点如下。

(1) 膨润土毯是一种环保建材

由于材料的组成成分膨润土是一种天然黏土物质,不会对周围环境产生任何污染,所以它是完全环保的材料。

(2) 低透水性

天然的钠基膨润土具有遇水膨胀的特性,且膨胀倍率高,膨胀系数可达 20~25;当它的膨胀受到限制时,可以形成一道致密的不透水胶凝体,透水系数为 $k=a\times10^{-9}$ cm/s($a=1\sim9$)。膨润土毯的透水系数更是达到 $a\times10^{-10}$ cm/s,单层铺设,可达到一级防水的设计要求。

(3) 良好的防水耐久性

首先,膨润土是一种天然黏土物质,不存在老化问题;其次,它是无机物,不会受到地下物质的侵蚀;最后,它遇水膨胀的过程是可逆的,干湿循环不影响它的防水功效。

(4) 施工简便

施工要求简单,可直接施工于潮湿的混凝土基层,在低温下亦可正常施工并发挥防水效果;不需要找平层及保护层,仅在局部凹凸较大处找平即可;施工时采用钢钉进行机械固定,施工简单,速度快;对于穿墙管线、地下桩头等穿过防水层的部位处理简便。

(5) 具有自愈修补裂隙的功能

地下工程施工条件复杂,许多防水材料在施工过程中容易被扎破、穿孔而失去防水效果,但膨润土毯(板)能适应这种施工条件,这是由于天然钠基膨润土具有独有的高膨胀性,使其能修补细小的裂缝空隙。所以,对于施工过程中由于意外而对材料造成的微小损坏,不会对防水效果产生根本的影响,这也是立面上可用钢钉固定的原因。同时,遇水膨胀从有纺土工布一侧渗出的膨润土,还可以修补混凝土结构的毛细裂缝。

(6) 有效阻止窜水

膨润土毯有纺土工布一侧的纤维能够和现浇混凝土有效地结合成一体,再加上膨润土遇水膨胀后形成致密胶凝体,从而有效地阻止了在防水层和结构主体之间的窜水现象。

(7) 能适应混凝土结构的伸缩变形

由于材料是自然搭接,所以,材料的延展性及适应混凝土结构伸缩变形的能力要比黏接或焊接的材料好得多。

3.2　地下工程防水设计基本原理与方法

3.2.1　地下工程防水的内容

地下工程的防水是一项综合性技术,它涉及结构防水、注浆防水、排水以及渗漏水处理等,其中结构防水又可细分为混凝土结构主体防水、混凝土结构细部构造防水、采用特殊施工法的结构防水。地下工程防水的内容见表 3-1。

表 3-1　地下工程防水的内容

分部工程	分项工程	
	名　称	内　容
结构防水	混凝土结构主体防水	防水混凝土、水泥砂浆防水层、卷材防水层、涂层防水层、塑料防水板防水层、金属防水层等
	混凝土结构细部构造防水	施工缝、后浇带、穿墙管、埋设件、预留通道接头、桩头、孔口
	采用特殊施工法的结构防水	盾构法隧道、沉井、地下连续墙、逆筑结构、锚喷支护
注浆防水	预注浆、后注浆、衬砌裂缝注浆	
排水	渗排水,盲沟排水,隧道、坑道排水	
渗漏水处理	抹面堵漏、灌浆堵漏	

3.2.2　地下工程防水的分类

地下工程防水可根据设防的部位、设防的方法、所采用的防水材料性能和品种来进行分类。

3.2.2.1　按设防方法分类

(1) 构造自防水是通过改善混凝土级配实现结构自防水,在纵横向一定间距设置变形缝释放构造应力防止开裂渗漏水的做法。如地铁车站为防止侧墙渗水,常采用叠合墙结构,即在连续墙和内衬墙之间夹防水层。其内衬墙为补偿收缩防水钢筋混凝土,侧墙有时增设诱导缝,顶板和底板有时设置后浇带。当地下水位很高时,为解决地下结构漂浮问题,可在底板下设置的倒滤层(渗排水层)代替抗拔桩。

(2) 复合防水是指采用多种防水材料和多种防水方法进行综合防水的防水技术。在设防中利用其各自具有的特性,发挥各种防水材料的优势,做到"刚柔结合、多道设防、综合治理"。如在节点部位,可用密封材料或性能各异的防水材料与大面积的一般防水材料配合使用,形成复合防水。对于防水等级高的地下工程,采用单一方法难以奏效,常采用复合的方法。如除整体结构进行钢筋混凝土自防水外,局部采用涂料防水和外贴卷材防水。

3.2.2.2　按设防材料的品种分类

地下防水按设防材料的品种可以分为卷材防水、涂膜防水、密封材料防水、混凝土和水泥砂浆防水、塑料板防水、金属板防水等。

3.2.2.3　按设防材料的性能分类

按设防材料的性能可分为刚性防水和柔性防水。

刚性防水是指采用防水混凝土和防水砂浆作为防水层。防水砂浆防水层是利用抹压均匀、密实的素灰和水泥砂浆分层交替施工构成的整体防水层。由于分层间经过抹压,各层残留的毛细孔道互相不贯通,因此具有较高的抗渗能力,但其抗变形能力较差。

柔性防水是利用既具有抵抗一定变形能力又有防水作用的柔性材料作外包防水层,如卷材防水层、涂抹防水层、密封材料防水层等。

3.2.2.4　按防水工程的用途分类

按防水工程的用途可分为建筑防水工程、市政防水工程、交通防水工程、水利防水工程、矿山防水工程和特种防水工程等。根据防水工程所处的工程部位不同,建筑防水工程又可分为屋面防水工程、墙面防水工程、室内防水工程、地下防水工程等。地下工程又可分为背水面防水工程和迎水面防水工程,底平面防水工程和立墙面防水工程,再细分又可分为深坑挖埋式防水工程、逆作法施工防水工程、盾构法隧道施工防水工程、新奥法防排水施工、水下隧道沉管法施工等。不同的分类,在其同类工程中均具有较多的共同点,便于设计、选材和施工。

3.2.3　地下工程防水原则

(1)地下工程防水应遵循"防、排、截、堵相结合,因地制宜,综合治理"的原则。

"防"是工程结构自防水或采用附加防水层等防水设施,使工程具有一定防水渗入的能力。

"排"是采用自流排水或机械排水的方法,将地下工程内外积水及时排走,降低水头压力,为防水创造有利条件。

"截"是指在工程所在地的周围,设置排水沟、截洪沟、导排水系统,将地表水、地下水流经通道截断,防止和减少雨水下渗,减少地下裂隙水进入工程。

"堵"是指在围岩有裂隙水存在时,采用注浆和嵌填等方法堵住孔洞和裂隙。在工程建成后对渗漏水段,采用注浆、嵌填、防水抹面等方法将渗水通道堵塞。

(2)地下工程的防水,应积极推广和采用经实践检验行之有效的新材料、新结构、新技术。

(3)地下工程防水要体现综合设防原则,必须贯穿勘查、设计、施工和维修及选材的每个环节,灵活比选各类防水方法,以达到不同等级地下工程防水的要求。

3.2.4　地下工程防水设计的一般规定

(1)地下工程施工前应进行防水设计,工程防水等级应定级准确、方案可靠、施工简便、经济合理。

(2)地下工程的防水设计,应考虑地表水、地下水、毛细管水等的作用,以及人为因素引起的附近水文地质改变的影响。单建式的地下工程应采用全封闭、部分封闭防排水设计;附建式的全地下或半地下工程的防水设防高度,应高出室外地坪 500 mm 以上。

(3)地下工程的钢筋混凝土结构,应优先采用防水混凝土,并根据防水等级的要求采用其他防水措施。

(4)地下工程的变形缝、施工缝、诱导缝、后浇带、穿墙管(盒)、预埋件、预留通道接头、桩头等细部构造,应加强防水。

(5)地下工程的排水管沟、地漏、出入口、窗井、风井等,应有防倒灌措施,寒冷及严寒地区的排水沟应有防冻措施。

(6)地下工程防水设计基本资料包括以下几种:

① 最高地下水位的高程和出现的年代,近几年的实际水位高程和随季节变化情况;

② 地下水类型、补给来源、水质、流量、流向、压力;

③ 工程地质构造,包括岩层走向、倾角、节理及裂隙,含水地层的特性、分布情况和渗透系数,溶洞及陷穴,填土区、湿陷性土和膨胀土层等情况;

④ 历年气温变化情况、降水量、地层冻结深度;

⑤ 区域地形、地貌、天然水流、水库、废弃坑井以及地表水、洪水和给水排水系统资料;

⑥ 工程所在区域的地震烈度、地热、含瓦斯等有害物质的资料;

⑦ 施工技术水平和材料来源。

(7) 工程防水设计内容包括以下几项:

① 防水等级和设防要求;

② 防水混凝土的抗渗等级和其他技术指标、质量保证措施;

③ 其他防水层选用的材料及技术指标、质量保证措施;

④ 工程细部构造的防水措施、选用的材料及其技术指标、质量保证措施;

⑤ 工程的防排水系统,地面挡水、截水系统及工程各种洞口的防倒灌措施。

(8) 其他要求包括以下几项:

① 城市给水排水设施与地下工程的水平距离宜大于 2.5 m,限于条件不能满足这一要求时,地下工程应采取有效的防水措施。

② 地下工程在施工期间对工程周围的地表水,应采取有效的截水、排水、挡水和防洪措施,防止地面水流入工程或基坑内。

③ 地下工程进行防水混凝土和其他防水层施工时应有防雨措施。

④ 明挖工程的结构自重应大于静压水头造成的浮力,在自重不足时必须采用锚桩或其他措施;抗浮安全系数应大于 1.05～1.1;施工期间应采取有效的抗浮措施。

3.2.5 防水等级确定

各类地下工程应根据工程的重要性和使用中对防水的要求确定防水等级。地下工程的防水等级,按围护结构允许渗漏水量划分为四级,见表 3-2。

表 3-2 地下工程防水等级

等级	标准	适用范围
一级	不允许漏水,围护结构无湿渍	人员长期停留的场所;少量湿渍会引起变质、失效的储物场所及严重影响设备正常运转和危及工程安全运营的部位;极重要的战备工程
二级	1. 不允许漏水,结构表面可有少量湿渍。 2. 工业与民用建筑:总湿渍面积不应大于总防水面积(包括顶板、墙面、地面)的 1/100;任意 100 m² 的防水面积上,湿渍不超过 1 处;单个湿渍的最大面积不大于 0.1 m²。 3. 其他地下工程:总湿渍面积不应大于总防水面积的 6/100;任意 100 m² 的防水面积上,湿渍不超过 4 处;单个湿渍的最大面积不大于 0.21 m²	人员经常活动的场所;在有少量湿渍的情况下不会使物品变质、失效的储物场所及基本不影响设备正常运转和危及工程安全运营的部位;重要的战备工程

表 3-2(续)

等级	标准	适用范围
三级	1. 有少量漏水点,不得有线流和漏泥砂。 2. 任意 100 m² 的防水面积上,湿渍不超过 7 处;单个漏水点的最大漏水量不大于 2.5 L/d;单个湿渍的最大面积不大于 0.3 m²	人员临时活动的场所;一般战备工程
四级	1. 有漏水点,不得有线流和漏泥砂; 2. 整个工程平均漏水量不大于 2 L/(m²·d);任意 100 m² 的防水面积上平均漏水量不大于 4 L/(m²·d)	对渗漏水无严格要求的工程

地下工程的防水设防形式,应根据使用功能、结构形式、环境条件、施工方法及材料性能等因素合理确定,具体设防要求参见表 3-3、表 3-4。

表 3-3　暗挖法地下工程防水方式及设防等级

工程部位		主体				内衬砌施工缝					内衬砌变形缝、诱导缝				
防水措施		复合式衬砌	高壁式衬砌	贴壁式衬砌	喷射混凝土	外贴式止水带	遇水膨胀止水条	防水嵌缝材料	中埋式止水带	外涂防水涂料	中埋式止水带	外贴式止水带	可卸式止水带	防水嵌缝材料	遇水膨胀止水条
防水等级	一级	应选一种			—	应选一种				应选	应选二种				
	二级	应选一种				建议选一至二种				应选	建议选一至二种				
	三级	—		应选一种		建议选一至二种				应选	建议选一种				
	四级	—		应选一种		建议选一种				应选	建议选一种				

表 3-4　明挖法地下工程防水方式及设防等级

工程部位		主体						施工缝					后浇带			变形缝、诱导缝					
防水措施		防水混凝土	防水砂浆	防水卷材	防水涂料	塑料防水板	金属板	遇水膨胀止水条	中埋式止水带	外贴式止水带	外抹防水砂浆	外涂防水涂料	膨胀混凝土	遇水膨胀止水条	外贴式止水带	防水嵌缝材料	中埋式止水带	外贴式止水带	可卸式止水带	防水嵌缝材料	外贴防水卷材	外涂防水涂料	遇水膨胀止水条
防水等级	一级	应选	应选一至二种					应选二种					应选	应选二种		应选	应选二种					
	二级	应选	建议选一种					建议选一至二种					应选	应选一至二种		应选	应选一至二种					
	三级	应选	建议选一种					建议选一至二种					应选	建议选一至二种		应选	应选一至二种					
	四级	应选	—					应选一种					应选	建议选一种		应选	建议选一种					

3.3　地下工程主体自防水

地下工程多为钢筋混凝土结构,经过多年的工程实践,地下工程结构自防水已普遍为地下工程界所接受。《地下工程防水技术规范》(GB 50108—2008)规定地下工程的钢筋混凝土结构,应采用防水混凝土。

防水混凝土因自身的密实性、憎水性而有一定的防水能力,这类地下工程仅仅依赖防水混凝土结构自身防水能力就能达到防水设计要求,常称之为混凝土结构自防水。它同时具有承重、围护和防水三种功能,还可以满足一定的耐冻融和耐侵蚀要求。

3.3.1 防水混凝土的分类

防水混凝土按其组成成分及级配的不同,主要分为普通混凝土、掺外加剂防水混凝土和膨胀水泥防水混凝土三大类型。它们各自具有不同的特点,可根据不同的工程要求参考表 3-5 选择使用。

表 3-5　防水混凝土的分类及使用范围

种类		最大抗渗压力/MPa	技术要求	适用范围
普通防水混凝土		3.0	水灰比 0.5～0.6; 坍落度 30～50 mm,掺外加剂或采用泵送混凝土时不受此限; 水泥用量≥320 kg/m³; 灰砂比 1:2～1:2.5; 含砂率≥35%; 粗骨料粒径≤40 mm; 细骨料为中砂或细砂	一般工业、民用建筑及公共建筑的地下防水工程
掺外加剂防水混凝土	引气剂防水混凝土	2.2	含水率 3%～6%; 水泥用量为 250～300 kg/m³; 水灰比 0.5～0.6; 含砂率 28%～35%; 砂石级配、坍落度与普通混凝土相同	适用于北方高寒地区对抗冻性要求较高的地下防水工程及一般的地下防水工程;不适用于抗压强度>20 MPa 或耐磨性要求高的地下防水工程
	减水剂防水混凝土	2.2	选用加气型减水剂,根据施工需要分别选用缓凝型、促凝型、普通型的减水剂	适用于钢筋密集或薄壁型防水构筑物,对于混凝土凝结时间和流动性有特殊要求的地下防水工程(如泵送混凝土)
	三乙醇胺防水混凝土	3.8	可单独掺用三乙醇胺,也可与胺化钠复合使用,也能与氯化钠、亚硝酸钠两种材料复合使用,对重要的地下防水工程以单掺三乙醇胺或与氯化钠、亚硝酸钠复合使用为宜	适用于工期紧迫、要求早强及抗渗性较高的地下防水工程
	氯化铁防水混凝土	3.8	液体相对密度在 1.4 以上; $FeCl_2+FeCl_3$ 含量≥0.4 kg/L; $FeCl_2:FeCl_3$ 为 1:1～1:3; pH 值为 1～2; 硫酸铝含量占氯化铁含量的 5%,掺量一般占水泥重量的 3%	适用于水中结构、无筋少筋厚大型防水混凝土工程及一般地下防水工程,砂浆修补抹面工程;薄壁结构上不宜使用

表 3-5(续)

种类		最大抗渗压力/MPa	技术要求	适用范围
膨胀防水混凝土	膨胀水泥防水混凝土	3.6	水灰比 0.5～0.52,加减水剂后 0.47～0.5; 坍落度 40～60 mm; 水泥用量 350～380 kg/m³; 灰砂比 1∶2～1∶2.5; 含砂率≥35%; 粗集料粒径≤40 mm; 细集料为中砂或细砂	适用于地下工程和地上防水构造物、山洞、非金属油罐和主要工程的后浇缝、梁柱接头等
	膨胀剂防水混凝土	3.0	——	适用于一般地下防水工程及屋面防水混凝土工程

3.3.2　防水混凝土的适用条件

3.3.2.1　防水混凝土的优点

(1)防水质量可靠。防水混凝土只要选料适当,级配合理,在施工中严格遵守操作规程,就能使混凝土具有可靠的抗渗性能。一般设计地下工程防水混凝土底板 C30S6 较多,也有设计 C35S8、C40S8、C45S10 的,最高抗渗设计 S12 的普通防水混凝土,掺入内掺型抗裂防渗剂后提高为高性能多功能的自防水混凝土,抗渗等级提高到了 S12 以上,完全不需要再做外防水层。不论从地下防水效果上,还是工程防水耐久性上,都比传统的防水效果高出几倍,是传统防水无法相比的。

传统防水做法过于依赖外包与主体混凝土结构的附加防水层,但无论是刚性附加防水层还是柔性附加防水层,物理和化学稳定性都远不及钢筋混凝土结构构件。相比盲目依赖几厘米厚度的附加防水层作用,将防水工程融入建筑钢筋混凝土结构主体,可以更合理也更简单地解决防水工程与建筑物同寿命的难题。

(2)耐久性好。防水混凝土提高了抗冻、抗侵蚀的能力,经久耐用,且易于检查和修补。

(3)施工简便。配料、搅拌和养护基本同普通混凝土施工一样,不必另外增加施工工序。与其他防水方法比较,可以省去附加防水层施工,简化工序,而且不受结构形状的限制。防水工艺简单、工程质量把控点少,只需要提前做好试配后随混凝土一并浇筑、振捣、养护即可,相比工艺复杂的传统防水做法,质量可控性极强。待地下室结构施工完成后,只需对零星养护不到位出现裂缝的区域进行简单的修补即可通过验收投入使用。从建筑结构设计的角度出发,结构荷载加载完成后,如地下工程覆土加载、施工材料堆砌加卸载、基础沉降和徐变等,正常使用中的应力加载产生的应变较小,混凝土构件的挠度不会导致混凝土产生新的贯穿性裂缝。

(4)造价较低。防水混凝土与普通混凝土相比,需要增加水泥和其他添加剂,但省去了其他防水层,总体上比较降低了造价。

3.3.2.2 防水混凝土的适用条件

(1) 环境温度≤100 ℃。

(2) 裂缝宽度≤0.2 mm。

(3) 侵蚀环境中,要求抗侵蚀系数≥0.8,钢筋保护层厚度为 50 mm。

(4) 不适合遭受剧烈震动和冲击荷载作用的地下工程。

3.3.3 防水混凝土的设计要求

(1) 防水混凝土的设计抗渗等级

防水混凝土的设计抗渗等级应符合表 3-6 的规定。

表 3-6 防水混凝土设计抗渗等级

工程埋置深度/m	设计抗渗等级
<10	S6
10~20	S8
20~30	S10
30~40	S12

注:1. 本表适用于Ⅳ、Ⅴ级围岩(土层及软弱围岩)。2. 山岭隧道防水混凝土的抗渗等级可按铁道部门的有关规范执行。

(2) 防水混凝土结构的底板混凝土垫层

混凝土垫层强度等级不应低于 C15,厚度不应小于 100 mm,在软弱土层中不应小于 150 mm。

(3) 抗渗等级的确定

一般要求防水混凝土的抗压强度等级达到 C20~C30。抗渗等级一般不低于 S6,重要工程为 S8~S12,甚至 S20。

用 6 个圆柱体抗压试块,经过标准养护 28 d 后,在抗渗仪上加水压,开始加压 0.2 MPa,以后每隔 8 d 加压 0.1 MPa,直至 6 个试件中有 4 个试件不渗出水时的最大水压被定为抗渗等级。

(4) 防水混凝土的最小厚度

防水混凝土之所以能防水,是因为它具有一定的密实性和厚度,这才不至于被一般的水压力所渗透。防水混凝土的最小厚度参见表 3-7。

表 3-7 防水混凝土的最小厚度

项目	条件	最小厚度/mm
侧墙	单筋	250
	双筋	300
顶拱	—	250

注:迎水面钢筋保护层厚度≥50 mm。

（5）严格控制裂缝宽度

设计配筋防水混凝土结构时,要考虑裂缝允许宽度的取值问题。在受弯截面中,当受拉区钢筋应力较高时混凝土有开裂的可能,但构件受压区产生压缩,受拉区裂缝扩展不能贯穿整个截面,可阻止压力水沿缝隙的渗流。因此,在混凝土达到最小厚度时,可允许裂缝最大宽度不超过 0.2 mm。除防止出现过大受力裂缝外,在设计和施工中应采取措施避免由于混凝土干缩而造成裂缝。

为防止混凝土结构出现环向裂缝,以及在温差大的部位（如出入口）,应增设细而密的温度筋,结构物的薄弱部位和转角处适当配置构造钢筋,以增加结构的延性,阻止裂缝的出现。

（6）防水混凝土地下建（构）筑物的自重

防水混凝土地下建（构）筑物的自重,要求大于静水压力水头造成的浮力,当自重不足以平衡浮力时,可以采取锚桩等措施;当为多跨钢筋混凝土结构时,可将边跨加厚加重。抗浮安全系数宜采用 1.1。

（7）散水坡

填埋式建筑的地表应做散水坡,以免地面积水,必要时还可以在散水坡外设置排水明沟,将地表水排走。

（8）伸缩缝

伸缩缝的间距与构筑物埋设条件、温度、湿度、结构形式、结构构件配筋率、混凝土配合比及施工工艺等有关。对于隧道工程,间距一般取 50～70 m。伸缩缝宜不设或少设,可根据不同的工程结构类别及工程地质情况采用诱导缝、加强带、后浇带等替代措施。伸缩缝宽度一般取 20～30 mm。

（9）沉降缝

沉降缝应设置在建筑物平面的转折部位与建筑的高度和荷载差异较大处、地基土的压缩性有着显著差异和建筑物基础类型不同以及分期建造房屋的交界处。沉降缝的宽度与结构单元的沉降差有关。最大允许沉降差值不应大于 30 mm,当计算沉降差值大于 30 mm 时应在设计时采取措施。沉降缝宽度宜为 20～30 mm。

在建筑物变化较大（层数、高度突然变化或荷载相差悬殊）部位,以及土壤性质变化较大或结构长度较长等情况下,均应设置封闭严密的沉降缝。沉降缝应根据工程所受水压高低、接缝两侧结构相对变形量的大小、环境温度及水质影响,来选择合理的防水方案。

（10）后浇缝

后浇缝适用于不允许设置柔性变形缝的部位,应待两侧结构主体混凝土收缩与沉降变形基本稳定后（一般龄期为 42 d）进行施工,并应采用补偿收缩混凝土,其强度应高于两侧混凝土。后浇缝应设在受力和变形较小的部位,宽度为 1 m。

（11）施工缝

防水混凝土应连续浇筑,尽量不留施工缝。当受到施工条件限制必须留施工缝时,应符合以下规定。

① 顶板、底板不留水平施工缝,分段设垂直施工缝;侧墙留水平施工缝和分段垂直施工缝。侧墙水平施工缝距底板表面≥300 mm,拱墙结合的水平施工缝宜留在起拱线以下150～300 mm 处。垂直分段施工缝常结合纵向伸缩缝联合配置。

② 施工缝构造形式见图 3-1。

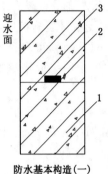 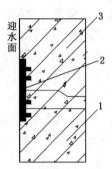 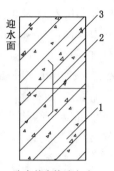

防水基本构造(一)
1—先浇混凝土;
2—遇水膨胀止水条;
3—后浇混凝土。

防水基本构造(二)
1—先浇混凝土;
2—外贴防水层;
外贴止水带 L≥150,
外涂防水涂料 L-200,
外涂抹防水砂浆 L-200;
3—后浇混凝土。

防水基本构造(三)
1—先浇混凝土;
2—中埋止水带;
钢板止水带 L≥100,
橡胶止水带 L≥125,
钢边橡胶止水带 L≥120;
3—后浇混凝土。

图 3-1 施工缝防水构造(单位:mm)

③ 施工缝应尽量与变形缝结合。

④ 为实现接缝处有效防水,在施工缝处可采用多道设防,如在迎水面抹聚合物防水砂浆,也可在其表面钉膨润土板(毯),或粘贴厚质高聚物改性沥青卷材,或涂刷厚 2 mm 合成高分子涂料。在混凝土浇捣前采取有效保护措施,在施工缝中部嵌贴膨润土止水条或遇水膨胀橡胶腻子。

3.3.4 防水混凝土施工

3.3.4.1 防水混凝土的级配与选材

(1) 水泥用量不得少于 320 kg/m³,掺有活性掺和料时水泥用量不得少于 280 kg/m³。

(2) 砂率宜为 35%～40%,泵送时可增至 45%。

(3) 灰砂比宜为 1:1.5～1:2.5。

(4) 水灰比不得大于 0.55。

(5) 掺加引气剂或引气型减水剂时,混凝土含气量应控制在 3%～5%。

(6) 防水混凝土采用预拌混凝土时,缓凝时间宜为 6～8 h。

(7) 防水混凝土配料必须按配合比准确称量。计量允许偏差不应大于下列规定:水泥、水、外加剂、掺和料为±1%;砂、石为±2%。

(8) 使用减水剂时,减水剂宜预溶成一定浓度的溶液。

3.3.4.2 防水混凝土的拌和、运输、浇灌和养护

(1) 防水混凝土拌和必须采用机械搅拌,搅拌时间不应小于 2 min;掺外加剂时,应根据外加剂的技术要求确定搅拌时间。

(2) 拌好的混凝土要及时浇筑,常温下应在 0.5 h 内运至现场,运输过程中,应尽量防止产生离析及坍落度和含气量的损失。当运送距离较远或气温较高时,可掺入适量缓凝型减水剂。防水混凝土拌和物在运输后如出现离析,必须进行二次搅拌。因坍落度损失而不能满足施工要求时,应加入原水灰比的水泥浆或二次掺加减水剂进行搅拌,严禁直接加水。

普通防水混凝土坍落度不宜大于 50 mm。防水混凝土采用预拌混凝土时,入泵坍落度宜控制在 120 ± 20 mm,入泵前坍落度每小时损失值不应大于 30 mm,坍落度总损失值不应大于 60 mm。

（3）浇筑时应严格做到分层连续进行,每层厚度不宜超过 30～40 mm,上下层浇筑的时间间隔不应超过 2 h,夏季可适当缩短。防水混凝土必须采用高频机械振捣密实,振捣时间宜为 10～30 s,以混凝土泛浆和不冒气泡为准,应避免漏振、欠振和超振。掺加引气剂或引气型减水剂时,应采用高频插入式振捣器振捣。

（4）常温下,混凝土终凝后（浇筑 4～6 h 后）,就应在其表面覆盖草袋,浇水湿润养护不少于 14 d。在特殊地区还应采用蒸汽养护。

3.3.4.3　施工缝做法

（1）施工缝留取原则包括以下几点：

① 防水混凝土应连续浇筑,宜少留施工缝。

② 当留设施工缝时,墙体水平施工缝不应留在剪力与弯矩最大处或底板与侧墙的交接处,应留在高出底板表面不小于 300 mm 的墙体上;拱（板）墙结合的水平施工缝,宜留在拱（板）墙接缝线以下 150～300 mm 处;墙体有预留孔洞时,施工缝距孔洞边缘不应小于 300 mm。

③ 垂直施工缝应避开地下水和裂隙水较多的地段,并宜与变形缝相结合。

（2）施工缝的施工应符合下列规定：

① 水平施工缝浇灌混凝土前应将其表面浮浆和杂物清除,先铺净浆再铺 30～50 mm 厚的 1:1 水泥砂浆或涂刷混凝土界面处理剂,并及时浇灌混凝土。

② 垂直施工缝浇灌混凝土前,应将其表面清理干净,并涂刷水泥净浆或混凝土界面处理剂,并及时浇灌混凝土。

③ 选用的遇水膨胀止水条应具有缓胀性能,其 7 d 的膨胀率不应大于最终膨胀率的 60%。

④ 遇水膨胀止水条应牢固地安装在缝表面或预留槽内。

⑤ 采用中埋式止水带时,应确保位置准确,固定牢靠。

3.3.4.4　大体积混凝土裂缝控制

大体积防水混凝土施工时,应采取以下措施：

（1）在设计许可的情况下,采用混凝土 60 d 强度作为设计强度。

（2）采用低热或中热水泥,掺加粉煤灰、磨细矿渣粉等掺和料。

（3）掺入减水剂、缓凝剂和膨胀剂等外加剂。

（4）在炎热季节施工时,采取降低原材料温度、减少混凝土运输时吸收外界热量等降温措施。

（5）必要时在混凝土内部预埋管道,进行水冷散热。

（6）混凝土中心温度与表面温度的差值不应大于 25 ℃,混凝土表面温度与大气温度的差值不应大于 25 ℃。否则,应采取洒水蓄水保湿、覆盖塑料薄膜和麻袋草包保温养护措施,养护时间不应少于 14 d。

3.3.4.5　冬季施工要求

防水混凝土的冬季施工,应符合下列规定：

（1）混凝土入模温度不应低于 5 ℃。

（2）宜采用综合蓄热法和暖棚法等养护方法，并应保持混凝土表面湿润，防止混凝土早期脱水。

（3）采用掺化学外加剂方法施工时，应采取保温保湿措施。

3.3.4.6　模板工程

模板的施工要点包括以下几项：

（1）模板应平整，接缝严密，并应有足够的刚度、强度，吸水性要小，支撑牢固，装拆方便，以钢模、木模为宜。

（2）一般不宜用螺栓或铁丝贯穿混凝土墙固定模板，以避免水沿缝隙渗入；在条件适宜的情况下，可采用滑模施工。

（3）当必须采用对拉螺栓固定模板时（图 3-2），可采用工具式螺栓或螺栓加堵头。预埋套管或螺栓上应加焊方形止水环，止水环直径及环数应符合设计规定；若无设计规定，止水环直径一般为 8～10 cm，且至少一环。拆模后应采取加强防水措施将留下的凹槽封堵密实，并宜在迎水面涂刷防水涂料。

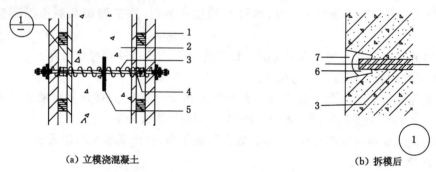

（a）立模浇混凝土　　　　　　　　　（b）拆模后

1—模板；2—结构混凝土；3—固定模板用螺栓；4—工具式螺栓；5—止水环；

6—嵌缝材料；7—聚合物水泥砂浆。

图 3-2　固定模板用螺栓的防水做法

（4）混凝土强度超过设计强度等级的 70％后，混凝土表面温度与环境温度之差不超过 15 ℃时，即可拆除模板。

3.3.4.7　钢筋工程

（1）钢筋绑扎。钢筋相互间应绑扎牢固，以防浇捣时绑口松散、钢筋移位、露出钢筋。

（2）摆放垫块，留设钢筋保护层。钢筋保护层的厚度应符合设计要求，一般情况下，迎水面钢筋混凝土的保护层厚度不得小于 35 mm。当直接处于侵蚀介质中时，不应小于 50 mm。

3.4　地下工程外防水

3.4.1　水泥砂浆刚性防水层

水泥砂浆防水层是一种刚性防水层，主要依靠砂浆本身的憎水性能和砂浆的密实性来达到防水目的。这种防水层取材容易、施工简单、成本较低,但抵抗变形的能力差,适用于一般深度不大、对干燥程度要求不高的地下工程,不适用于因震动和沉陷或温度、湿度变化而易产生裂缝的结构和有腐蚀性介质的高温工程。水泥砂浆防水层有刚性多层抹面防水层和掺外加剂防水层两种。

为了弥补在大面积浇筑防水混凝土的过程中留下的一些缺陷,常在防水混凝土结构的内外表面抹上一层砂浆,以提高结构的防水抗渗能力。

砂浆是由胶凝材料、细集料、掺和料、水以及根据需要加入的外加剂,按一定的比例配制而成的建筑工程材料。应用于制作建筑防水层的砂浆称为防水砂浆,一般是通过严格的操作技术或掺入适量的防水剂、高分子聚合物等材料来提高砂浆的密实性,达到防渗漏水的目的。

水泥砂浆防水层适用于结构刚度较大,建筑物变形较小,埋置深度不大,在使用时不会因结构沉降或温度、湿度变化以及振动等产生有害裂缝的地下防水工程。

防水砂浆可以分为多层抹面砂浆、掺外加剂的防水砂浆和膨胀水泥与无收缩性水泥配制的防水砂浆三类。掺外加剂防水砂浆可分为掺无机盐类防水砂浆、掺微膨胀剂补偿收缩水泥砂浆、掺聚合物防水砂浆和掺纤维防水砂浆等品种。掺聚合物防水砂浆,能克服传统防水砂浆因韧性差、脆性大、极限抗拉强度低而易随基层开裂的缺点,能用在长期受冲击荷载和较大振动作用下的工程中,因而有较广阔的发展前景。

防水砂浆按施工方法可分为两种:一种是利用高压喷枪机械施工的防水砂浆;另一种是大量应用人工抹压的防水砂浆。

3.4.2　柔性防水

防水混凝土和防水砂浆拉伸强度小、延伸率小,因而称为刚性防水材料。柔性防水是利用有防水特性的柔性材料做防水层,如卷材防水层、涂抹防水层、密封材料防水层等。刚性防水及柔性防水各有不同特点,工程运用中要利用不同材料的特性,体现"刚柔并济"的原则。

3.4.2.1　卷材防水层

卷材防水层是将一层或几层防水卷材用与其配套的胶结材料粘贴在结构基层上,构成的一种防水层。其主要优点是防水性能较好,具有一定的韧性和延伸性,能适应结构的振动和微小变形而不至于产生破坏,并能抗酸、碱、盐溶液的侵蚀。但卷材防水层耐久性差,吸水率大,机械强度低,施工工序多,发生渗漏时难以修补。

(1)防水卷材层的材料性能

防水卷材种类繁多,按照材料的组成可分为沥青类防水卷材、高聚物防水卷材和合成高分子卷材三大系列。防水卷材层选用的材料须满足以下条件。

① 应选用高聚物改性沥青类或合成高分子类防水卷材并符合下列规定:

a. 卷材外观质量、品种规格应符合现行国家标准或行业标准。

b. 卷材及其胶粘剂应具有良好的耐水性、耐久性、耐刺穿性、耐腐蚀性和耐菌性。

c. 高聚物改性沥青防水卷材的主要物理性能应符合表 3-8 的要求。

表 3-8　高聚物改性沥青防水卷材的主要性能

项目		指标				
		弹性体改性沥青防水卷材			自粘聚合物改性沥青防水卷材	
		聚酯毡胎体	玻纤毡胎体	聚乙烯膜胎体	聚酯毡胎体	无胎体
可溶物含量/(g/m²)		3 mm 厚≥2 100　4 mm 厚≥2 900			3 mm 厚≥2 100	—
拉伸性能	拉力/(N/50 mm)	≥800(纵横向)	≥500(纵横向)	≥140(纵向)　≥120(横向)	≥450(纵横向)	≥180(纵横向)
	延伸率/%	最大拉力时≥40(纵横向)	—	断裂时≥250(纵横向)	最大拉力时≥30(纵横向)	断裂时≥200(纵横向)
低温柔度/℃		−25,无裂纹				
热老化后低温柔度		−20,无裂纹		−22,无裂纹		
不透水性		压力 0.3 MPa,保持时间 120 min,不透水				

d. 合成高分子防水卷材的主要物理性能应符合表 3-9 的要求。

表 3-9　合成高分子防水卷材的主要物理性能

项　　目	性能要求				
	硫化橡胶类		非硫化橡胶类	合成橡胶类	纤维胎增强类
	JL_1	JL_2	JF_3	JS_1	
拉伸强度/MPa	≥8	≥7	≥5	≥8	≥8
断裂延伸率/%	≥450	≥400	≥200	≥200	≥10
低温弯折性/℃	−45	−40	−20	−20	−20
不透水性	压力 0.3 MPa,保持时间 30 min,不透水				

② 粘贴各类卷材必须采用与卷材材性相容的胶粘剂,胶粘剂的质量应符合下列要求:

a. 高聚物改性沥青卷材间的黏结剥离强度不应小于 8 N/10 mm。

b. 合成高分子卷材胶粘剂的黏结剥离强度不应小于 15 N/10 mm,漫水 168 h 后的黏结剥离强度保特率不应小于 70%。

(2) 卷材防水层的设计

① 卷材防水层为一层或两层。高聚物改性沥青防水卷材厚度不应小于 3 mm,单层使用时,厚度不应小于 4 mm;双层使用时,总厚度不应小于 6 mm。合成高分子防水卷材单层使用时,厚度不应小于 1.5 mm;双层使用时,总厚度不应小于 2.4 mm。

② 阴阳角处应做成圆弧或 45°(135°)折角,其尺寸视卷材品质确定。在转角处、阴阳角等特殊部位,应增贴 1~2 层相同的卷材,宽度不宜小于 500 mm。

(3) 卷材防水层的施工

① 卷材防水层的基面应平整牢固、清洁干燥。

② 铺贴卷材严禁在雨天、雪天施工,五级风及以上时不得施工;冷粘法施工气温不宜低于 5 ℃,热熔法施工气温不宜低于 −10 ℃。

③ 铺贴卷材前,应在基面上涂刷基层处理剂。当基面较潮湿时,应涂刷湿固化型胶粘剂或潮湿界面隔离剂。基层处理剂配制与施工应符合下列规定:

a. 基层处理剂应与卷材及胶粘剂的材性相容。

b. 基层处理可采取喷涂法或涂刷法施工,喷涂应均匀一致、不露底,待表面干燥后,方可铺贴卷材。

c. 铺贴高聚物改性沥青卷材应采用热熔法施工;铺贴合成高分子卷材采用冷粘法施工。

④ 采用热熔法或冷粘法铺贴卷材应符合下列规定:

a. 底板垫层混凝土平面部位的卷材宜采用空铺法或点粘法,其他与混凝土结构相接触的部位应采用满粘法。

b. 采用热熔法施工高聚物改性沥青卷材时,幅宽内卷材底表面加热应均匀,不得过分加热或烧穿卷材。采用冷粘法施工合成高分子卷材时,必须采用与卷材材性相容的胶粘剂,并应涂刷均匀。

c. 铺贴时应展平压实,卷材与基面和各层卷材间必须黏结紧密。

d. 铺贴立面卷材防水层时,应采取防止卷材下滑的措施。

e. 两幅卷材短边和长边的搭接宽度均不应小于 100 mm;采用合成树脂类的热塑性卷材时,搭接宽度宜为 50 mm,并采用焊接法施工,焊缝有效焊接宽度不应小于 30 mm;采用双层卷材时,上下两层和相邻两幅卷材的接缝应错开 1/3~1/2 幅宽,且两层卷材不得相互垂直铺贴。

f. 卷材接缝必须粘贴严实,接缝口应用材性相容的密封材料粘贴,其宽度不应小于 10 mm。

g. 在立面与平面的转角处卷材的接缝应留在平面上,距立面不应小于 600 mm。

⑤ 采用外防外贴法铺贴卷材防水层时,应符合下列规定:

a. 铺贴卷材应先铺平面,后铺立面,交接处应交叉搭接。

b. 临时性保护墙应用石灰砂浆砌筑,内表面应用石灰砂浆做找平层,并刷石灰浆,如用模板代替临时性保护墙,则应在其上涂刷隔离剂。

c. 从底面折向立面的卷材与永久性保护墙的接触部位,应采用空铺法施工;与临时性保护墙或围护结构模板接触的部位,应临时贴附在该墙上或模板上,卷材铺好后其顶端应临时固定。

d. 当不设保护墙时,从底面折向立面的卷材的接茬部位应采取可靠的保护措施。

e. 主体结构完成后,铺贴立面卷材时,应先将接茬部位的各层卷材揭开,并将其表面清理干净,如卷材有局部损伤,应及时进行修补;卷材接茬的搭接长度,高聚物改性沥青卷材为 150 mm,合成高分子卷材为 100 mm;当使用两层卷材时,卷材应错茬接缝,上层卷材应盖过下层卷材,卷材的甩茬、接茬做法见图 3-3。

⑥ 当施工条件受到限制时,可采用外防内贴法铺贴卷材防水层,并应符合下列规定:

a. 主体结构的保护墙内表面应抹 1:3 水泥砂浆找平层,然后铺贴卷材,并根据卷材特性选用保护层。

b. 卷材宜先铺立面,后铺平面;铺贴立面时,应先铺转角后铺大面。

⑦ 卷材防水层经检查合格后,应及时做保护层,保护层应符合以下规定:

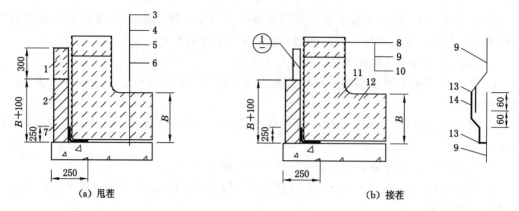

1—临时保护墙；2—永久保护墙；3—细石混凝土保护层；4,9—卷材防水层；5—水泥砂浆找平层；
6—混凝土垫层；7,11—卷材加强层；8—结构墙体；9—卷材防水层；10—卷材保护层；
12—结构/板；13—密封材料；14—盖缝条。

图 3-3　卷材的防水层甩茬、接茬做法（单位：mm）

　　a. 顶板卷材防水层上的细石混凝土保护层厚度不应小于 70 mm，防水层为单层卷材时，在防水层与保护层之间应设置隔离层。

　　b. 底板卷材防水层上的细石混凝土保护层厚度不应小于 50 mm。

　　c. 侧墙卷材防水层宜采用软保护或铺抹 20 mm 厚的 1∶3 水泥砂浆。

3.4.2.2　涂料防水层

　　涂料防水层表面光洁，清理容易，部分高强度的涂料防水层可直接做上人屋面和地面；涂料防水层由于与基层具有 100% 的粘接面（裂缝、节点等部位使用"避拉法"空铺部位除外）大多不怕锐物穿刺，有的还有自愈功能，如油膏、沥青类防水涂层等；涂料防水层在可使用年限内的漏水，大多为基层开裂宽度超过防水涂层的可延伸幅度，漏水原因和形成漏水的部位极易发现，它的保修非常方便，只要少量防水材料修补裂缝和损伤部位即可，不必重做防水层。涂料防水是在自身已有一定防水能力的结构基层表面涂刷一定厚度的防水涂料，经常温交联固结后，形成一层具有一定韧性的防水涂膜的防水方法。涂料层内可以添加加固材料和缓冲材料，能够提高涂膜的防水效果，增强防水层强度，因而得到广泛应用。

　　（1）涂料防水层的材料性能

　　防水涂料在常温下呈无定型的黏稠状液态，经涂刷后，通过溶剂的挥发或水分的蒸发或反应固化，在基层表面可形成坚韧的防水膜。

　　涂料防水按照涂料的液态类型，可以分为溶剂型、水乳型、反应型三种；按照涂料的组分，可以分为单组分防水涂料和双组分防水涂料；按照涂料的主要成膜物质，可以分为合成高分子类、高聚物改性沥青类、沥青类、聚合物水泥类、水泥类。

　　涂料防水层性能应符合下列规定：

　　① 具有良好的耐水性、耐久性、耐腐蚀性及耐霉变性。

　　② 无毒、难燃和低污染。

　　③ 无机防水涂料应具有良好的湿干黏结性、耐磨性和抗刺穿性；有机防水涂料应具有较好的延伸性及较大适应基层变形的能力。

　　无机防水涂料、有机防水涂料的性能指标应符合表 3-10 和表 3-11 的规定。

表 3-10 无机防水涂料的性能指标

涂料种类	抗折强度/MPa	黏结强度/MPa	抗渗性/MPa	冻融循环/次
水泥基防水涂料	>4	>1.0	>0.8	>D50
水泥基渗透结晶型防水涂料	≥3	≥1.0	>0.8	>D50

表 3-11 有机防水涂料的性能指标

涂料种类	可操作时间/min	潮湿基面黏结强度/MPa	抗渗性/MPa			浸水 168 h 后拉伸强度/MPa	浸水 168 h 后断裂延伸率/%	耐水性/%	表干/h	实干/h
			涂膜(30 min)	砂浆迎水面	砂浆背水面					
反应型	≥20	≥0.3	≥0.3	≥0.6	≥0.2	≥1.65	≥300	≥80	≤8	≤24
水乳型	≥50	≥0.2	≥0.3	≥0.6	≥0.2	≥0.5	≥350	≥80	≤4	≤10
聚合物水泥	≥30	≥0.6	≥0.3	≥0.8	≥0.6	≥1.5	≥80	≥80	≤4	≤10

注:1. 浸水 168 h 后的拉伸强度和断裂延伸率是在浸水取出后,经擦干即进行试验所得的值。2. 耐水性指标是指材料浸水 168 h 后,取出擦干即进行试验,其黏结强度及抗渗性的保持率。

（2）涂料防水层的设计

① 防水涂料品种的选择要点包括以下几项:

a. 潮湿基层宜选用与潮湿基面黏结力大的无机涂料或有机涂料,或采用先涂水泥基类无机涂料而后涂有机涂料的复合涂层。

b. 冬季施工宜选用反应型涂料,如用水乳型涂料,温度不得低于 5 ℃。

c. 埋置深度较深的重要工程、有振动或有较大变形的工程宜选用高弹性防水涂料。

d. 有腐蚀性的地下环境宜选用耐腐蚀性较好的反应型、水乳型、聚合物水泥涂料,并做刚性保护层。

② 采用有机防水涂料时,应在阴阳角及底板增加一层胎体增强材料,并增涂 2～4 遍防水涂料。

③ 防水涂料可采用外防外涂、外防内涂两种做法,见图 3-4 和图 3-5。

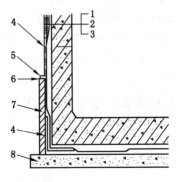

1—结构墙体;2—涂料防水层;3—涂料保护层;4—涂料防水加强层;5—涂料防水层搭接部位保护层;
6—涂料防水层搭接部位;7—永久保护墙;8—混凝土垫层。

图 3-4 防水涂料外防外涂做法

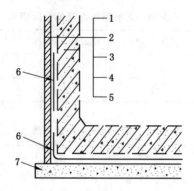

1—结构墙体;2—砂浆保护层;3—涂料防水层;4—砂浆找平层;5—保护墙;

6—涂料防水加强层;7—混凝土垫层。

图 3-5　防水涂料外防内涂做法

④ 水泥基防水涂料的厚度宜为 0.3～72.0 mm;水泥基渗透结晶型防水涂料的厚度不应小于 0.8 mm;有机防水涂料根据材料的性能厚度宜为 1.2～2.0 mm。

（3）涂料防水层的施工

① 基层表面的气孔、凹凸不平、蜂窝、缝隙、起砂等,应修补处理,基面必须干净、无浮浆、无水珠、不渗水。

② 涂料施工前,基层阴阳角应做成圆弧形,阴角直径宜大于 50 mm,阳角直径宜大于 10 mm。

③ 涂料施工前应先对阴阳角、预埋件、穿墙管等部位进行密封或加强处理。

④ 涂料的配制及施工,必须严格按涂料的技术要求进行。

⑤ 涂料防水层的总厚度应符合设计要求。涂刷或喷涂,应待前一道涂层干透后进行;涂层必须均匀,不得漏刷漏涂。施工缝接缝宽度不应小于 100 mm。

⑥ 铺贴胎体材料时,应使胎体层充分浸透防水涂料,不得有空白茬及褶皱。

⑦ 有机防水涂料施工完后应及时做好保护层,包括:

a. 底板、顶板应采用 20 mm 厚 1∶2.5 水泥砂浆层和 40～50 mm 厚的细石混凝土保护,顶板防水层与保护层之间宜设置隔离层。

b. 侧墙背水面应采用 20 mm 厚 1∶2.5 水泥砂浆层。

c. 侧墙迎水面宜选用软保护层或 20 mm 厚 1∶2.5 水泥砂浆层。

3.4.2.3　塑料防水板防水层

（1）塑料防水板的材料性能

① 塑料防水板可选用乙烯-醋酸乙烯酯共聚物（EVA）、乙烯-共聚物沥青（ECB）、聚氯乙烯（PVC）、高密度聚乙烯（HDPE）、低密度聚乙烯（LDPE）类或其他性能相近的材料。

② 塑料防水板规格及指标:

a. 幅宽宜为 2～4 m。

b. 厚度宜为 1～2 mm。

c. 耐刺穿性好。

d. 耐久性、耐水性、耐腐蚀性、耐霉变性好。

e. 塑料防水板物理力学性能应符合表 3-12 的规定。

表 3-12　塑料防水板物理力学性能

项目	拉伸强度/MPa	断裂延伸率/%	热处理时变化率/%	低温弯折性	抗渗性
指标	≥12	≥200	≤2.5	−20 ℃,无裂纹	0.2 MPa,24 h 不透水

（2）塑料防水板防水层的施工

① 防水板应在初期支护基本稳定并经验收合格后进行铺设。

② 铺设防水板的基层宜平整、无尖锐物。基层平整度应符合 $D/L \leqslant 1/10 \sim 1/6$ 的要求,其中 D 为初期支护基层相邻两凸面凹进去的深度,L 为初期支护基层相邻两凸面间的距离。

③ 铺设防水板前应先铺缓冲层。应用暗钉圈固定在基层上,如图 3-6 所示。

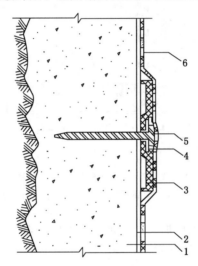

1—初期支护;2—缓冲层;3—热塑性圆垫圈;4—金属垫圈;5—射钉;6—防水板。

图 3-6　暗钉圈固定缓冲层示意图

④ 铺设防水板时,边铺边将其与暗钉圈焊接牢固。故两幅防水板的搭接宽度应为 100 mm,搭接缝应为双焊缝,单条焊缝的有效焊接宽度不应小于 10 mm,焊接严密,不得焊焦、焊穿。环向铺设时,先拱后墙,下部防水板应压住上部防水板。

⑤ 对于新奥法施工的山岭隧道,防水板的铺设应超前内衬混凝土的施工,其距离宜为 5～20 m,并设临时挡板防止机械损伤和电火花灼伤防水板。

⑥ 内衬混凝土施工对防水板保护要求如下:

a. 振捣棒不得直接接触防水板。

b. 浇筑拱顶时应防止防水板绷紧。

⑦ 局部设置防水板防水层时,其两侧应采取封闭措施。

3.4.2.4　金属防水层

（1）金属防水层的材料

金属防水层的金属板材主要是钢板,此外还可采用铜板、铝合金板等。

金属防水层应按照设计要求选用材料。所用的金属板和连接材料(焊条、螺栓、型钢、铁件等),应有出厂合格证和质量证书,并符合国家标准。

（2）金属防水层的施工要求

① 金属板的拼接应采用焊接,拼接焊缝应严密。竖向金属板的垂直接缝,应相互错开。

② 结构施工前在其内侧设置金属防水层,金属防水层应与围护结构内的钢筋焊牢,或在金属防水层上焊接一定数量的锚固件,见图 3-7。

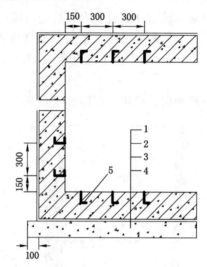

1—金属防水层;2—结构;3—砂浆防水层;4—垫层;5—锚固筋。

图 3-7　金属板防水层(一)(单位:mm)

金属板防水层应设临时支撑加固。金属板防水层底板上应预留浇捣孔,并应保证混凝土浇筑密实,待底板混凝土浇筑完后再补焊严密。

③ 在结构外设置金属防水层时,金属板应焊在混凝土或砌体的预埋件上。金属防水层经焊缝检查合格后,应将其与结构间的空隙用水泥砂浆灌实,见图 3-8。

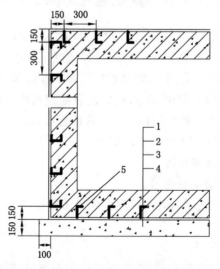

1—砂浆防水层;2—结构;3—金属防水层;4—垫层;5—锚固筋。

图 3-8　金属板防水层(二)(单位:mm)

④ 金属板防水层如先焊成箱体,再整体吊装就位,应在其内部加设临时支撑,防止箱体变形。

⑤ 金属板防水层应采取防锈措施。

3.5　地下工程接缝构造防水

3.5.1　变形缝

变形缝是为了避免建筑物由于温度变化,各部分所受荷载不同,地基和结构不同出现变形、开裂和建筑结构破坏而设置的将其各部分分开的缝隙。变形缝是地下工程防水的薄弱环节,防水处理比较复杂。如处理不当,常出现渗漏,甚至会影响到地下工程的正常使用和使用寿命。

3.5.1.1 变形缝的分类

(1) 伸缩缝

它是为了适应建筑物由于温度、湿度变化及混凝土收缩、徐变作用而引起的构筑物变形,每隔一定距离设置的防止开裂的接缝。

(2) 沉降缝

它是为了适应构筑物各部分的不均匀沉降而设置的,适应地基不均匀沉降而产生的垂直变化的接缝。

(3) 防震缝

它是为了适应地震作用导致构筑物的变形而设置的,可吸收地震作用引起的水平及垂直两个方向的变形的接缝。

在实际工程中,上述三个缝的构造做法上差别不大,因而一般情况下是三缝合一,即一个变形缝兼具上述三个功能。

(4) 引发缝(诱导缝)

缝两侧同时浇筑混凝土时,当混凝土因环境变化发生收缩变形,邻近的已建成的构筑物或围岩将约束混凝土的变形,后浇混凝土体受到拉力。当混凝土本身不足以承担此收缩造成的拉力时,每间隔一定距离将出现收缩引起的裂缝。这类裂缝常可贯通结构主体,常造成混凝土自防水失败。每隔一定距离人为设置"薄弱环节",诱导阻碍混凝土收缩引发的拉应力集中在此处释放,故又称为诱导缝。

3.5.1.2　变形缝的材料

变形缝所采用的防水材料应满足密封防水、适应变形、施工方便、检查容易等要求。变形缝一般由止水带、嵌缝板、密封料三部分组成。

(1) 止水带

止水带通常可以分为刚性和弹性(柔性)两类。由于刚性止水带的材料如钢、青铜等易于防腐,加之造价、加工的限制,目前应用较少。弹性止水带一般可选择的材料是橡胶、塑料、其他复合材料。橡胶材料因其质量稳定、适应变形能力强而得到广泛应用。

钢边止水带是在弹性止水带的两边加钢板,其作用是增加止水带的长度和止水带的锚固力。钢边橡胶止水带的物理力学性能应符合表 3-13 的规定。

表 3-13　钢边橡胶止水带的物理力学性能

项目	硬度(邵氏 A)	拉伸强度/MPa	拉断延伸率/%	压缩永久变形(70 ℃,24 h)/%	扯裂强度/(N/mm)	热老化性能(70 ℃,168 h)			拉伸永久变形(70 ℃,24 h拉伸)/%	橡胶与钢带黏合试验	
						硬度变化(邵氏硬度)	拉伸强度/MPa	拉断延伸率/%		破坏类型	黏合强度/MPa
性能指标	62±5	≥18.0	≥400	≤35	≥35	≤±8	≥16.2	≥320	≤20	橡胶破坏(R)	≥6

（2）嵌缝板

选材时应注意变形缝处的相对变形量、承受水压力的大小、与嵌缝板接触的介质、使用的环境条件、构筑物表面装修的要求等。

嵌缝板可选用聚乙烯泡沫塑料板、防腐软木板、纤维板等满足工程需要的各种材料,其中聚乙烯泡沫塑料板发展前景较好,其相关的物理力学性能要求见表 3-14。

表 3-14　聚乙烯泡沫塑料板物理力学性能

项目	单位	指标	项目	单位	指标
表观密度	g/cm³	0.10～0.19	吸水率	g/cm³	≤0.005
抗拉强度	N/mm²	≥0.15	延伸率	%	≥100
抗压强度	N/mm²	≥0.15	硬度(邵氏硬度)		50～60
撕裂强度	N/mm	≥4.0	压缩永久变形	%	≤3.0
加热变形(+70)	%	≤2.0	—	—	—

（3）密封料

密封材料可选用聚硫橡胶、聚氨酯、硅胶等,因为它们是既有足够的变形能力,又能与混凝土良好黏结的柔性材料,并具有在地下环境介质中不老化、不变质的性能。选材时应注意变形缝的相对变形量、承受水压力的大小、与密封料接触的介质、使用的环境条件、构筑物表面装修的要求及造价等。

3.5.1.3　变形缝的设计要点

（1）变形缝应满足密封防水、适应变形、施工方便、检修容易等要求。

（2）单独用于伸缩的变形缝宜不设或少设,尽可能采用诱导缝、加强带、后浇带等替代措施。

（3）变形缝处混凝土结构的厚度不应小于 300 mm。

（4）用于沉降的变形缝其最大允许沉降值不应大于 30 mm,当计算沉降值大于 30 mm时,应在设计时采取措施。

（5）用于沉降的变形缝的宽度宜为 20～30 mm,用于伸缩的变形缝的宽度宜小于该值。

（6）变形缝的几种复合防水构造形式见图 3-9、图 3-10 和图 3-11。

3.5.1.4　变形缝的构造和施工

（1）变形缝处混凝土断面要求

变形缝处的混凝土断面的宽度不得小于止水带的宽度,止水带距混凝土表面的距离不

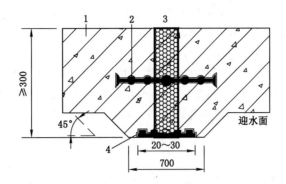

1—混凝土结构;2—中埋式止水带;3—填缝材料;4—外贴防水层。

图 3-9　中埋式止水带与外贴防水层复合使用示意图(单位:mm)

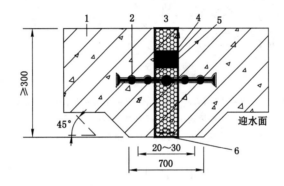

1—混凝土结构;2—中埋式止水带;3—嵌缝材料;4—背衬材料;5—遇水膨胀橡胶条;6—填缝材料。

图 3-10　中埋式止水带与膨胀条、嵌缝材料复合使用示意图(单位:mm)

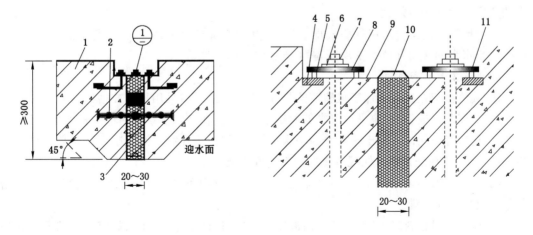

1—混凝土结构;2—填缝材料;3—中埋式止水带;4—预埋销板;5—紧固件压板;

6—预埋螺栓;7—螺母;8—垫圈;9—紧固件压块;10—Ω 形止水带;11—紧固件圆钢。

图 3-11　中埋式止水带与可卸式止水带复合使用示意图(单位:mm)

得小于止水带宽度的一半。当混凝土断面尺寸不能满足上述要求时,应将断面局部加大。如混凝土断面尺寸太小,则施工不易振捣,易产生缺陷。

（2）止水带、嵌缝板、密封料的施工

① 止水带埋设位置应准确,其中间空心圆环应与变形缝的中心线重合。

② 顶底板内止水带应成盆状安设,止水带宜采用专用钢筋套或扁钢固定。采用扁钢固定时,止水带端部应先用扁钢夹紧并将扁钢与结构内钢筋焊牢。固定扁钢用的螺栓间距宜为 500 mm,见图 3-12。

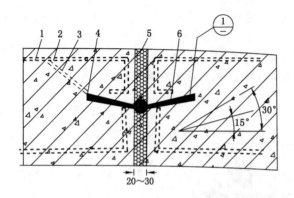 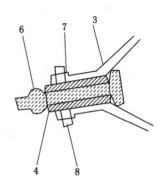

1—结构主筋;2—混凝土结构;3—固定用钢筋;4—固定止水带用扁钢;5—嵌缝材料;

6—中埋式止水带;7—螺母;8—双头螺杆。

图 3-12 顶底板中埋式止水带的固定(单位:mm)

③ 当中埋式止水带先施工一侧混凝土时,其端模应支撑牢固,严防漏浆。

④ 止水带的接缝应设在边墙较高位置,不得设在结构转角处;接头宜采用热压焊。

⑤ 中埋式止水带在转弯处宜采用直角专用配件,并应做成圆弧形;橡胶止水带的转角半径应不小于 200 mm,钢边橡胶止水带转角半径应不小于 300 mm,且转角半径应随止水带的宽度增大而相应加大。

当变形缝与施工缝均用外贴式止水带时,其相交部位宜采用图 3-13 所示的专用配件。外贴式止水带的转角部位宜使用图 3-14 所示的专用配件。

（3）嵌缝板及密封料

① 嵌缝板应在工厂中加工成需要的尺寸,现场拼接时应采用焊接或粘接。

② 在安装嵌缝板时,应采取可靠的固定措施,防止在浇筑混凝土时嵌缝板发生挪位。

③ 变形缝两侧的混凝土一般分为两次浇筑,嵌缝板应在第一侧混凝土浇筑前安装在模板内侧,而不应在浇筑第一侧混凝土之后粘贴在混凝土上。

④ 密封材料的填嵌时间,应尽可能地拖后;在构筑物完成部分沉降之后填充,可减少密封料所负担的变形量。

⑤ 填装密封材料时,必须保证缝内混凝土干净,表面干燥;操作人员应严格按照操作规程施工。

3.5.1.5 隧道拱顶变形缝的防水处理

隧道拱顶的变形缝需按图 3-15 进行处理,以防变形缝处积水而产生渗漏。

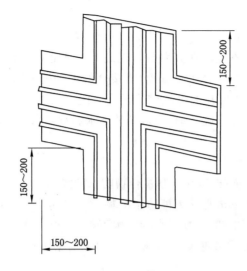

图 3-13　外贴式止水带在施工缝与变形缝相交处的专用配件(单位:mm)

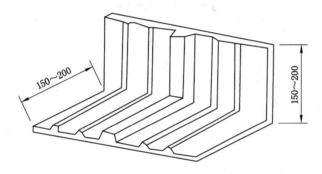

图 3-14　外贴式止水带转角处的专用配件(单位:mm)

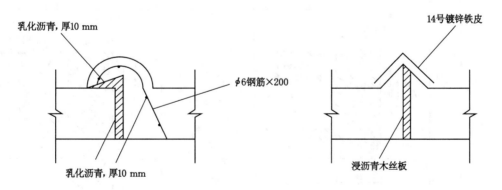

图 3-15　隧道拱顶变形缝的防水做法

3.5.2　施工缝

施工缝指因施工组织需要而在各施工单元之间留设的接缝。它并不是一种真实存在的"缝",因为后浇筑混凝土超过初凝时间,而与先浇筑的混凝土之间存在一个接合面,该接合面习惯称之为施工缝。施工缝是混凝土结构的薄弱环节,也是地下工程容易出现渗漏的部位。

3.5.2.1 施工缝的设计要点

(1)墙体水平施工缝不应留在剪力与弯矩最大处或底板与侧墙的交接处,应留在高出底板表面不小于 300 mm 的墙体上,拱(板)墙接合的水平施工缝宜留在拱(板)墙接缝线下 150~300 mm 处,墙体有预留孔洞时,施工缝距孔洞边缘不应小于 300 mm。

(2)墙体垂直方向如需留施工缝,应避开地下水和裂隙水较多的地段,且尽量与变形缝结合。

3.5.2.2 施工缝的常用做法

(1)在施工缝的迎水面抹 20 mm 厚聚合物防水砂浆,并在其表面粘贴 3~4 mm 厚高聚物改性沥青卷材或涂刷 2 mm 厚聚氨酯防水涂料。

(2)于施工缝的断面中部,嵌填遇水膨胀橡胶条。

施工缝的常见构造形式参见表 3-15,实际工程中根据防水等级和工程的实际要求变通组合采用。

表 3-15　施工缝的防水构造　　　　　　　　　　单位:mm

表 3-15(续)

防水级别		防水构造	防水级别		防水构造
2～4	3	![3 mm厚钢板止水带]	2	2	![复合型带钢边橡胶止水带] 止水带为复合型带钢边橡胶止水带,只有在环境温度>50 ℃或类似情况下才能使用

3.5.3　后浇带

后浇带是一种刚性接缝,适用于不允许留设柔性变形缝的工程,可以避免混凝土收缩引起的混凝土结构裂缝,也可减少建筑物各部分差异沉降引起的结构裂缝。

（1）后浇带应设在受力和变形较小的部位,间距以 30～60 m 为宜,宽度以 700～1 000 mm 为宜。

（2）后浇带的接缝可做成平直缝或阶梯缝,结构主筋不宜在缝中断开,如必须断开,则主筋搭接长度应大于 45 倍主筋直径,并应按设计要求加设附加筋。后浇带的防水构造如图 3-16、图 3-17 所示。

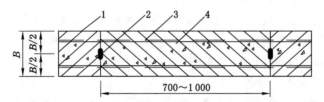

1—先浇混凝土;2—遇水膨胀止水条;3—结构主筋;4—后浇补偿收缩混凝土。

图 3-16　后浇带防水构造(一)(单位:mm)

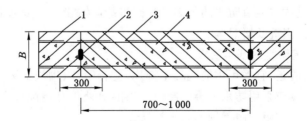

1—先浇混凝土;2—遇水膨胀止水条;3—结构主筋;4—后浇补偿收缩混凝土。

图 3-17　后浇带防水构造(二)(单位:mm)

（3）若需超前防水止水，后浇带部位混凝土应局部加强，并增设中埋式止水带，见图3-18。

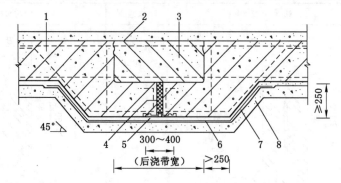

1—混凝土结构；2—钢丝网片；3—后浇带；4—填缝材料；5—外贴式止水带；
6—细石混凝土保护层；7—卷材防水层；8—垫层混凝土。
图 3-18 后浇带超前防水（单位：mm）

（4）后浇带应优先采用补偿收缩混凝土浇筑，其等级应与两侧混凝土相同。

3.5.4 特殊施工工法结构的防水

3.5.4.1 盾构法隧道

盾构法是暗挖法施工中的一种全机械化施工方法。它是将盾构机械在岩土中推进，通过盾构外壳和管片支承四周围岩防止发生往隧道内的坍塌，同时在开挖面前方用切削装置进行土体开挖，通过出土机械将岩土运出洞外，靠千斤顶在后部加压顶进，并拼装预制混凝土管片，形成隧道结构的一种机械化施工方法。其最大的特点是机械化程度高，对地层及环境变化适应能力强，不受地面建筑物和交通的影响。

盾构（机）顶进挖掘后，应及时进行衬砌拼装。衬砌的作用是在施工过程中作为临时支撑，并承受盾构千斤顶后座的顶力；施工结束后则作为永久性结构，承受周围的水土压力及其他使用阶段静动荷载，同时防止泥水的渗入，满足内部使用的功能要求。

（1）盾构法隧道防水的分类

盾构法隧道防水的分类有多种方法，按衬砌结构形式可以分为单层衬砌防水和复合衬砌防水；按衬砌的组成与连接可以分为衬砌结构自防水和衬砌接缝防水；按隧道部位可分为隧道衬砌防水和竖井接头防水；按衬砌材质可分为钢筋混凝土管片衬砌防水、铸铁管片衬砌防水、钢管片衬砌防水、钢与钢筋混凝土组合管片衬砌防水等。衬砌结构的管片自防水是根本，衬砌接缝防水是盾构隧道防水的关键。衬砌接缝防水设计主要包括接缝面防水密封垫材料选择及其设置、嵌缝及堵漏等。

（2）盾构法隧道防水的基本要求

盾构法施工的隧道，宜采用钢筋混凝土管片、复合管片、砌块等装配式衬砌或现浇混凝土衬砌。装配式衬砌应采用防水混凝土制作。当隧道处于有侵蚀性介质的地层时，应采用相应的耐侵蚀混凝土或附加耐侵蚀的防水涂层。

不同防水等级盾构隧道衬砌防水措施应符合表3-16的要求。

钢筋混凝土管片应采用高精度钢模制作，钢模宽度及弧弦长允许偏差均为±0.4 mm。钢筋混凝土管片制作尺寸的允许偏差应符合下列规定：

① 宽度为±1 mm；

② 弧弦长为±1 mm；

③ 厚度为±3 mm。

表 3-16　不同防水等级盾构隧道的衬砌防水措施

等级	高精度管片	接缝防水				混凝土内衬或其他内衬	外防水涂料
		密封垫	嵌缝	注入密封剂	螺孔密封面		
一级	必选	必选	建议选	可选	必选	建议选	建议选
二级	必选	必选	建议选	可选	应选	局部建议选	部分区段建议选
三级	必选	必选	建议选	—	建议选	—	部分区段建议选
四级	可选	建议选	可选	—	—	—	—

　　管片砌块的抗渗等级应等于隧道埋深水压力的 3 倍，且不得小于 S8。管片、砌块必须按设计要求经抗渗检验合格后使用。

　　管片至少应设置一道密封垫沟槽。接缝密封垫宜选择具有合理构造形式，良好回弹性或遇水膨胀性、耐久性、耐水性的橡胶类材料，其外形应与沟槽相匹配。弹性密封橡胶垫与遇水膨胀橡胶密封垫的性能应符合表 3-17 和表 3-18 的规定。

表 3-17　弹性密封橡胶垫的物理性能

序号	项目		指标	
			氯丁橡胶	三元乙丙胶
1	硬度(HA)		45±5～60±5	55±5～70±5
2	延伸率/%		≥350	≥330
3	拉伸强度/MPa		≤10.5	≥9.5
4	热空气老化(70 ℃,24 h)	硬度变化值(HA)	≤+8	≤+6
		拉伸强度变化率/%	≥−20	≥−15
		拉断延伸率变化率/%	≥−30	≥−30
5	压缩永久变形(70 ℃,24 h)/%		≤35	≤28
6	防霉等级		达到或优于 2 级	达到或优于 2 级

　　注：表中指标均为成品切片测试的数据，若只能以胶料制成试样测试，则其延伸率、拉伸强度的性能数据应达到本规定的 120％。

表 3-18　遇水膨胀橡胶密封垫的性能

序号	项目	指标			
		PZ-150	PZ-250	PZ-400	PZ-60
1	硬度(HA)	42+7	42+7	45±7	48+7
2	拉伸强度/MPa	≥3.5	≥3.5	≥3	
3	拉断延伸率/%	≥450	≥450	≥350	≥350

表 3-18(续)

序号	项目		指标			
			PZ-150	PZ-250	PZ-400	PZ-60
4	体积膨胀倍率/%		≥150	≥250	≥400	≥600
5	反复浸水试验	拉伸强度/MPa	≥3	≥3	≥2	≥2
		拉断延伸率/%	≥350	≥350	≥250	≥250
		体积膨胀倍率/%	≥150	≥250	≥500	≥500
6	低温弯折(−20 ℃,2 h)		无裂纹	无裂纹	无裂纹	无裂纹
7	防霉等级		达到或优于 2 级			

注:1. 成品切片测试应达到标准的 80%。2. 接头部位的拉伸强度不得低于上表标准性能的 50%。3. 体积膨胀倍率＝膨胀后的体积/膨胀前的体积×100%。4. 硬度为推荐项目。

管片接缝密封垫应满足在设计水压和接缝最大张开值下不渗漏的要求。密封垫沟槽的截面积应不小于密封垫的截面积,当环缝张开量为 0 时,密封垫可完全压入并储于密封沟槽内。其关系符合下式规定:

$$A=(1\sim1.15)A_0 \tag{3-3}$$

式中　A——密封垫沟槽截面积;

　　　A_0——密封垫截面积。

螺孔防水要求如下:

① 管片肋腔的螺孔口应设置锥形倒角的螺孔密封圈沟槽。

② 螺孔密封圈的外形应与沟槽相匹配,并有利于压密止水或膨胀止水;在满足止水的要求下,其断面积宜小;螺孔密封圈应是合成橡胶、遇水膨胀橡胶制品;其技术指标要求应符合表 3-17、表 3-18 的规定。

嵌缝防水要求如下:

① 在管片内侧环向与纵向边缘设置嵌缝槽,其深宽比大于 2.5,槽深宜为 25～55 mm,单面槽宽宜为 3～10 mm;嵌缝槽断面构造形状可从图 3-19 中选定。

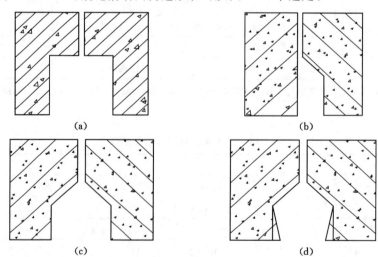

图 3-19　管片嵌缝槽构造示意图

② 不定形嵌缝材料应有良好的不透水性、潮湿面黏结性、耐久性、弹性和抗下坠性；定形嵌缝材料应有与嵌缝槽能紧贴密封的特殊构造，有良好的可卸换性、耐久性。

③ 嵌缝作业区的范围与嵌填嵌缝槽的部位，除了根据防水等级要求设计外，还应视工程的特点与要求而定。

④ 嵌缝防水施工必须在盾构千斤顶顶力影响范围外进行；同时，应根据盾构施工方法、隧道的稳定性确定嵌缝作业开始的时间。

⑤ 嵌缝作业应在接缝堵漏和无明显渗水后进行，嵌缝槽表面混凝土如有缺损，应采用聚合物水泥砂浆或特种水泥修补牢固；嵌缝材料嵌填时，应先涂刷基层处理剂，嵌填应密实、平整。

双层衬砌的内层衬砌混凝土浇筑前，应将外层衬砌的渗漏水引排或封堵。采用复合式衬砌时，应根据隧道排水情况选用相应的缓冲层和防水板材料。

管片外防水涂层要求如下：

① 耐化学腐蚀性、抗微生物侵蚀性、耐水性、耐磨性良好，且无毒或低毒。

② 在管片外弧面混凝土裂缝宽度达到 0.3 mm 时，仍能抗最大埋深处水压，不渗漏。

③ 具有防杂散电流的功能，体积电阻率高。

④ 施工简便，且能在冬季操作。

竖井与隧道结合处，可用刚性接头，但接缝宜采用柔性材料密封处理，并宜加固竖井洞圈周围土体。在软土地层与竖井结合处一定范围内的衬砌段，宜增设变形缝。变形缝环面应贴设垫片，同时采用适应变形量大的弹性密封垫。

（3）隧道衬砌管片的防水

常用装配式钢筋混凝土管片作衬砌，随盾构的顶进，用螺栓将管片连接拼装成圆环，作为衬砌受力和防水主体结构。管片的构筑质量决定盾构法施工的成败和运营成本的高低。管片的防水包括：管片本身的防水、管片接缝的防水、螺栓孔的防水、衬砌结构内外的防水处理及二次衬砌等五项。

① 管片自身的防水

最典型的管片构造如图 3-20 所示，管片的宽度一般为 300～1 200 mm；厚度由内力计算确定，构造要求宜为隧道外轮廓直径的 0.05～0.06 倍。管片的防水设计要求是保证在施工阶段和使用阶段不开裂漏水，在特殊作用下，接头不产生脆性破坏而导致渗漏，所以要求管片的端肋应有足够的抗裂、抗压强度和刚度。

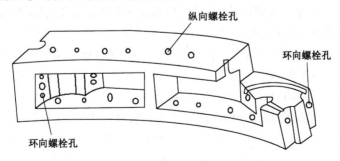

图 3-20　管片的构造

管片应采用防水混凝土,有条件时宜采用聚合混凝土或浸渍混凝土制作,以保证管片本身有高强度等级和高抗渗指标,并有足够的精度。混凝土管片采用防水混凝土其混凝土抗渗等级可达 S12 以上,抗渗系数 $K < 10 \sim 11$ cm/s。混凝土管片制作精度要求高,还要有严格振捣、压实、高温蒸养、喷水及水池蓄水养护等工序,这样才能达到管片自防水要求。

② 管片接缝防水

盾构隧道的各种防水措施中,管片接缝的防水措施是盾构隧道防水关键,管片接缝的防水措施主要有接缝防水密封垫、承压传力密封垫和防水嵌料,其中常采用接缝密封垫防水。

接缝防水密封垫一般分为无定形和定形两种。国内常见的混凝土管片使用的防水密封垫的基本特征见表 3-19。

表 3-19　防水密封垫的基本特征

项目	无定形制品	定形制品
形状	双液型,膏状	预制,带状
施工方法	二液混合后,手工涂抹到管片中密封沟内,常温硬化定型	用专用黏结剂粘贴
施工难易	要求有一定的熟练程度	易掌握
特征	无施工缝,比定形制品性能好;经 24 h 硬化才能拼装;厚度不匀,作业时须控制	施工容易,粘贴 1~3 h 即可使用;黏结剂涂抹与密封垫附粘的时间间隔控制不当则黏结能力下降

承压传力密封垫:为防止混凝土管片在接触面产生应力集中,需要在接触面上粘贴衬垫薄板,以分散荷载,避免局部应力超载。早期盾构隧道在环缝内夹入衬垫,调整隧道的走向和纠偏。通常采用石棉水泥板、沥青木丝板、胶乳水泥板、合成树脂改性沥青材料等作承压传力衬垫。

嵌缝材料是对密封垫防水的补充,即填嵌在管片内侧预留的嵌缝槽内的防水材料。通常采用膨胀水泥砂浆、玛蹄脂、聚硫酯或聚氨酯密封膏。

③ 螺栓孔的防水

为防止管片拼装后从螺栓孔发生渗漏,必须对螺栓孔进行专门防水处理。

a. 防水密封圈:在环纵面的螺孔外设一浅沟槽,放置防水密封圈,靠拧紧螺帽的紧固力达到止水的目的,见图 3-21。

b. 封孔止水:在肋腔内的螺栓孔中,放一锥形倒角垫圈,拧紧螺帽,弹性倒锥形垫圈被挤入螺栓孔和螺栓四周,实现止水。

c. 膨胀塞缝止水:在螺纹末端放入弹性垫圈,拧紧螺帽,弹性体被压实而止水。

d. 加止水罩防水:在螺帽外加止水铝罩防止水从螺栓孔渗入,见图 3-22。

④ 衬砌内外综合防水处理

a. 设置内衬套防水层:构筑内衬前,通常先设置卷材防水层、涂抹防水层或喷射混凝土作为防水层,然后构筑内衬套。内衬套的形式不一,有的是构筑混凝土整体内衬砌,有的设置各种轻型衬套。不管用哪种形式,在内外衬砌间均须设置可靠的防水材料,其中积水要有及时排出的管路。

b. 设置防水槽:防水槽是在内防水内侧预设螺栓孔,埋设螺栓连接杆,如遇管片接缝漏

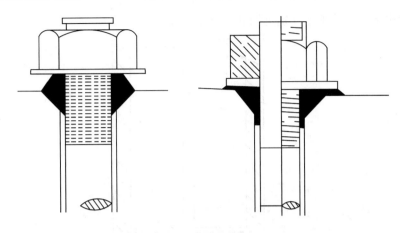

图 3-21　接头螺栓孔防水

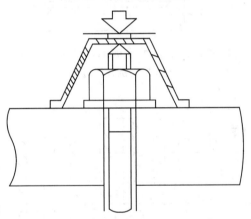

图 3-22　铝罩螺栓孔防水

水,即在渗漏水处覆上导水板。导水板用预埋的螺栓固定,使漏水从板后流入集水井,以便及时抽排掉,保持隧道内干燥。

c. 向衬砌外压注防水水泥砂浆或其他防水材料,在衬砌外形成防水壳体。

⑤ 二次衬砌防水

以拼装管片作为单层衬砌,其接缝防水措施仍不能满足止水和抗震要求时,可在管片内侧再浇筑一层混凝土或钢筋混凝土,构成双层衬砌,形成隧道衬砌复合防水层。

二次衬砌做法各异,有的在外层管片衬砌内直接浇筑混凝土,有的在外层衬砌内表面先喷筑一层 15～25 mm 厚的找平层后粘贴油毡或合成橡胶类的防水卷材,再在内贴式防水层上浇筑混凝土内衬。混凝土内衬的厚度应根据防水和混凝土内衬施工的需要确定,一般为150～300 mm。

3.5.4.2　沉井

沉井是深基础施工的一种常用方法。其做法是将位于地下一定深度的建筑物或构筑物先在地面以上制作,形成一个筒状结构(作为地下结构的竖向墙壁,起承重、挡土、挡水的作用),然后在筒状结构内不断地挖土,借助筒体自重而逐步下沉,下沉到预先设计的高程,再进行封底,构筑筒内底板、梁、楼板、内隔墙、顶板等构件,最终形成一个能防水的地下建筑物。

沉井的构造及施工顺序分别见图 3-23 和图 3-24。

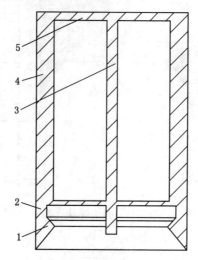

1—刃脚;2—凹格;3—内隔墙;4—井壁;5—顶盖。

图 3-23　沉井构造图

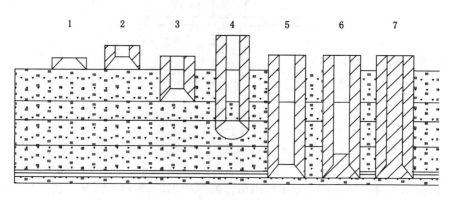

注:图中 1、2、3…表示施工顺序。

图 3-24　深井施工图

(1) 沉井防水的基本要求

① 沉井主体应采用防水混凝土浇筑。分节制作时,施工缝的防水措施应根据其防水等级选用。

② 沉井施工缝的施工应符合有关规定。固定模板的螺栓穿过混凝土井壁时,螺栓端头部位应做防水处理。

③ 沉井的干封底要求如下:

a. 地下水位应降至底板高程 500 mm 以下。降水作业在底板混凝土达到设计强度,且沉井内部结构完成并满足抗浮要求后,方可停止。

b. 封底前井壁与底板连接部位应凿毛并清洗干净。

c. 待垫层混凝土达到 50％设计强度后,浇筑混凝土底板,应一次浇筑,分格连续对称进行。

d. 降水用的集水井应用微膨胀混凝土填筑密实。

④ 沉井水下封底要求如下：

a. 封底混凝土水泥用量宜为 $350 \sim 400 \ kg/m^3$，砂率为 45%～50%，砂宜采用中粗砂，水灰比不宜大于 0.6，集料粒径以 5～40 mm 为宜；水下封底也可采用水下不分散混凝土。

b. 封底混凝土应在沉井全部底面积上连续均匀浇筑，浇筑时导管插入混凝土深度不宜小于 1.5 m。

c. 封底混凝土达到设计强度后，方可从井内抽水，并检查封底质量，对渗漏水部位进行堵漏处理。

d. 防水混凝土底板应连续浇筑，不得留施工缝。底板与井壁接缝处的防水措施及施工要求应符合有关规定。

⑤ 当沉井与位于不透水层内的地下工程连接时，应先封住井壁外侧含水层的渗水通道。

⑥ 沉井穿过含水层到不透水层要做好封水工作。

（2）沉井制作施工的防水

① 井壁

沉井的井壁既是施工时的挡土和防水的围堰，又是永久的外墙，故井壁必须有足够的强度和抗渗性，使其在地层侧压力和地下水的渗透压力作用下，不致变形和渗漏。由于沉井是靠自重下沉的，要求尽可能增加井壁重量并减少井壁和土层之间的摩擦力。沉井井壁的厚度（不宜小于 0.4 m，一般为 0.4～1.5 m）主要取决于沉井的大小、下沉速度、土层的物理力学性质等，由结构计算确定。

井壁主体采用防水混凝土，其防水等级应根据工程重要性和使用中对防水的要求按《地下工程防水技术规范》（GB 50108—2008）相应条款确定。防水混凝土的抗渗等级主要根据工程埋置深度确定，一般不得低于 S6。防水混凝土裂缝宽度不得大于 0.2 mm，并不得贯通。迎水面钢筋保护层厚度不应小于 50 mm。

根据工程的实际情况也可以在井壁外侧加涂以沥青为主要成分的涂料，其不仅可以起到防水作用，还可在下沉过程中减少摩擦。

② 两节沉井之间的接缝

两节沉井之间的接缝设计可按防水混凝土施工缝处理，根据该缝在下沉到设计高程后所在深度及井壁厚度确定。壁厚小于 400 mm 采用平缝或中埋止水带；壁厚大于 400 mm 可采用凹凸缝或设置钢板止水带，也可采用腻子型遇水膨胀止水条等单一或多道防线，如图 3-25 所示。

③ 刃脚

沉井最下端都做成刀刃状的刃脚，以减小下沉阻力。刃脚应具有一定的强度，以免在下沉过程中损坏并漏水。

刃脚上面一般都有凹槽，目的是在沉井封底后浇筑底板时，底板能和井壁紧密连接，有利于防水，有利于将封底底面反力更好地传递给井壁。一般凹槽高约 1.0 mm，深度为 0.15～0.30 m。

沉井下沉施工时，需先将场地平整夯实，在基坑上铺设一定厚度的砂层，在刃脚位置再铺设垫木，然后在垫木上制作刃脚和第一节沉井。当混凝土强度达到 70% 时，才可拆除垫木，挖土下沉。

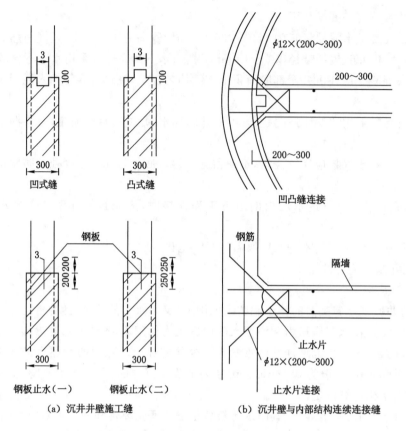

图 3-25　沉井井壁施工缝构造防水

　　根据工程所处地基性质的不同,沉井下沉有不排水下沉和排水下沉两种方法。

　　不排水下沉适用于流砂严重的地层和渗水量大的砂砾地层,以及地下水无法排除或大量排水会影响附近建筑物安全的情况。井中水下取土下沉有如下三种方法:

　　a. 用抓斗在水中取土下沉;

　　b. 用水力冲射器冲土,用空气吸泥机或用水力吸泥机抽吸水中土;

　　c. 用钻吸法排土下沉。

　　排水下沉适用于渗水量不大(出水速度不大于 $1 \ m^3/min$)且稳定的黏性土,也可用于渗水量虽很大但排水并不困难的砂砾层。排水下沉常用的排水方法如下:

　　a. 明沟集水井排水,在沉井周围挖一圈排水明沟,设置几个集水井,在井内或井壁上设水泵,将水抽至井外并排走。

　　b. 在沉井四周设置轻型井点、电渗井点或喷射井点以降低地下水位,使井内保持干燥。

　　c. 井点与明沟排水相结合的方法。在沉井上部设置井点降水,下部挖明沟集水井设泵排水。

　　(3) 沉井封底的防水

　　沉井下沉到设计高程后,应进行沉降观测,待 8 h 内累计下沉量不大于 10 mm 时,即可进行封底。沉井封底是影响沉井降水的关键,封底有排水封底和不排水封底(即干封底和水下封底)两种方法。

① 排水封底

排水封底是在井点降水条件下下沉施工所采用的一种封底方法。封底时要重视排水工作,每个沉井至少设置一个集水井,一般设在井底最低处,但不能靠近刃脚,以免带走刃脚下泥砂,使沉井倾斜。集水井埋设以后,应挖数条排水沟。沟内及集水井周围应抛碎石或砾石,使从刃脚下渗入井内的水经排水沟流入集水井。

封底前一般先浇一层 0.5~1.5 m 的素混凝土垫层,浇筑时应对称进行,达到 50% 设计强度后,再在其上绑扎钢筋,两端深入刃脚或凹槽内,后浇筑底板混凝土。为加强防水效果,底板混凝土可采用加有抗渗结晶型外加剂的混凝土,应在整个沉井底面上分层,同时不间断地进行,并由四周向中央推进。要注意分格、连续,对称进行。

混凝土采用自然养护。待底板混凝土达到设计强度,且沉井内部结构完成并能满足抗浮要求时,方可停止降水作业。

② 不排水封底

不排水挖土下沉的混凝土井壁,应采用水下混凝土封底。封底前应进行水下基底测量,绘出沉井基底简图。将井底浮泥清洗干净,并铺设 100~200 mm 厚的碎石垫层,新老混凝土接触面用水冲洗干净。选用和易性好的混凝土,宜采用坍落度 18~22 cm 的高流动度混凝土。

封底混凝土可用导管法灌注。各导管的有效半径必须互相搭接并盖满井底全部面积,导管下端应埋在混凝土中 0.5~1 m。待水下封底混凝土达到设计强度后(养护期至少为7~10 d),方可从沉井中抽水。

(4) 沉井与隧道接头封水

在不透水层中构筑深层与沉井连接的地道的出入口时,必须做好封水工作,防止含水层中的水沿井壁渗入底层地下隧道。沉井封水主要有套井封水法和注浆法两种。

① 套井封水法

套井封水法防水效果好,施工简单,不需要其他设备。但因水层以上部分须构筑内外两层井圈,故适用于表土层及含水层不太厚的情况。为了加强防水效果,内外圈井壁面都可做防水抹面,中间填塞材料除灰土外,也可夯实素土或填低强度等级混凝土。

在距隧道出入口 0.5~1 m 处,先下沉一个外圈沉井,接着紧贴出入口外壁现浇内圈竖井,再在竖井之间开挖出入口竖井。在外圈沉井和内圈沉井之间采取措施,封住含水层地下水下渗的通路。套井封水构造如图 3-26 所示。

② 注浆防水法

注浆防水可以紧贴井壁注浆,提高工程利用率。在注浆材料、压力、作用半径选择合适时,防水效果也较好。注浆防水的原理参见图 3-27。

3.5.4.3　地下连续墙

地下连续墙主要作为地下工程的支护结构,也可作为防水等级为一、二级工程的复合式内衬结构的初期支护。地下连续墙防水主要是指在地下工程中采用钢筋混凝土地下连续墙的形式进行截水和防水。

(1) 地下连续墙的特点及分类

地下连续墙具有以下突出的优点:

① 对邻近的建筑物和地下管线的影响小。

② 施工时无噪声、无振动,属于低公害的施工方法。

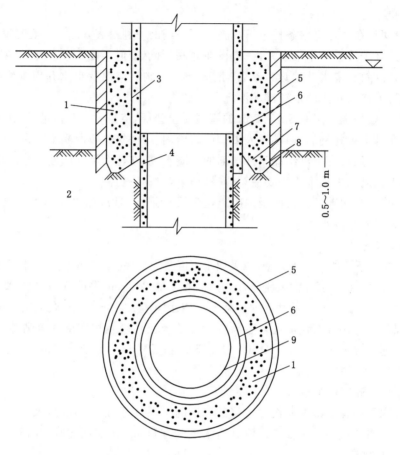

1—三合土回填;2—硬化黏土;3—互层抹面防水层;4—快硬水泥内衬;5—外圈竖井壁;
6—内圈竖井壁;7—快硬水泥外衬;8—水沟;9—地道竖井壁。

图 3-26 套井封水法

③ 刚度大、整体性好。

④ 可实现逆筑法施工,有利于加快施工进度,减少工程成本。

地下连续墙按其建筑材料,分为土质墙、混凝土墙、钢筋混凝土墙(现浇地下连续墙和预制式地下连续墙)和组合墙;按成墙方式,分为桩排式、壁板式、桩壁组合式;按其用途分为临时挡土墙、抗渗墙、用作主体结构兼作临时挡土墙的地下连续墙,用作多边形基础兼作墙体的地下连续墙。

(2)地下连续墙的施工顺序

地下连续墙施的施工工艺是:在工程开挖土方之前,用特制的挖槽机械在泥浆(又称触变泥浆、安定液、稳定液等)护壁的情况下每次开挖一定长度(一个单元槽段)的沟槽,待开挖至设计深度并清除沉淀下来的泥渣后,将在地面上加工好的钢筋骨架(一般称为钢筋笼)用起重机械吊放入充满泥浆的沟槽内,用导管向沟槽内浇筑混凝土。由于混凝土是由沟槽底部开始逐渐向上浇筑,所以随着混凝土的浇筑即将泥浆置换出来,待混凝土浇至设计高程后,一个单元槽段即施工完毕。各个单元槽段之间由特制的接头连接,形成连续的地下钢筋混凝土墙。

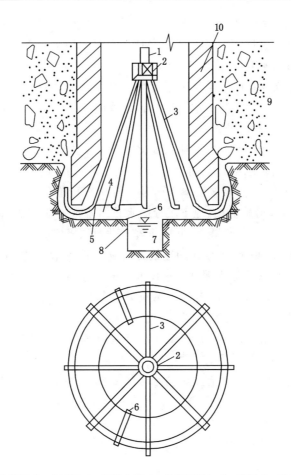

1—输浆管；2—分配器；3—压浆水管；4—快干混凝土；5—挡板；6—排水管；

7—集水坑；8—硬化黏土；9—含水砂砾层；10—沉井壁。

图 3-27　注浆封水示意图

（3）地下连续墙防水

① 地下连续墙应根据工程要求和施工条件划分单元槽段，尽量减少槽段数量。墙体幅间接缝应避开拐角部位。

② 地下连续墙用作结构主体墙体时应符合下列规定：

a. 不宜用作防水等级为一级的地下工程墙体。

b. 墙的厚度宜大于 600 mm。

c. 选择合适的泥浆配合比或采取降低地下水位等措施，以防止塌方；挖槽期间，泥浆面必须高于地下水位 500 mm 以上，遇有地下水含盐或受化学污染时应采取措施，不得影响泥浆性能指标。

d. 墙面垂直度的允许偏差应小于墙深的 1/250；墙面局部突出不应大于 100 mm。

e. 浇筑混凝土前必须清槽、置换泥浆和清除沉渣，沉渣厚度不应大于 100 mm，并将接缝面的泥土、杂物用专用刷壁器清刷干净。

f. 钢筋笼浸泡泥浆时间不应超过 10 h；钢筋保护层厚度不应小于 70 mm。

g. 幅间接缝方式应优先选用工字钢或十字钢板接头，并应符合设计要求；使用的锁口管应能承受混凝土灌注时的侧压力,灌注混凝土时不得发生位移和混凝土绕管现象。

h. 混凝土用的水泥强度不应低于 32.5 MPa,水泥用量不应少于 370 kg/m³,采用碎石时不应小于 400 kg/m³,水灰比应小于 0.6,坍落度应为 200 mm±20 mm,石子粒径不宜大于导管直径的 1/8,浇筑导管埋入混凝土深度宜大于 1.50 m,槽段端部的浇筑导管与端部的距离宜为 1～1.5 m,混凝土浇筑必须连续进行,冬季施工时应采取保温措施,墙顶混凝土未达到设计强度的 50% 时,不得受冻。

i. 支撑的预埋件应设置止水片或遇水膨胀止水条,支撑部位及墙体的裂缝、孔洞等缺陷应采用防水砂浆及时修复;墙体幅间接缝如有渗漏,应采用注浆嵌填弹性密封材料等进行防水处理;在渗流量较大时,注浆嵌填堵水同时必须设置引流管。

j. 顶板、底板的防水措施应按《地下工程防水技术规范》(GB 50108—2008)选用。底板混凝土达到设计强度后方可停止降水,并应将降水井封堵密实。

k. 墙体与工程顶板、底板、中楼板的连接处均应凿毛,清洗干净,并宜设置 1～2 道遇水膨胀止水条,其接驳器处宜喷涂水泥基渗透结晶型防水涂料或涂抹聚合物水泥防水砂浆。

③ 地下连续墙与内衬构成的复合式衬砌防水应符合下列规定:

a. 用作防水等级为一、二级的工程。

b. 墙体施工应符合相关规定,并按设计规定对墙面凿毛与清洗,必要时施作水泥砂浆防水层或涂料防水层后,再浇筑内衬混凝土。

c. 当地下连续墙与内衬间夹有塑料防水板的复合式衬砌时,应根据排水情况选用相应的缓冲层和塑料防水板。

d. 内衬墙应采用防水混凝土浇筑,其缝应与地下连续墙墙缝互相错开;施工缝、变形缝、诱导缝的设置与做法应符合《地下工程防水技术规范》(GB 50108—2008)的规定。

(4)地下连续墙的构造防水

① 根据目前国内地下墙挖槽机械性能和施工能力,现浇墙的厚度一般为 500～800 mm,重要建筑物一般为 600～1 000 mm。预制地下墙厚度一般不大于 500 mm,钻孔桩排式的设计桩径不小于 550 mm,地下墙单元墙段长度一般为 4～8 m。

② 接头构造形式见图 3-28。地下墙各施工段之间的接头应防止漏土、漏水。

现浇地下墙施工中,节段间需要设置垂直接头。为保证接头具有较好的整体性、合理性、防渗漏和经济性,接头形式应按结构的使用和受力要求以及施工条件确定。接头形式一般有非整体接头和整体接头两类。对于单锚式地下墙,常采用非整体接头,即由接头管做成的接头。槽段成槽后,清槽及换浆合格,在端部先吊放入接头管,然后向槽段内吊放钢筋笼,安装导管并进行混凝土浇筑,完成后及时拔出接头管。在进行下一槽段吊放钢筋笼前,应采用特制的接头刷,对先期完成的墙段与接头管接触的壁面泥渣进行洗刷,以保证相邻墙段接头部位混凝土的质量。这种施工方法简单、准确,使用多。接头管外径一般应不小于设计墙厚的 93%。非整体式接头除采用接头管外,也有用隔板或预制构件做成的平板形、V 形或榫形隔板接头形式。整体式接头(又称刚性接头),因施工复杂、造价较高,在单锚式地下墙中较少采用。

钻孔桩排式地下墙墙体结构,目前根据国内施工条件,多采用一字形连续排列的形式。钻孔桩应尽量靠近,其缝宽不宜大于 100 mm。为防止桩间间隙的土体流失,墙后应设置水泥搅拌土或旋喷水泥浆防渗帷幕墙。在考虑墙后排水时,可设置反滤井方法进行接头处理。

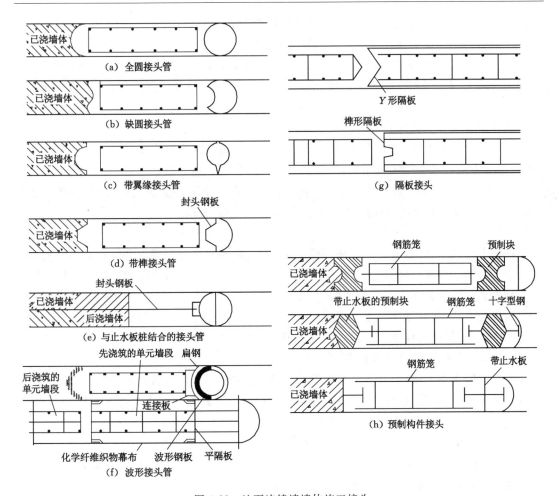

图 3-28　地下连续墙墙体施工接头

钢筋混凝土咬合桩是近年来城市地铁车站常用的支护形式。通过在两根素混凝土桩之间采用特殊的套管钻进方法成孔并浇筑钢筋混凝土桩,形成钢筋混凝土与素混凝土互相间隔互相搭接的,既能支承荷载又能防水的新的桩排墙。

预制地下墙段之间可采用榫接或平接。

③ 现浇地下墙的混凝土由于是在泥浆下浇筑的,其强度低于空气浇筑中的混凝土。钢筋笼预先放入有泥的槽段内,钢筋与混凝土的握裹力也有所降低。由于混凝土浇筑采用的是竖管法,混凝土面自槽段底向上升高,在墙面上的强度分散性较大。因此,为保证地下墙的混凝土质量,并具有足够的安全储备,应做到以下几点:

a. 现浇地下墙混凝土强度等级不应低于 C20,一般采用 C25～C30。有资料指出,泥浆下浇筑混凝土其抗压强度要比在标准养护条件下的混凝土强度降低 10％～30％。预制地下墙的混凝土强度等级一般同预制钢筋混凝土板桩,不应小于 C30。

b. 受力筋采用 Ⅱ 级钢筋,其直径不应小于 16 mm。构造钢筋采用 Ⅰ 级钢筋,其直径,板形地下墙不小于 12 mm,钻孔排桩墙不小于 8 mm。

c. 根据国内外试验资料,泥浆使钢筋与混凝土的握裹力相比普通混凝土降低 10％～30％。因此地下墙混凝土强度等级为 C20 时,建议取设计容许握裹力为 1.5 MPa。当工程采用超长钢筋笼分段吊装时,上下节钢筋笼纵向带肋钢筋的搭接长度一般不小于 45 倍钢筋直径。当受力钢筋接头在同一断面时,最小搭接长度为 70 倍钢筋直径,并不小于 1.5 m。

d. 钢筋笼的长度应根据单元段的长度、墙段的接头形式和起重设备能力等因素确定,其端部与接头管和相邻混凝土接头面之间应留 150～200 mm 的间隙。钢筋笼的下部在宽度方向上宜适当缩窄。钢筋笼与墙底之间应留 100～200 mm 的空隙。钢筋笼的主筋应伸出墙顶并留有足够的锚固长度。

钢筋笼的钢筋配置,除考虑强度需要外,尚应考虑吊装整体刚度的要求。为有利于钢筋受力、施工方便和减少接头费用等,钢筋笼制作时应尽量避免分段,应一次整体吊装。

e. 现浇地下墙中主钢筋的保护层厚度应比普通混凝土构件保护层厚度大,一般主筋保护层采用 70～100 mm,预制墙主筋保护层厚度应大于 30 mm。

3.5.4.4 锚喷支护

在地下建筑工程中,有时采用锚杆喷射混凝土、钢筋网喷射混凝土和锚杆钢筋网喷射混凝土等材料和构件加固围岩、支护洞室,这一类支护形式统称为锚喷支护或锚喷支护结构。

锚喷支护可分为两大部分,一部分是喷混凝土,另一部分是锚杆。在洞室开挖后,对岩石表面进行清洗,然后立即喷上一层混凝土,防止其围岩过分松动。如果这层混凝土尚不足以支护围岩,则根据具体情况及时加设锚杆或再加厚混凝土的喷层。

（1）锚喷支护防水的基本要求

喷射混凝土施工前,应视围岩裂隙及渗漏水的情况,预先采用引排或注浆堵水。采用引排措施时,应采用耐侵蚀、耐久性好的塑料盲沟、弹塑性软式导水管等柔性导水材料。

锚喷支护用作永久衬砌时防水要求如下:

① 适用于防水等级为三、四级的工程。

② 喷射混凝土的抗渗等级,不应小于 S6;喷射混凝土宜掺入速凝剂、减水剂、膨胀剂或复合外加剂等材料,其品种及掺量应通过试验确定。

③ 喷射混凝土的厚度应大于 80 mm,对地下工程变截面及轴线转折点的阳角部位,应增加厚度 50 mm 以上的喷射混凝土。

④ 喷射混凝土设置预埋件时,应做好防水处理。

⑤ 喷射混凝土终凝 2 h 后,应喷水养护,养护的时间不得少于 14 d。

锚喷支护作为复合式衬砌一部分时可用于防水等级为一、二级工程的初期支护。

根据工程情况可选用锚喷支护、塑料防水板、防水混凝土内衬的复合式衬砌,也可把锚喷支护和离壁式衬砌、锚喷支护和衬套结合使用。

（2）锚喷支护的材料性能

① 喷射混凝土

喷射混凝土是借助喷射机械,利用压缩空气或其他动力,将一定比例配合的拌和料,通过管道输送并以高速喷射到受喷面上凝结硬化而成的一种混凝土。

喷射混凝土由水泥、砂、石子、水、外加剂等组成。其水泥品种和强度等级的选择主要应满足工程使用要求,当加入速凝剂时,还应考虑二者的相容性。喷射混凝土应优先选用硅酸盐水泥或普通硅酸盐水泥,强度不小于 42.5 MPa。

喷射混凝土的细集料宜选用中粗砂,细度模数大于 2.5;粗集料采用卵石或碎石均可,以卵石为好,最大粒径不宜大于 20 mm。喷射混凝土用水与普通混凝土相同,不得使用污水、pH 值小于 4 的酸性水、含硫酸盐按硫酸根计量超过水重 1% 的水及海水。

为提高喷射混凝土的防水能力,可以适当掺加外加剂。常用的外加剂有减水剂、早强剂和明矾石膨胀剂等几种。

② 锚杆和锚索

锚杆是将拉力传至稳定岩土层的构件,当采用钢绞线或高强钢丝束作杆件材料时,也可称为锚索。锚杆有楔缝式锚杆、胀壳式锚杆、倒楔式锚杆、预应力锚索等多种类型。锚杆按材质可分为金属锚杆、木锚杆等类别。按其受力情况,有不加预应力锚杆和加预应力锚杆等类别。

锚杆和锚索有所不同。锚杆一般都较短,不超过 10 m,锚索则较长,有的可长达 30～40 m;锚杆受力一般较小,每根锚杆能受力几吨至十余吨,锚索受力则较大,一组锚索受力可达几十吨甚至上百吨。

(3) 铝喷支护的施工

锚喷支护的施工流程见图 3-29。

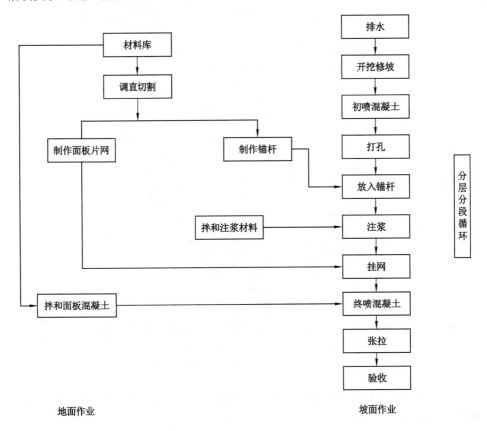

图 3-29　锚喷支护施工流程

3.6　地下工程渗漏及洪涝灾害治理

排水是采用疏导的方法,将地下水有组织地经过排水系统排走,以减小地下水对地下工程的压力,减少水对地下结构的渗透作用,从而辅助地下工程达到防水目的的一种方法。

有自流排水条件的地下工程,应采用自流排水法。无自流排水条件且防水要求较高的地下工程,可采用渗排水、盲沟排水或机械排水。但应防止由于排水而危及地面建筑物及农田水利设施。通向江河湖海的排水口高程,低于洪(潮)水位时,应采取防倒灌措施。

隧道、坑道宜采用贴壁式衬砌,对防水防潮要求较高的应优先采用复合式衬砌,也可采用离壁式衬砌或衬套。

3.6.1 排水处理措施

3.6.1.1 渗排水层排水

渗排水层排水是在地下构筑物下面铺设一层砂石或卵石作渗水层,在渗水层内再设置集水管或排水沟,从而将水排走。渗排水层排水适用于地下水为上层滞水且防水要求较高的地下防水工程。

(1)渗排水层的基本要求

渗排水层设置在工程结构底板下面,由粗砂过滤层与集水管组成,见图 3-30。

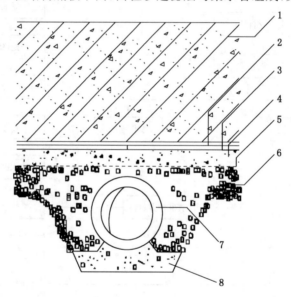

1—结构底板;2—细石混凝土;3—底板防水层;4—混凝土垫层;5—隔浆层;
6—粗砂过滤层;7—集水管;8—集水管座。

图 3-30 渗排水层构造

粗砂过滤层总厚度宜为 300 mm,较厚时应分层铺填。过滤层与基坑土层接触处应用厚度为 100~150 mm、粒径为 5~10 mm 的石子铺填;过滤层顶面与结构底面之间,宜干铺一层卷材或 30~50 mm 厚的 1:3 水泥砂浆作隔浆层。

集水管应设置在粗砂过滤层下部,坡度不宜小于 1%,且不得有倒坡现象。集水管之间的距离宜为 5~10 m。渗入集水管的地下水导入集水井后,用泵排走。

(2)渗排水层的构造

① 设集水管系统的构造

在基底下满铺卵石作为渗水层,在渗水层下面按一定间距设置排水沟,排水沟内设置集水管,沿基底外围有渗水墙,地下水经过渗水墙、渗排水层流入渗排水沟内,进入集水管,沿管流入集水井,然后汇集于抽水泵房排出。设集水管的渗排水层构造见图 3-31。

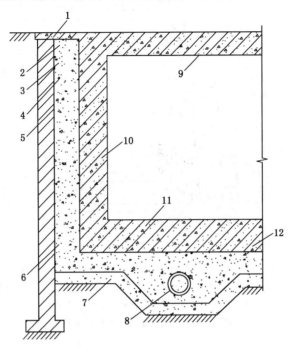

1—混凝土保护层;2—300 mm 厚细砂层;3—300 mm 厚粗砂层;4—300 mm 厚小卵石或碎石层;5—保护墙;
6—20～40 mm 粒径碎石或卵石;7—砂滤层;8—集水管;9—地下结构顶板;10—地下结构外墙;
11—地下结构底板;12—水泥砂浆或卷材层。

图 3-31　渗排水层构造(有集水管)

② 不设集水管的系统

基底下每隔 20 m 左右设置渗排水沟,并与基底四周的渗水墙或渗排水沟相连通,形成外部渗排水系统,地下水从易透水的砂质土层流入渗排水沟,再经由集水管流入与其相连的若干集水井中,然后汇集于排水泵房中排出。渗排水层不设集水管时,应在渗排水层与土壤之间设混凝土垫层及排水沟,整个渗排水层做 1% 的坡度,方可通过排水沟流向集水井。其构造见图 3-32。

(3) 渗排水层的施工

① 材料要求

做滤(渗)水层的石子宜选用的粒径分别为 5～15 mm、20～40 mm 和 60～100 mm,要洁净、坚硬、无泥砂、不易风化;砂子宜采用粗砂,要求干净、无杂质、含泥量不大于 2%。

集水管宜采用无砂混凝土管、有孔(ϕ12)普通硬塑料管、加筋软管式透水盲管,还可以用直径 150～200 mm 带孔的铸铁管、陶土管等。

② 工艺流程

渗排水层的施工工艺流程如图 3-33 所示。

③ 施工注意事项

渗排水层应分层铺设,用平板振动器振实,不得用碾压法碾压,以免将石子压碎,阻塞渗水层。渗水层厚度偏差不得超过±50 mm。

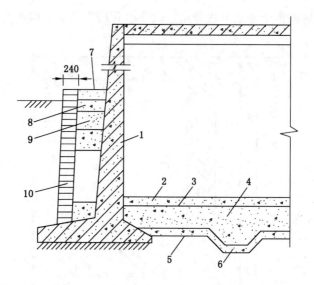

1—钢筋混凝土壁;2—混凝土地坪或钢筋混凝土底板;3—油毡或103水泥砂浆隔浆层;
4—400 mm厚卵石渗水层;5—混凝土垫层;6—排水沟;7—300 mm厚细砂;
8—300 mm厚粗砂;9—400 mm厚粒径5～20 mm厚卵石层;10—保护砖墙。

图 3-32　渗排水层构造(无集水管)

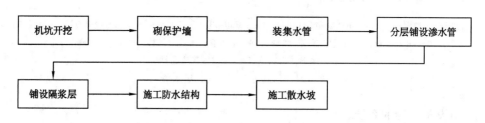

图 3-33　渗排水层的工艺流程

　　铺设渗水层时,集水管周围应铺设比渗水管管孔略大的石子,以免将渗水眼堵塞。

　　采用砖墙作外部滤水层时,砖墙应与填土、填卵石配合进行;每砌一段砖墙,两侧同时填土和卵石,避免一侧回填,将墙推倒。

　　做渗排水层时,应将地下水位降到滤水层以下,不得在泥水中做滤水层。

3.6.1.2　盲沟排水

　　盲沟排水法是在构筑物四周设置盲沟,使地下水沿着盲沟向低处排走的一种渗排水方法。该方法适用于地基为弱透水性土层,地下水量不大,排水面积较小或地下建筑物室内地坪高于地下水位的工程,也可用于只是雨季丰水期的短期内稍高于地下建筑物室内地坪的地下防水工程。

　　(1)盲沟排水的基本要求

　　① 宜将基坑开挖时的施工排水明沟与永久盲沟结合。

　　② 盲沟的构造类型与基础的最小距离等应根据工程地质情况设计选定。盲沟排水构造见图3-34。

　　③ 盲沟反滤层的层次和粒径组成应符合表3-20的规定。

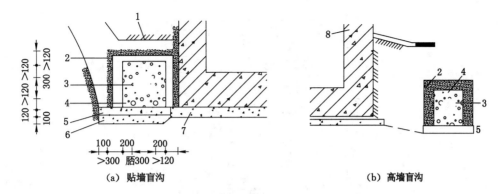

1—素土夯实;2—中砂反滤层;3—集水管;4—卵石反滤层;5—水泥、砂、碎砖层;

6—碎砖夯实层;7—混凝土垫层;8—主体结构。

图 3-34　盲沟排水构造(单位:mm)

表 3-20　盲沟反滤层的层次和粒径组成

反滤层的层次	建筑物地区地层为砂性土时	建筑物地区地层为黏性土时
第一层(贴天然土)	由粒径 0.1~2 mm 砂子组成	由粒径 2~5 mm 砂子组成
第二层	由粒径 1~7 mm 小卵石组成	由粒径 5~10 mm 小卵石组成

④ 渗排水管宜采用无砂混凝土管。

⑤ 渗排水管在转角处和直线段设计规定处应设检查井。井底距渗排水管底应留深 200~300 mm 的沉淀部分,井盖应封严。

(2)盲沟的构造

盲沟按构造可分为埋管盲沟和无管盲沟。埋管盲沟其集水管放置在石子滤水层中央,石子滤水层周边用玻璃丝布包裹,见图 3-35。无管盲沟的构造见图 3-36。盲沟的截面尺寸依水流量的大小来确定。但从构造上讲,为使排水畅通,一般要求盲管截面宽度不小于 300 mm,高度不小于 400 mm,否则容易发生堵塞,失去排水作用。

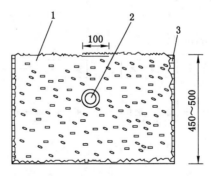

1—集水管;2—粒径 10~20 mm 石子,厚 450~500 mm;3—玻璃丝布。

图 3-35　埋管盲沟剖面图示意图(单位:mm)

(3)盲沟的施工要点如下:

① 材料要求

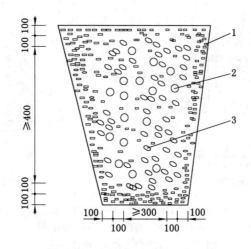

1—细砂滤水层;2—小石子滤水层;3—石子透水层。

图 3-36　无管盲沟剖面图示意图(单位:mm)

埋管盲沟的材料要求如下:

a. 滤水层选用粒径 10~30 mm 的洗净碎石或卵石,含泥量应不大于 2%。

b. 分隔层选用玻璃丝布,规格为 12~14 目,幅宽为 980 mm。

c. 盲沟集水管选用内径为 100 mm 的硬质 PVC 管或加筋软管式透水盲管。排水管选用内径为 100 mm 的硬质 PVC 管。

无管盲沟的材料要求如下:

a. 石子滤水层选用粒径 60~100 mm 的洁净卵石或碎石。

b. 小石子滤水层,当天然土塑性指数 I_p≤3(砂性土)时,采用 1~7 mm 粒径卵石;I_p>3(黏性土)时,采用 5~10 mm 粒径卵石。

c. 对于细砂滤水层,当天然土塑性指数 I_p≤3(砂性土)时,采用 0.1~2 mm 粒径砂子;I_p≥3(黏性土)时,采用 5~10 mm 粒径卵石。

d. 砂石含泥量不得大于 2%。

② 工艺流程

盲沟施工的工艺流程见图 3-37。

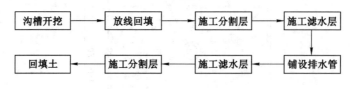

图 3-37　盲沟施工工艺流程

3.6.1.3　内排水法排水

内排法排水是使地下室结构外的地下水通过外墙上的预埋管流入室内的排水沟,然后再汇集到集水坑内用水泵抽走,如图 3-38 所示。在地下构筑物室内地面,用钢筋混凝土预制板铺在地垄墙上做成架空地面,房心土(室内回填土)上铺设粗砂和卵石,当地下水从外墙预埋管流入室内后,顺房心土形成的坡度流向集水坑,再用水泵抽走。采用内排法时,为防止外墙预埋管处堵塞,在预埋管入口处设钢筋隔栅,隔栅外用石子做渗水层,粗砂做滤水层。

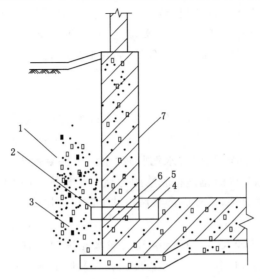

1—粗砂滤水层;2—钢筋箅子;3—石子渗水层;4—排水管;5—沟盖板;6—预埋管;7—地下结构。

图 3-38　内排水法排水

内排法排水比较可靠,且检修方便。当地基土为弱透水性土,地下水量较小时,采用此法较为合适。

3.6.2　渗漏水处理

由于设计、施工、使用、管理的原因,结构层中存在孔洞、缝隙和毛细孔,从而导致水从上述薄弱部位渗漏。在进行地下工程渗漏水的处理前必须查明渗漏的原因,确定其位置,弄清水压力大小,然后根据不同的渗漏情况采取不同的渗漏措施。目前,渗漏水处理主要有抹面堵漏法和注浆堵漏法。

3.6.2.1　抹面堵漏法

抹面堵漏法的特点是先堵漏后抹面。堵漏的原则是逐渐把大漏变成小漏、面漏变成线漏、线漏变成点漏、使漏水汇集于一点,最后集中堵塞漏水点,堵漏完后再进行抹面防水施工。

(1) 大面积渗漏水堵漏

对于大面积严重渗漏水,应尽可能采取降低地下水位的措施,以保证在无水环境下工作。埋深浅时,尽可能将土体挖开,自结构的外部施加涂料或外包防水。无法开挖土层时,采用从结构体内部抹面、注浆等方法封堵。先涂抹快凝止水材料,使面漏变成线漏、线漏变成点漏,最后将漏水点堵住,再进行大面积的抹面。对于大面积慢渗,可以采用速凝材料直接封堵,再涂抹水泥基渗透结晶型防水涂料等。大面积渗漏水堵漏常用的材料有氯化铁防水砂浆、聚合物水泥砂浆、水泥基渗透结晶型防水涂料等。

水泥基渗透结晶型防水涂料的特点是使用方便,适用于任意形状的几何面的喷涂,它可渗入混凝土的内部,与碱类物质发生作用,生成不溶于水的结晶体,堵塞混凝土的空隙,封闭毛细渗水通道,从而起到防水效果。其施工要点如下:

① 将基层面清理洁净,清洗浮浆、油污、杂物,对空隙、裂缝及破损处可用同强度等级混凝土或砂浆加强。以洁净水冲洗基层,然后除去明水,使基层保持饱和湿润状态。

② 喷涂水泥基渗透结晶型防水涂料,要喷涂均匀,防止漏喷和漏底。

③ 喷涂的防水剂未胶结凝固前注意保护,防止撕裂,刺破。

(2) 孔洞堵漏

① 直接堵塞

该堵漏方法适用于水压力不大(一般水位在 2 m 左右)、漏水孔洞较小情况。操作时根据漏水量大小以漏点为圆心剔成直径为 10～30 mm、深 20～50 mm 的圆槽,槽壁必须与基面垂直,剔完后用水冲洗干净,随即用水泥胶浆(水泥:促凝剂为 1:0.6)捻成与槽直径接近的锥形体,待胶浆开始凝固时迅速将胶浆用力堵塞于槽内,并向壁四周挤压,使胶浆与槽壁紧密黏合,持续挤压半分钟,检查无渗漏后再抹上防水面层。

② 下管引流堵漏

这种方法一般在水压较大(水位 2～4 m)、漏水孔洞较大时采用。操作时根据漏水处"空鼓"、坚硬程度决定剔凿孔洞的大小和深度。在孔洞底部铺碎石一层,上面盖一层油毡或铁片,并将一胶管穿透油毡埋至碎石内,以引走渗漏水;然后用水泥胶浆(水灰比为 0.8～0.9)把孔洞一次灌满,待胶浆开始凝固时立即用力沿孔洞四周将胶浆压实,使其表面低于基层面 10～20 mm,经检查无渗漏后,抹上防水层的第一、二层,待其有一定强度后,拔出胶管按直接堵塞法将管孔堵塞;最后抹防水层的第三、四层即可。

③ 木楔堵漏

这种方法一般在孔洞漏水水压很大(水位在 5 m 以上)时采用。其作法是用水泥胶浆将一适当直径的铁管固定于漏水处已剔好的孔洞内,铁管外端要比基面低 20 mm,管的四周用素浆和砂浆抹好。待其有一定强度时,将浸过沥青的木楔打入铁管,并填入干硬性砂浆。表面再抹素浆及砂浆各一道,经 24 h 后,检查无渗漏现象,再做防水抹面层。

(3) 裂缝堵漏

① 直接堵漏

这种方法一般用于堵塞水压较小的裂缝渗漏水。其作法是沿裂缝剔成一定深度及高度的"V"字形槽沟,将其清洗干净后将水泥胶浆搓成条形,待胶浆开始凝固时迅速填入沟槽,用力向槽内和沟槽两侧将胶浆挤压密实,使之与槽壁紧密结合。如果裂缝较长,可分段堵塞。检查无渗漏后,用素浆和砂浆把沟槽找平并刷成毛面,待其有一定强度后再做防水层。

② 下线引流堵漏

该方法用于水压较大的裂缝漏水处理。操作时与裂缝漏水直接填塞法一样,先剔好沟槽,而后在沟槽底部沿裂缝放置一根线,线径视漏水量确定,线长 200～300 mm,按裂缝直接堵塞法将胶浆条填塞并挤实于沟槽中,接着立即将线抽出,使渗漏水顺线孔流出。如裂缝较长,可分段堵塞,各段间留 20 mm 孔隙。根据孔隙漏水量大小,在孔隙处采用孔洞漏水下钉堵漏法或下管堵漏法将其缩小。下钉法是将胶浆包在钉杆上,待胶浆开始凝固时,插于20 mm 的孔隙中并压实,同时转动并立即拔出钉杆,使漏水顺钉眼流出,经检查除钉眼外其他部位无渗漏时,再沿沟槽抹素浆、砂浆各一道。待其有足够强度后,再按孔洞漏水直接堵塞法将钉眼堵塞。

③ 下半圆铁片堵漏

对于水压较大的裂缝急流漏水,先把漏水的裂缝剔成"八"字形边坡沟槽,尺寸视漏水量大小而定,在沟槽底部每隔 500～1 000 mm 扣上一个带有圆孔的半圆铁片。把胶管插入铁片孔内,然后按裂缝漏水直接堵塞法分段堵塞,让漏水顺胶管流出。经检查无渗漏后,沿沟槽抹素浆、砂浆各一道。待其有足够强度后,再按孔洞漏水直接堵塞法拔管堵眼,最后再把整条裂缝抹好防水层。

3.6.2.2　注浆堵漏法

注浆堵漏是指在渗漏水的地层、围岩、回填、衬砌内,利用液压、气压或电化学原理,通过注浆管把无机或有机浆液均匀地注入,浆液以填充、渗透和挤密的方式,将土颗粒或岩石缝隙中的水分和空气排除后,占据其位置,从而把原来疏散的土粒或裂隙胶结成一个整体。注浆防水可以分为预注浆和后注浆。预注浆是指构造物开挖前或开挖到接近含水层以前所进行的注浆,可提高围岩密实度和抗渗透能力。后注浆是指井筒、隧道、地下室等构筑物砌筑后,用注浆法治理水害和加固地层。

随着高分子材料的出现和迅速发展,各种化学注浆堵漏技术得到很大发展。

（1）注浆材料

注浆材料是将无机材料或有机高分子材料配制成的具有特定性能的浆液。注浆时采用压送设备将其灌入缝隙或孔中,使其扩散、胶凝或固化,达到抗渗堵漏的目的。常用注浆堵漏材料的分类见图 3-39。

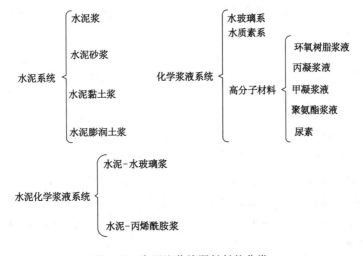

图 3-39　常用注浆堵漏材料的分类

① 注浆材料的性能要求

a. 具有良好的可灌性。

b. 胶凝时间可根据需要调节。

c. 固化时收缩小,与围岩、混凝土、砂土等有一定的黏结力。

d. 固结体具有微膨胀性,强度能满足开挖或堵水要求。

e. 稳定性好,耐久性强。

f. 具有耐侵蚀性。

g. 无毒,低污染。

② 注浆材料的选用

a. 预注浆和衬砌前围岩注浆,宜采用水泥浆液、水泥-水玻璃浆液、超细水泥浆液、超细水泥-水玻璃浆液等,必要时可采用化学浆液。

b. 衬砌后围岩注浆,宜采用水泥浆液、超细水泥浆液、自流平水泥浆液等。

c. 回填注浆宜选用水泥浆液,水泥砂浆或掺有石灰、黏土、膨润土、粉煤灰的水泥浆液。

d. 衬砌内注浆宜选用水泥浆液、超细水泥浆液、自流平水泥浆液、化学浆液。

e. 原料来源广,价格适宜。

f. 注浆工艺简单,操作方便、安全。

(2) 注浆堵漏防水施工

渗漏水的注浆堵漏一般属于后注浆。后注浆主要有堵水注浆、回填注浆、固结注浆等。

① 注浆孔的布置

回填注浆的压力较小,其浆液(水泥砂浆或水泥黏土砂浆)的黏度较大,故布孔要密。

竖井一般为圆筒形结构,其井壁的受力均匀,浆孔布置形式对结构影响不大,一般采取不均匀布孔,一般漏水地段孔距 3 m 左右,漏水严重时 2 m 左右。

斜井和地道,可根据回填情况、渗漏水量,注浆孔排距为 1~2.5 m,间距为 2~3 m,呈梅花状排列。

回填注浆压力不宜过大,压力过高易引起衬砌变形,当采用注浆泵注浆时,注浆泵出口处的压力不得超过 0.5 MPa。采用风动砂浆泵注浆时,压缩空气压力不要超过 0.6 MPa。

② 注浆作业

注浆前,应清理注浆孔,安装好注浆管,并保证其畅通,必要时还应进行压水试验。

注浆应连续作业,中间不得停泵,以防砂浆沉淀,堵塞通路。

注浆顺序是由低处向高处、由无水处向有水处依次压注,以利于充填密实,防止浆液被水稀释离析。

注浆时,应严格控制注浆压力,防止大量跑浆和结构裂缝漏浆。为了在衬砌外形成防水层和密实地层以保护隧道结构,应"压压停停",低压慢注逐渐上升注浆压力。

在注浆过程中,如发现从施工缝、混凝土缝、黏石或砖的砌缝出现少量跑浆,可以采用快凝砂浆勾缝堵漏后继续注浆;当冒浆严重时,应停泵停压,待两三天后进行二次注浆。

注浆结束的标准:当注浆压力稳定上升,达到设计压力,稳定一段时间后,不进浆或进浆量很少时,即可停止注浆,进行封孔作业。

停泵后立即关闭孔口阀门进行封孔,然后拆除和清洗管路,待砂浆初凝后,再拆卸注浆管,并用高强水泥砂浆封堵注浆孔。

3.6.3 防洪涝灾害措施

3.6.3.1 施工阶段防洪措施

防洪措施一般有工程措施和非工程措施。

(1) 工程措施

防洪的工程设施是指为控制或抵御洪水以减少洪灾损失而修建的各类工程。这一类工程设施主要包括水库、堤防、防洪墙、滞蓄洪区、泵站、水闸、河道整治工程等。工程措施是一种直接作用于洪水的防洪手段,可以说是硬措施。防洪工程措施依据措施的本质可以划分为拦、蓄、泄、分、滞五类。防洪设计应坚持以防为主,防、排结合,因地制宜,综合治理的原则。防,指隧道(这里以隧道为例叙述)结构本身具有一定的防止出现水灾的能力,即要求结构不会因外力而破坏,并具有防水能力。采用截、堵等手段将洪水挡在隧道之外,以减少甚至避免洪水对隧道的影响。排,是一种补充手段,主要是排出隧道内积水。

① 竖井

对于越江隧道江中段,竖井是隧道防洪的关键部位。竖井一般宜设置在防洪大堤的背水面,其边缘距离防洪堤脚的距离不宜小于 50 m。竖井结构必须能够抵抗洪水的冲击,且竖井口须高于一定的高程,以防止洪水倒灌。

② 挡水墙

在隧道洞口附近沿隧道线路两侧可设置挡水墙,将洪水隔离在隧道及线路以外,避免洪水对隧道的影响。挡水墙防水为主动防水,在洪水发生前就已经处于防洪状态。

③ 防洪闸门

当发生洪水并危及隧道时,可设置防洪闸门,将洪水挡在隧道以外,以防止洪水对洞内设施的破坏。防洪闸门为被动防水,在闸门关闭之前不具有防水能力。

④ 截水沟

在隧道洞口附近可设置截水沟,以截住地表流水,防止地表水流入隧道。截水沟应位于来水侧并能保证地表水顺畅排走。

⑤ 补注浆

在完成隧道的模筑衬砌后,可向隧道周边地层进行补注浆,加固松弛土体,填充土体中的空隙,以控制围岩的再变形。

⑥ 隧道影响范围内的江堤堤身注浆加固

在地下隧道施工完毕后,地表不再下沉时,可对堤身进行注浆加固。

另外,对正在施工的地铁车站基坑,若大量雨水涌入基坑,将不能正常施工,影响工期。因此,必要的排洪设施是必需的,一般采用临时泵站排水,雨水经雨水管进入雨水干渠,再进入内河和排水沟渠,与其他区域来水汇合后排入江河湖海。若雨水不能顺利排出,还可以通过轨道之间特别设计的排水沟输送到另外一个地段排出。

(2) 非工程措施

① 洪水预报警报系统

城市洪水预报警报系统是一种重要的非工程防洪措施。通信是防汛的"耳目",建成完整可靠的防汛通信网络,为防汛的指挥调度提供准确的数据和信息,是必不可少的。城市是流域防洪重点,可以建立独立的洪水预报预警系统,根据上游流域雨情和水情预报城市河流洪水特征,通过预报做出决策。当发生超防洪标准洪水时,发布洪水警报,对于城市抗洪抢险具有重要意义。

② 洪水风险图

洪水风险图是对可能发生的大洪水及洪水灾害,进行包括洪水水文、水力学特征以及灾害危险程度进行描述的专业地图,是防洪减灾的重要基础。城市洪灾损失不仅与城市淹没范围有关,而且与洪水演进路线、到达时间、淹没水深及流速大小等有关。城市洪水风险图就是对可能发生的超标准洪水的上述过程特征进行预测,标示城市内各处受洪水灾害的危险程度,它是建立城市防洪保障的依据。

③ 城市防洪预案与抗洪抢险

城市防洪预案是为了减轻洪水灾害造成的损失，最大限度地避免和减少人员伤亡及材料损失，科学实施防洪调度、抢险救灾，有计划、有准备地防御洪水，确保工程质量及进度而编制的。要使抗洪抢险方案能够顺利实施，关键是要有可靠的后勤保障。一是要备齐所需的抢险物料，如堤防备防石，堵口需用的麻袋、草袋、编织袋，铅丝笼及救生设备等。机械设备如推土机、挖掘机、装载机、低比压运输车、机动式快速打桩机、机动式排水泵车、机动快速打井机、查漏仪器及快速灌浆机等。二是根据需要及时快速地调配抢险物料，调配物料中做到规格、品种、型号、质量、标准、数量符合抢险要求。

3.6.3.2　使用阶段防洪处理预案

对于城市说，通常洪水位要高于城市一般地面。现行的地下建筑设计标准，以及专门的地铁设计标准、地下车库设计标准等，都对防洪涝设施如挡板、防淹门、门槽等有具体规定。

（1）踏步

在地铁出入口及通风口处设置高出地面 150～450 mm 的台阶，防止雨水进入车站。

（2）门槽和挡板

为防止暴雨时地面积水涌入地铁车站，在地铁出入口门洞内设置门槽，在门槽上插入叠梁式挡板来挡水。

（3）截水沟及排水泵房

地下车库坡道、交通隧道出入口坡道一般要设置截水沟及排水泵房。

（4）防淹门

防淹门系统作为地铁的防灾设备，主要应用在水系复杂、常年蓄水或地处海域海岛的地区，如广州、上海、香港等地。地铁以地下路线穿越河流或湖泊等水域时，应考虑在进出口水域的隧道两端的适当位置设置防淹门，其功能主要是防止洪水流入车站或其他地铁线路，避免造成大范围的人身伤亡和财产损失，有效保护地铁车站、线路、运营中的车辆及乘客人身的安全。

（5）排水设施

采取"高站位，低区间"布置，洪水进入地铁车站或区间隧道，会汇集于隧道区间的最低点，此处应设置泵站。

目前，上海的大型公共地下建筑基本上都从两方面入手做好防洪涝措施。一方面，在地铁等地下建筑的孔口（出入口）都设置有门槽和挡板，挡板的高度一般在 50 cm 以上，一旦洪水来袭，便可将挡板插入槛槽，挡住洪水侵入。另一方面，万一没挡住而导致进水，地下建筑内部还有一套排水系统，直接与整个城市管网系统相连，可及时将水排出。南京地铁充分考虑到了防洪涝的问题，备有多套措施应对。如南京地铁1号线就具有三道防线：第一道防线是三级台阶，根据建筑标准和设计经验，每个入口处都设有三级台阶，高出地面 45 cm，最高的达到 60 cm，防止雨水流入；如果雨水进入地下站台，第二道防线即排水沟把雨水汇集起来输送到地下集水井内，然后通过水泵排到城市的排水管网里面去，这个地下集水井足够大，容量按照百年一遇的大雨来设计；防汛袋是地铁防汛的最后一道防线，各个地下车站内都备有专门的防汛板、防汛专用袋等防汛设备，前者用来防止雨水进入车站，后者则能够吸水膨胀，将进入车站的水吸收掉，延长雨水渗进车站的时间。

3.6.3.3　工程举例

以上海地铁为例考虑防洪对策措施,主要分为工程措施与非工程措施。其考虑原则是"以防为主,以排为辅,防排结合"。

(1)工程措施

在此以较为典型的地铁 2 号线穿越黄浦江段为例,有关的工程措施考虑如下。

① 防淹门

穿越黄浦江段隧道,应在两端设防淹门。整个隧道段均采用循环法施工,在此区间要考虑设置防淹门。因此考虑在跨越黄浦江的两端,分别在河南中路站和陆家嘴站站房内布置防淹门。而较为有利的控制断面是在车站的端头井处对上下行隧道设防淹门,该防淹门要求在发生事故时能快速关闭,使倒灌的黄浦江水堵截在越江隧道区间内,控制两端车站和全线免遭江(潮)水淹及,这亦是防灾的措施之一(图 3-40)。

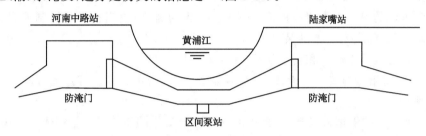

图 3-40　地铁越江及防淹门设施布置方案示意图

② 防渗漏措施

从设计上考虑,车站的顶板和区间隧道等结构的顶板不允许渗漏水,而对车站及隧道等的侧墙则控制其渗漏水量<0.1 L/(m^2 · d)。通常采取双层墙结构等措施,并在其底部设排水沟、槽。

③ 排水措施

工程采取"高站位、低区间"布置,因此线路隧道的渗漏水以及冲洗水和发生火警时的消防水等将会聚集到隧道区间的最低处,在此处应设置区间排水泵站。

④ 出入口防水淹措施

地铁车站的出入口及通风口的门洞下沿均应高出地面 150～450 mm,即地铁出入口踏步要比路面高出三个台阶。上海地铁 1 号和 2 号线的各站出入口都按此设计,而且由于上海市区的地势较低,为防止暴雨时地面积水涌入地铁站,一般在地铁站出入口门洞内墙留有约 150 mm 宽的门槽,可在暴雨时临时插入叠梁式防水挡板。

(2)非工程措施

① 加强预测预报

地铁的出入口被淹主要是受暴雨及地面积水的影响,因此可根据天气预报及时做好地铁出入口的临时防水淹措施。对于越江地铁隧道,应与有关部门建立网络联系,加强对非常灾害的预测预报,做好关闭防淹门的各项措施,包括暂时中断地铁运营、疏散地铁乘客及有关人员以应付突发事件的发生,使灾害的危害程度降到最低。

② 做好抢险预案

地铁一旦遭受洪(潮)水的淹没,其经济损失巨大,还可能造成人员重大伤亡,因此做好地铁的防灾抢险预案是非常必要的,尤其是洪灾有其历时短、影响面广、危害大的特性,故更应制定几套较为可靠的抢险预案措施以应付事故的发生。

3.7 地下工程防洪应急及安全评估

地下空间的开发利用可以有效缓解城市土地资源匮乏的现状。但人类的开发也产生了新的问题——地下工程防洪安全问题,这成为当今城市发展中的重要研究课题之一。预防和降低地下工程防洪风险,需要找到风险环境、诱发风险因素以及承险体之间的关系。

地下工程防洪是指在区域范畴内(区域内的点、线与面),为了防止和减轻洪水灾害的发生,进行的洪水预报、防洪调度、防洪工程构筑等方面的有关工作。但由于自然条件及周边环境等因素的影响,再加上地下空间建设和运营期间防洪措施和对策的缺陷或缺失,就有可能引发风险事件的发生。了解各种承险体可能发生的风险,找到相应的控制因素并提出相应减灾措施,可为防洪安全提供保障。

地下工程防洪基本原则和要求如下:

(1) 贯彻"防汛工作实行全面规划、统筹兼顾、预防为主、及时抢险、局部利益服从全局利益"的原则。

(2) 地下空间的管理人员要增强做好防台防汛工作的责任感;结合日常工作,认真检查、落实应急设备、应急措施等方面的工作。对工程设备的技术情况应做到心中有数,备好易损零配件,确保设备的完好。

地下空间在汛期的事故特征:主要是暴雨引发的水灾;漏电少见,坍塌罕见。

地下空间的水灾造成贵重的物资受淹,严重时将造成巨大的财产损失。其成灾的主要原因如下:

(1) 由于雨量太大、集中,城市的排水系统不畅或者雨量超过排水设计能力,造成路面积水而挡水挡、沙袋无法抵御灾害水位时而漫进地下室(按照现在的设计要求,地下车库排水有几项基本设施,如在车库地面入口前建造上升的缓坡,垂直高度要达到 25 cm,可以有效防止地面雨水灌进车库。若不能建造缓坡,可以在车库地面入口处建造排水沟)。

(2) 当地下空间的排水系统出现故障(如架空电缆被台风刮断,或遭雷击,或电气设备被水淹造成跳闸等各种原因的停电)导致排水能力为 0 时,就会造成积水。

(3) 由于未及时落实各类孔口、采光窗、竖井、通风孔等的各项防汛措施(如砌高或安装防水挡板、沙袋等),暴雨打进、漫进地下室也会造成积水。

(4) 市政改造,路面抬高,造成采光窗的标高相对降低,路面稍有积水就会漫进地下室。

(5) 地下水位的抬高,也会加剧简易地下室的渗漏。

(6) 外面的积水从排出管倒灌,止回阀失效,造成工事积水。

(7) 市政大口径水管爆裂,大量的自来水涌入,也是地下空间水灾的因素之一。

(8) 大型地下工事的沉降缝止水带老化破裂,造成地下水的大量涌入成灾(橡胶止水带用于建筑工程、隧道地铁、人防工事、体育场馆、地下引水工程、沉井、地下人行道、地下车库、地下商场、地下室防汛墙等的沉降缝、施工缝,起到紧固密封作用,防止建筑构件的漏水及渗漏)。

3.7.1 地下工程防洪的工程措施

（1）防淹门

防淹门（见图 3-41）是设置在隧道内部的防洪设施，主要分为单开门和人字双开门两种。防淹门同时具有防灾和监控两种功能和配套的工作系统。灾害发生时要求若隧道水深不高出防淹门底槛 3 m，则闸门能在 90 s 内紧急关闭，关闭后最大漏水量不得大于 225 L/min。

图 3-41 防淹门

防淹门系统主要由机械系统和控制系统两部分组成。防淹门机械部分主要包括闸门门叶、门槽、启闭设备、锁定装置等部件；控制系统包括隧道液位传感器、现场控制装置、控制柜、报警设备、控制电缆，以及与信号系统和主控系统之间的通信接口设备。系统具有中央级、车站级（车站控制室）和就地级（防淹门控制室）水位报警的三级监视，以及车站级、就地级二级控制功能（见图 3-42）。

图 3-42 防淹门工作流程

防淹门的优点是能够迅速对涌入隧道的洪水进行拦截。但是防淹门也具有许多缺点，例如在安装升降式平面钢制闸门时门洞上方需要设置一个大于门洞尺寸的设备机房，以便安装防淹门的闸门及启闭装置；另外在紧急情况下（如断电状态）需要手动控制闸门关闭，解锁复杂，闸门下落无缓冲，容易损伤钢轨和道床，造成损失。再如，双开人字闸门安装隧道处面积较大，门体笨重，机械结构复杂，容易出故障，而且门缝处密封性较差，防水效果不佳。

众多的实际工程证明，防淹门适用于安放在穿过河流、湖泊等水域的隧道工程两端以及地铁站的入口通道中。这样当发生极端天气导致的隧道破裂事故时，防淹门能够有效地阻止河水继续侵入隧道。

（2）排水系统

地下工程很多位于市政排水井以下,工程内部需要排除的废水必须通过室内泵站抽送到市政排水管道。入口处设置的雨水口、落雨器等排雨设施部分是与市政管网相连,部分是与地下工程内的地下调蓄池连接再泵送到市政排水管道。

地下工程现有的排水系统能够在一般的暴雨中将出入口处及进入到内部的雨水排放到市政管网中。但是,地下工程尤其是地铁工程和隧道工程,线路较长,出入口较多,却没有独立排水管线,仅依赖市政排水系统。而且,这些工程的主体部分地势低,高程在市政排水系统以下。当特大暴雨发生时,市政管网一旦达到饱和或者超负荷工作,市政排水系统中的水会通过连接管道灌入地下工程。

地下工程的防水措施可以降低建筑物使用过程中发生渗水、漏水的概率,降低地下水流及雨水、雪水对建筑物的损伤程度,也能够有效延长建筑物的使用寿命。然而现阶段建筑地下工程大都采用传统的钢筋混凝土结构,极易发生渗水现象,因此施工团队需要提升对防水技术的重视程度,积极改进原有防水施工技术,依据建筑物现状采取合理有效的防水施工技术,从而保障建筑地下工程的施工质量与使用年限.

3.7.2 地下工程底板防水施工技术要点

3.7.2.1 基础防水构造概述

（1）管桩桩头防水施工团队会在施工时使用一种特殊的防水涂料,为水泥渗透结晶型防水涂料。该种涂料具有较好的抗腐蚀能力与抗渗透能力,不易因使用年限的增加而加速老化。正因为这些优良的防水特性,这种涂料也被广泛应用于港口、桥梁等各项大型防水建筑工程中。该涂料的主要化学成分有水泥、石英、活性物质等,是一种粉末状的材料。施工时在防水涂料中加入一定比例的清水,涂料中的活性物质便会与混凝土发生化学反应,从而渗入混凝土结构内部,将混凝土内部填满,同时形成一种非水溶性物质,附着在混凝土表面,从而起到防潮防水的作用。在管桩桩头的防水构造中,该防水涂料起到重要作用。

（2）进行底板防水时,施工团队将 C15 混凝土做成厚度为 1 dm 的垫层。该垫层与底板层间的夹层称为底板防水层。在施工团队铺贴防水材料时,垫层与底板间保持一定宽度的黏合,但剩余部分保持不粘连。同时要注意在走道转弯处两堵墙形成的夹角等细节处添加附加防水层,做增强特殊处理。这种空铺技术可以保障底板防水层不会产生"反射缝隙"的现象,增强底板的防水性能。

（3）后浇带防水构造中,后浇带外部必须设有防水附加层,防水附加层的宽度需在左右两侧长于后浇带 2.5 dm 以上。应当在建筑地下工程墙体表面的缺陷修整好之后,采用螺杆孔进行封闭性处理,再添加防水附加层。为提升防水层的施工效率,可以在完成外墙防水施工后,在后浇带两侧位置先堆砌 2.4 dm 厚的实心砖墙将其分隔。待外墙后浇带混凝土完成后,将后浇带位置外墙防水与大面先行施工的防水分隔墙内做好搭接。后续在集水坑及电梯井防水构造的实际施工过程中,要与后浇带防水构造的宽度保持一致。

3.7.2.2 建筑地下工程底板防水施工技术

地下工程底板防水施工流程的第一步为处理底板基层,其中转折角等细节部位要重点处理,并且需在打磨平整后清洁、烘干。处理好底板基层后,第二步为涂抹基层处理涂剂。施工团队可以使用滚刷先对细节部位进行涂抹,随后再进行大面积涂抹。涂抹过程需要注意墙面涂层厚度保持均匀,全覆盖无暴露点。接着等待涂层全部晾干,晾干后继续对细节部位做进一步处理。墙面转折角部位需要依据实际尺寸粘贴卷材。裁剪出与转折角相契合的卷材材料,高温加热至熔化后均匀粘贴于转折角部位,注意要人工压实卷材,防止后期墙面产生鼓起。接着需要依据实际尺寸规划弹线,依据弹线基准位置均匀铺设 SBS(苯乙烯-丁二烯-苯乙烯嵌段共聚物)卷材,注意卷材接缝间的宽度需要大于 1 dm。空铺完成后,对卷材间的接缝进行封闭处理,加热卷材表面边缘,使得上下卷材间的缝隙粘连在一起。到这一步施工流程全部完成,需要技术人员或施工管理人员进行检查及反馈,检查通过后由项目工程部做合格验收。

3.7.3　地下工程侧墙防水施工技术要点

（1）基础防水构造概述

首先需要将立面卷材与底板搭接在一起,并需要注意卷材边缘收口部位的压实度,确保卷材与底板间的距离大于 1.5 dm。接着使用压条等工具固定外墙的卷材,并使用沥青提升其密封度。外墙最边缘的收口部位需要使用防水材料,并按压紧实。最后需要对地下工程混凝土结构内的穿墙管道做防水处理。

（2）建筑地下工程侧墙防水施工技术

首先应该对侧墙进行基础处理,保证墙面的均匀平整度,墙面不能有过多的凸起或凹陷,且需要保持干燥整洁。接着采用特殊工具对侧墙涂抹基层处理剂,处理剂涂抹过程中要耐心细心,保证全部墙面均被覆盖。下一步是添加附加卷材层,依据侧墙尺寸裁剪相应大小的卷材,将卷材加热达到熔点后迅速粘接于拐角部位,之后人工压实,保证卷材与墙面间没有留下多余空气。接着,在墙面上弹出基准位置线,依据基准位置线来粘贴对应的卷材。粘贴 SBS 卷材时顺序应为由下到上,烘烤过程中喷火枪应距墙面 3～5 dm,并且要精准控制烘烤持续时间。接着处理卷材间的缝隙,高温加热上卷材底部与下卷材顶部,使两卷材间相互黏接没有缝隙。然后为验收环节,由技术人员进行逐一检查,并上报至工程部。最后将施工现场打扫干净,保护刚铺设的卷材,由工程部完成最后的项目验收环节。

3.7.4　地下工程防水施工改进措施

（1）加强混凝土材料的质量控制

混凝土是建筑地下工程必须使用的原材料,而不同质量等级的混凝土也具有不同的使用效果。在施工过程中,施工管理人员要严格把控混凝土材料的质量,并制定地下工程所使用混凝土材料的等级标准。对混凝土材料进行抽检,检验其砂粒细度模数、针片状颗粒含量等质量性能指标,只有通过了抗压测试与防渗测试的混凝土才可以投入使用。除此之外,要保证混凝土材料的刚度,必要时可以添加外用黏合剂,保证施工过程中不会出现空隙及裂缝。在地下工程混凝土浇筑时,要精确计算用量以保证连续浇筑。若地下工程设计图纸要求保留一些缝隙,则需要对缝隙做好密封处理,保持缝隙的日常清洁与适宜湿度。在施工完成后也要注意后期的养护,必须保证有 14 d 以上的养护时间,保证混凝土温度与环境温度二者间保持稳定,随后即可拆除原有的保护模具。

（2）科学合理安排防水施工工序

前面我们介绍了两种建筑地下工程防水施工的技术流程,分别为底板防水流程与侧墙防水流程,可以发现,即使是同一防水工程,不同部位间也会有施工工序的先后次序差异。因此,在实际施工过程中要严格遵守地下工程防水施工流程,按次序进行施工。不能为了一时的工序简便而随意改变施工顺序,这样会对最终的防水施工效果造成极大的负面影响。防水过程大致包括搭建防水混凝土顶板、空铺 SBS 卷材材料、填补卷材缝隙、增添混凝土垫层等,施工时要严格遵守各项流程要求。

（3）保证防水材料质量

防水材料是地下工程防水施工时必然会用到的物品,也决定了防水施工的最终效果。在选购防水材料及确定防水材料的品牌、防水强度等级时,需要依据不同工程的地理位置谨慎选择。选购时也要仔细做好调研,了解各品牌防水材料的优缺点,综合质量与价格进行选择。应积极寻找市面上新推出的新型防水材料,因为科技的运用可以极大提升防水材料的使用效果。要注意仔细阅读防水材料的使用说明书及合格证明、检验报告等,购入后也要自行做防水检验,检验通过后便可以使用。

（4）提升防水施工人员的专业素养

高素质的防水施工人员是保证地下工程防水施工质量的前提。针对现有的地下工程防水施工人员,需要加大对其防水施工技术、专业素养的培训力度。只有施工人员拥有较高的专业素养,才能在地下工程的施工现场灵活应变。因此,提升工程施工人员的专业素养是促进地下工程防水技术全面优化的关键步骤之一。

3.7.5 地下工程防洪的非工程措施

（1）预警预报系统

地下工程洪涝灾害主要由暴雨和地面积水引起,因而可以根据天气预报,提前在出入口做好防护措施,并根据降雨量变化进行适时调整。将防洪预警系统建立在穿过河流、湖泊等水系的地铁隧道、交通隧道,例如在过江隧道内部建立与防淹门相结合的预警系统,可以在灾害发生前及时停止营运、疏散工程内的人员车辆、封闭隧道,将灾害可能造成的损失降到最低。

（2）灾害应急预案

地下工程是一个庞大的系统工程,具有隐蔽性、封闭性、人员和设备高密集等特点,从建设施工到正式运营都面临着极端天气引发灾害的巨大风险。在灾害发生前制定相关的应急预案,并且定期对相关运营人员进行培训和演练,在灾害发生期间人员可以按照预案有序实施救援和撤离,避免因经验不足和焦急所造成的现场指挥混乱、人员相互踩踏、撤离缓慢的发生。

（3）应急物资与装备保障

① 对井口附近的排水沟、水渠等排水设施,必须在雨季到来之前进行整修、清挖和加固,确保水沟、水渠具有排、泄水效果。应急救援物资和设备在地下工程出入口进行储备和管理,责任单位要保证救灾物资、设备储备状态完好,满足救灾需要。

② 根据救援的需要,由指挥部随时调集各种物资和设备。

③ 所有应急物资、应急工具及装备没有特殊情况不得使用,必须使用时使用后必须及时进行补充。

思　考　题

1. 地下水对于地下工程及内部设备常产生哪些损害? 隧道及地下工程防水等级怎么划分?

2. 地下工程防水应遵循的原则有哪些?

3. 对钢筋混凝土结构的地下工程自防水设计和施工,有哪些特别要求?

4. 为什么设置施工缝、伸缩缝、沉降缝、抗震缝、诱导缝? 怎么做好接缝的防水构造处理?

5. 常用地下工程外贴防水材料有哪些?

6. 怎样设计选择盾构法隧道接缝的橡胶止水密封垫? 遇水膨胀胶密封垫的主要性能指标有哪些?

第4章　地下工程地震灾害与防震减灾

4.1　概述

地震灾害是非常重要的一种灾害类型,其造成的灾害损失大,波及面广,影响也大,因而受到普遍关注。地下工程的防震减灾技术也是近年来地下空间开发领域中重点研究的一个分支。进入21世纪以来,世界范围内发生的几次大地震,给地下工程带来了较为严重的灾害,也使得人们对于地下工程地震响应的认识有了加深。地震产生的地层震动不但对各类地下结构物的主体部分带来危害,导致结构出现裂缝、错位甚至塌落,从而危及结构物的安全和正常使用,同时也会导致附属设施的损坏,影响其正常功能。上述这些破坏是直接的,通常称为一次性灾害。另外地震还可以间接地带来次生灾害,如引起火灾、导致涌水、有毒物质泄漏等。这些次生灾害也往往对人的生产生活产生很大的影响,造成严重的损失。本章以地震带来的原生灾害,即一次性灾害为防御对象进行阐述,不讨论次生灾害。

地下结构抗震研究是随着地面建筑物抗震研究的发展而发展的。在20世纪六七十年代以前,地下结构的抗震设计基本上还沿用地面结构的抗震设计方法,只是在70年代以后,地下结构的抗震设计才逐步形成了独立的体系。而且,从20世纪70年代后期以来,地下结构的抗震设计方法才在水道、沉埋隧洞以及核电厂等的抗震设计规范中得到了体现。随着研究的进展,人们在对地下结构的地震响应特点及震害分析中发现,地下结构具有不同于地面结构的地震响应及震害特点。于是适合地下结构抗震设计的动力响应位移法得以出现,并广泛应用于一些国家的地下结构抗震设计中。

4.2　地震的类型及成因

4.2.1　地震的类型

地震(earthquake),又称地动、地震动,是地壳快速释放能量过程中造成的震动,并伴随产生地震波。地球上板块与板块之间相互挤压碰撞,造成板块边沿及板块内部产生错动和破裂,是引起地震的主要原因。地震可分为天然地震、诱发地震和人工地震三种。

4.2.1.1　天然地震

它是地球内部活动引发的地震,主要包括构造地震、火山地震和陷落地震。其中,构造地震是指构造活动引发的地震,即地下岩层受地应力的作用,当地应力太大,岩层不能承受时,就会发生突然、快速破裂或错动,岩层破裂或错动时会激发出一种向四周传播的地震波,当地震波传到地表时,就会引起地面的震动。世界上85%～90%的地震都属于构造地震。

火山地震是指火山活动引发的地震。陷落地震是由于地下岩层陷落所引起的地震。

4.2.1.2　诱发地震

它是人类活动引发的地震,主要包括矿山诱发地震和水库诱发地震。其中,矿山诱发地震是指矿山开采诱发的地震;水库诱发地震是指水库蓄水或水位变化弱化了介质结构面的抗剪强度,使原来处于稳定状态的结构面失稳而引发的地震。

4.2.1.3　人工地震

它是核爆炸、爆破等人为活动引起的地震。

4.2.2　地震及断层

断层(图 4-1)是构造运动中广泛发育的构造形态。它大小不一、规模不等,小的不足 1 m,大到数百、上千米,但都破坏了岩层的连续性和完整性。在断层带上往往岩石破碎,易被风化侵蚀。沿断层线常常发育为沟谷,有时出现泉或湖泊。地壳运动中产生强大的压力和张力,超过岩层本身的强度,对岩石产生破坏作用导致岩层断裂错位。断层对地球科学家来说特别重要,因为地壳断块沿断层的突然运动是地震发生的主要原因。科学家们相信,他们对断层机制研究越深入,就能越准确地预报地震,甚至控制地震。

图 4-1　断层

地壳中的断层密如织网。断层从较小的破裂一直到上千千米的断裂带,有各种不同的尺度和深度,断层由断层面、断层线、断盘及断距等要素组成,如图 4-2 所示。

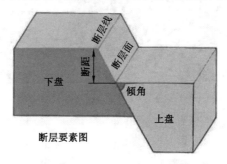

图 4-2　断层(正断层)示意图

断层面:构成断层的破裂面,也就是断层两侧岩体沿之产生显著滑动位移的面。断层一般不是单个的面,而是由一系列的破裂面或次级断层所组成的带,即断层带或断裂带。

断层线:指断层面与地面的交线,即断层面在地表的出露线。断层线延伸方向即是断层走向，延伸的消失点称为断层的端点。

断盘：断层面两侧发生相对位移的岩体，称为断盘。当断层面倾斜时，位于断层面上方的称为上盘，下方的称为下盘；当断层面近于直立时，则以方位相称，如东盘、西盘等；也可根据两盘相对移动的关系，把相对上升的称为上升盘，把相对下降的称为下降盘。

断距：断层两盘岩体沿断层面发生相对滑动的距离。断距的大小常常是衡量断层规模的重要标志，断距又分为总断距、水平断距及垂直断距。

按断层两盘相对运动关系可做如下分类：

① 正断层——上盘相对下降、下盘相对上升的断层。

② 逆断层——下盘相对下降、上盘相对上升的断层。

③ 平移断层——两盘岩体沿断层面走向做水平相对运动的断层。

④ 枢纽断层——正、逆、平移断层的两盘相对运动都是直移运动。事实上，有许多断层常常有一定程度的旋转。断盘的旋转有两种情况：一种是旋转轴位于断层的一端，表现为横过断层走向的各个剖面上的位移量不等；另一种是旋转轴部位于断层的端点，表现为旋转轴两侧的相对位移的方向不同，如一侧为上盘上升，而另一侧为上盘下降。两种旋转均使两盘中岩层原来一致的产状不再平行一致。旋转量比较大的断层，可称为枢纽断层。

断层可以单个孤立出现，但在一定范围内，往往成群出现。根据断层的组合方式，主要有下列类型：

① 阶梯状断层和叠瓦状断层

若干条断层走向大致平行，倾向大体相同，上盘向同一方向呈阶梯状依次下降的断层组合类型，称阶梯状断层；若干条断层大致平行排列，逆冲方向大体一致，上盘依次上推，覆盖成叠瓦状的断层组合类型，称叠瓦状断层。如图 4-3 所示。

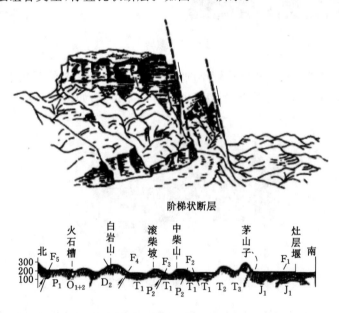

注：F 代表断层，J、T、P、C、D 代表不同的地层年代。

图 4-3　四川江油马角坝铁路沿线剖面

② 地垒和地堑

地垒是指两侧断盘相对下降,中间断盘相对上升的断层组合形式;地堑是指两侧断盘相对上升,中间断盘相对下降的断层组合形式。在地形上地垒常成为块状山地,如庐山以及天山山脉、阿尔泰山脉中的许多块状山地。地堑常成为盆地、谷地,如陕西省渭河谷地、欧洲的莱茵谷地。地垒和地堑有下列共同点:断层往往有两条以上,走向大体平行,大部分为正断层,但也有逆断层。地垒和地堑常常相伴出现,如图 4-4 所示。

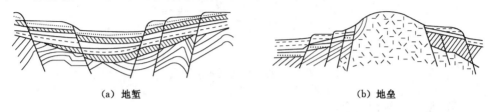

(a) 地堑　　　　　　　　　　　　　　　(b) 地垒

图 4-4　地堑(a)和地垒(b)

③ 环状断层和放射状断层

若干个在平面上呈断续环状或放射状分布的断层组合形式称为环状断层或放射状断层。它由张应力作用形成,多为正断层。常见于穹窿构造、中心式火山、岩株的上覆岩层顶部。

活动断层的活动常常是缓慢的,突然快速变动时便可产生地震。丁国瑜院士等将活断层的发展分为初始期、生长期、活跃期和衰亡期。

地震是地球内部物质运动的结果。这种运动反映在地壳上,使得地壳产生破裂,促成了断层的生成、发育和活动。"有地震必有断层,有断层必有地震",断层活动诱发了地震,地震发生又促成了断层的生成与发育,因此地震与断层有密切联系。据甘肃省地震局的资料,地震带与活动断层相辅相成、密不可分。① 绝大多数强震震中分布于活动断层带内;② 世界上破坏性地震所产生的地表新断层与原来存在的断层走向一致或完全重合;③ 在许多活动断层上都发现了古地震及其重要现象,重复的时间为几百年至上千年;④ 大多数强震的极震区和等震线的延长方向与当地断层走向一致;⑤ 由震源力学分析得出,震源错动面产生状态大部分和地表断层一致。总之,地震带与活动断层有着成因上的密切联系,活动断层的作用又是产生地震和地震带分布的根本因素。

4.2.3　地震的基本概念

4.2.3.1　震源和震中

地层构造运动中,在地震岩层产生剧烈相对运动的部位大量释放能量,产生剧烈震动,此处就叫作震源。震源正上方的地面位置叫震中(图 4-5)。震中附近的地面震动最剧烈,也是破坏最严重的地方,叫震中区或极震区。地面某处至震中的水平距离叫作震中距。把地面上破坏程度相同或相近的点连成的曲线叫作等震线。震源至地面的垂直距离叫作震源深度。

按震源的深浅,地震可分为如下几种:

① 浅源地震,震源深度在 70 km 以内;

② 中源地震,震源深度在 70～300 km 范围;

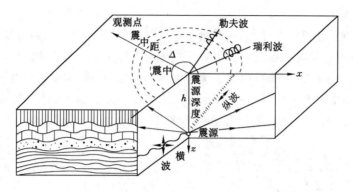

图 4-5　地震波传播示意图

③ 深源地震,震源深度超过 300 km。

浅源、中源和深源地震所释放能能量分别约占所有地震释放能量的 85%、12% 和 3%。

4.2.3.2　地震波

地震引起的震动以波的形式从震源向外进行辐射,这就是地震波。由于断层机制、震源特点、传播途径等因素的不确定性,地震波具有强烈的随机性。地震波可以看作一种弹性波,它主要包含可以通过地球本体的两种"体波"和只限于在地面附近传播的两种"面波"。

（1）体波

体波是指通过介质体内传播的波。介质质点振动方向与波的传播方向一致的波称为纵波;质点振动方向与波的传播方向正交的波称为横波(图 4-6)。纵波比横波的传播速度要快,因此,通常把纵波叫 P 波(即初波),把横波叫 S 波(即次波)。由于地球是层状构造,体波通过分层介质时,在界面上将产生折射,并且在地表附近地震波的进程近于铅直方向,因此在地表面,对纵波感觉上是上下动,而对横波感觉是水平动。

图 4-6　体波质点振动形式

（2）面波

面波是指沿着介质表面(地面)及其附近传播的波。它是体波经地层界面多次反射形成的次生波。在半空间表面上一般存在两种波的运动,即瑞利波(R 波)和勒夫波(L 波),如图 4-7 所示。瑞利波传播时,质点在波的传播方向和自由面(即地表面)法向组成的平面内做椭圆运动。瑞利波的特点是振幅大,在地表以垂直运动为主。由于瑞利波是 P 波和 S 波经界面折射叠加后形成的,因而在震中附近并不发生瑞利波。勒夫波只是在与传播方向相垂直的水平方向运动,即地面水平运动或者说在地面上呈蛇形运动形式。质点在水平方向的振动与波行进方向耦合后会产生水平扭矩分量,这是勒夫波的重要特点之一。勒夫波的另一个重要特点是其波速取决于波动频率,因而勒夫波具有频散性。

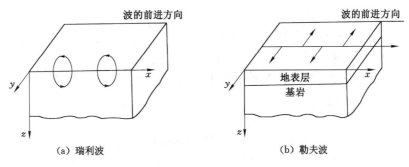

图 4-7　面波质点振动示意图

为了能够更为清晰地理解地震波质点的震动形式,图 4-8 给出了三维的地震波质点振动示意图。

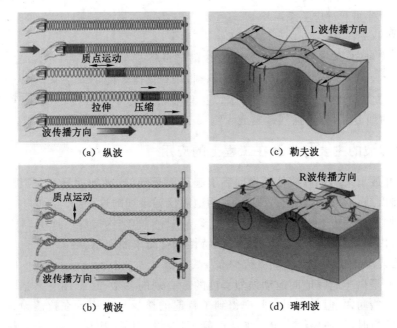

图 4-8　地震波传播示意图

地震波的传播以纵波最快,横波次之,面波最慢。所以在地震记录上,纵波最先到达,横波到达较迟,面波在体波之后到达,一般当横波或面波到达时,地面振动最强烈。地震波记录(图 4-9)是确定地震发生的时间、震级和震源位置的重要依据,也是研究工程结构物在地震作用下实际反应的重要资料。

（3）震级

震级是表示地震本身大小的尺度,是按一次地震本身强弱程度而定的等级。目前,国际上比较通用的是里氏震级:

$$M = \log A \tag{4-1}$$

式中,A 是标准地震仪(指摆的自振周期为 0.8 s,阻尼系数为 0.8,放大倍数为 2 800 倍的地

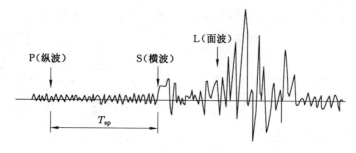

图 4-9　地震波记录图

震仪)在距震中 100 km 处记录的以微米(1 $\mu m = 10^{-6}$ m)为单位的最大水平地动位移(即振幅)。例如,在距震中 100 km 处地震仪记录的振幅是 100 mm,即 100 000 μm,则 $M =$ log 100 000＝5。

震级表示一次地震释放能量的多少,所以一次地震只有一个震级。震级 M 与震源释放的能量 E 之间有如下对应关系:

$$\log E = 1.5M + 11.8 \tag{4-2}$$

由(4-2)式可知,震级每差一级,地震释放的能量将差 32 倍。

一般认为,小于 2 级的地震,人们感觉不到,只有仪器才能记录下来,称为微震;2～4 级地震,人可以感觉到,称为有感地震;5 级以上地震能引起不同程度的破坏,称为破坏性地震;7 级以上的地震,则称为强烈地震或大震;8 级以上的地震,称为特大地震。

4.2.4　地震波的主要特性及在工程上的应用

由震源释放出来的地震波传到地面后引起地面运动,这种地面运动可以用地面上质点的加速度、速度或位移的时间函数来表示,用地震仪记录到的这些物理量的时程曲线习惯上又称为地震加速度波形、速度波形和位移波形。在目前的结构抗震设计中,常用到的是地震加速度记录,以下就地震加速度记录的一些特性进行简单的介绍。

4.2.4.1　地震加速度波形记录的最大幅值

最大幅值是描述地震地面运动强烈程度的最直观的参数,尽管用它来描述地震波的特性时还存在一些问题,但在工程实际中得到了普遍的接受与应用。在抗震设计中对结构进行时程反应分析时,往往要给出最大加速度峰值,在设计用反应谱中,地震影响系数的最大值也与地面运动最大加速度峰值有直接的关系。

4.2.4.2　地震加速度波形记录的频谱特性

对时域的地震加速度波形进行变换,就可以了解这种波形的频谱特性。频谱特性可以用功率谱、反应谱和傅里叶谱来表示。在这里仅介绍一些研究结果。根据日本一批强地震记录求得的功率谱可知,它们是同一地震,分析震中距近似相同而地基类型不同的情况,显示出硬土、软土的功率谱成分有很大不同,即软土地基上地震加速度波形中长周期分量比较显著;而硬土地基上地震加速度波形则包含着多种频谱成分,一般情况下,短周期的分量比较显著。利用这一概念,在设计结构物时,人们就可以根据地基土的特性,采取刚柔不同的体系,以降低地震引起结构物共振的可能性,减少地震造成的破坏。

4.2.4.3　地震加速度记录的持续时间

人们很早就从震害经验中认识到强震持续时间对结构物破坏的重要影响,并且认识到这种影响主要表现在结构物开裂以后的阶段。在地震地面运动的作用下，一个结构物从开裂到全部倒塌一般是有一个过程的，如果结构物在开裂后又遇到了一个加速度峰值很大的地震脉冲并且结构物产生了很大的变形，那么，结构的倒塌与一般的静力试验中的现象比较相似，即倒塌取决于最大变形反应。另一种情况是，结构物从开裂到倒塌，往往要经历几次、几十次甚至几百次的反复振动过程，在某一振动过程中，即使结构最大变形反应没有达到静力试验条件下的最大变形，结构也可能由于长时间的振动和反复变形而发生倒塌破坏。很明显，在结构已发生开裂时，连续振动的时间越长，则结构倒塌的可能性就越大。因此，地震地面运动的持续时间成为人们研究结构物抗倒塌性能的一个重要参数。在抗震设计中对结构物进行非线性时程反应分析时，往往也要给出加速度波形记录的持续时间。

4.3　地下工程的地震破坏及其特点

地震对于地铁车站、地铁隧道、地下供水管线、排水盾构隧道、共同沟、地下管道、地下商业街、地下停车场、公路或铁路隧道都有显著影响，地震级别、地下结构及其围护方式不同，其变形破坏程度差异性较大。

地震对于地下结构造成的损害主要分为两类：一类由地质构造引起，造成地层的位移和错动，致使隧道遭到严重破坏。也包括地震引起的砂土液化、软化震陷等因素造成的大片土壤的滑移。另一类就是地震引起震动，岩土体在地震中虽不伤及整体性，但是地震中产生的位移和地震力，作用到地下结构上，使结构内力产生集中，导致变形过大。

由以往的地震灾害可以看出，用于布置供水、下水及设置管线的地下管道在地震中表现出不同破坏特征，尤其是盾构隧道，地震中已有破坏，主要变现为二次衬砌混凝土表面出现裂缝，竖井附近的扇形管片发生破坏等，施工的沉管隧道几乎没有破坏。

地下街和地下停车场的主题结构在地震中损害轻微，但和附属设施的结合部分、侧墙和顶板仍发生了混凝土剥落，并有漏出钢筋的现象，但整体破坏较轻。

地下管线和地铁、隧道同属于地下线性结构，相比地下街、地下停车场，其更容易失去稳定性。地下管道震害随着管道口径和埋深增大而较小，可以把地铁和隧道看作管道，其口径和埋深显然比地下管道大，震害较小。

相较于地面结构，地下结构在震中受到的地震荷载作用的大小和方式有很大不同，这也造成了地下结构的地震反应与地面结构存在很大差异。地面结构只通过基础与地基相互作用，地基对其地震反应的影响并不明显，因此在一般的结构抗震设计规范中并不考虑土-结构相互作用的影响，只对地面结构单独进行受力分析；但地下结构的四周都受到土体的约束作用，在地震中周围的地基土对地下结构的地震反应有很大的影响，同时地下结构的存在也会影响周围地基土的动力反应，因此必须考虑地下结构的土-结构相互作用，这也会导致地下结地震反应的影响因素比起地面结构更多、更复杂。正因为地下结构的抗震问题需要考虑周围地基土的影响，所以地下结构抗震问题存在以下几个难点：

（1）理论上说，地下结构所在场地中的地基土并不是一个有限的区域，而是一个半无限的空间，而我们的研究对象为地下结构以及其附近有限范围内的土体，因此，如何将研究对象简化为包含地下结构的有限区域同时又考虑地基无限性对该有限区域的影响是一个难点。

（2）地下结构周围的地基土并不是简单的弹性材料，而是一种复杂的多相材料，动力荷载作用下的应力-应变性质也相当复杂，因此，如何考虑地震荷载作用时周围地基土动力性质的改变对地下结构地震反应的影响是一个难点。

（3）地下结构，尤其是地铁隧道，通常横截面尺寸和纵向尺寸相差很大，所以其横截面内的地震反应与纵向的地震反应也存在很大差异，在进行地下结构抗震研究时往往要分别分析。对于纵向尺寸很长的隧道，由于地震波到达其各个位置的时间不同，存在时间差，因此如何考虑行波效应对地铁隧道地震反应的影响是一个难点。

（4）地下结构周围的地基土可能具有一些其他的特殊性质，比如饱和砂土的液化性、软土的大变形性等，如何考虑地基土的这些特殊性质对地下结构地震反应的影响是一个难点。

目前，对于隧道地震作用机理有了一定的了解，但还不足，其理论分析和数值计算还有待于进一步发展，以以往经验采取措施仍是工程设计的主要手段。从隧道地质环境、围护及加固方式、衬砌材料选用等来看，这是一个需综合考虑的系统工程。

地下结构地震反应研究的主要方法有原型观测、模型试验、数值计算和简化设计。由于地铁地下结构抗震问题的复杂性，目前还没有一种方法能完全实现对地下结构地震反应进行真实的解释和模拟。一般是通过原型观测和模型试验，部分或者定性地再现实际地震中地下结构的地震反应现象，解释地下结构地震反应的产生机理，推断地下结构地震反应的变化过程，分析地下结构地震反应的影响因素，总结地下结构的地震反应规律，在此基础上建立能合理反映地下结构-地基土动力相互作用的数值计算模型，发展出相应的数值计算方法，再通过原型观测和模型试验对数值计算方法加以验证和改进，然后在数值计算方法的基础上进行简化得到地下结构抗震的简化设计方法，用于地下结构的抗震设计。

4.4　城市地下空间结构抗震设计方法与原则

4.4.1　地下空间抗震设计方法现状

城市地下工程具有现场环境条件复杂、施工难度大、技术要求高、工期长、对环境影响控制要求高等特点，是一项极其复杂的高风险性系统工程。城市地下工程所赋存的岩土介质环境复杂，当前的设计和施工理论尚不十分完备，建设过程中带有很强的不确定性，而且，随着地下空间开发进程的推进，新建工程往往要临近地下或地面的基础设施及建（构）筑物施工，必然会对其造成一定影响，若控制不当，这种影响将可能造成重大安全事故，产生巨大经济损失乃至严重的社会影响。

在城市地下工程建设中，周边环境的安全风险管理是一项重要工作。针对城市地下工程的特点，急需在目前研究成果和大量工程经验的基础上，建立起基于基础理论与关键技术的安全风险控制体系。随着地下工程施工过程力学及地层环境影响问题研究的深化，以及施工技术水平和监测手段的提高，一些深层次的科学技术问题将逐步得到解决，因而借助风险咨询系统，建立一套较为完整的安全风险管理机制，对地下工程施工全过程实行动态管理已成为可能，城市地下工程施工安全风险控制体系的建立可为城市地下空间开发的规划、建设以及城市轨道交通等重大基础设施建设的安全风险控制提供理论基础，显著改善我国城市地下工程建设的安全形势，也可使重大工程决策和安全管理更科学化，更具前瞻性和可控性,进而为城市地下工程中科学对策的制定提供依据,为城市的协调和可持续发展做出贡献。

地下结构抗震性能问题的研究方法目前来说有三种:原型观测、模型试验和理论分析三种方法。其中由于地震的可预见性很差,以及一些观测技术的相对成本较高,通过地震原型观测到的数据相对较少,采集比较困难,因此此种方法应用比较少;对于模型试验而言,目前振动台试验最能够真实模拟原型的变形和破坏机制,但是基于振动台的试验投入较大,相对来说效率也较低。目前主要采用的抗震性能研究的方法还是理论分析方法。

4.4.1.1　原型观测法

原型观测法就是通过实测地下结构在地震作用下的动力特性和震害情况来了解其他地震响应特点。但是原型观测法需要有实际发生地震,或者人工模拟地震进行现场模型观测的这一前提,这就使得地震观测和现场调查的机会大大减少。虽然这种方法目前来说取得了一定程度的应用,但是依然不是主流的抗震研究方法。

4.4.1.2　模型试验法

模型试验一般通过激震实验来研究地下结构地震响应。一般用人工震源或振动台来对地下结构模型进行激震从而得到其内部结构破坏机理。因为用人工震源对模型进行激震的时候很难反映出对地下结构有影响的因素,而振动台试验更能反映对地下结构抗震有突出影响的因素,所以振动台试验相较于震源试验应用更广泛。

4.4.1.3　理论分析

理论分析采用理论计算来研究地下结构地震响应。建立数学模型,围绕地震过程中地下结构物的内力、应力和变形的响应变化规律进行分析,以此为基础,在设计中改变某些参量,将地下结构的内力、应力和变形控制在一定限度内,满足工程稳定性。理论分析方法随着人们对地震的认识得到了长足的发展。

地下结构抗震设计的计算方法随着人们对地下结构动力响应特性认识的不断完备,并随着近年来历次地震中地下结构震害的调查、分析总结以及相关研究的不断深化而发展。20 世纪中期以前,地下空间还未得到较大规模的开发,地下结构的建设也未有大的发展,无论是单体规模还是总体数量,都处于一个较低的水平。与地面建筑相比,大地震中地下结构的破坏实例及调查研究都较少,因此在进行地下结构的设计计算时,地震因素还未成为一个必须考虑的因素,更没有系统的地下结构抗震计算的理论和方法。20 世纪五六十年代以后,随着各国经济建设的发展,城市化进程加速,为解决城市建设中的各种问题,地下空间开发逐渐得到重视,地下结构的建设也逐渐增多,如地下街、地下停车场、地铁以及各种地下管线等。地下结构的抗震设计也进入人们的视野,各类地下结构的设计计算中也开始考虑地震的影响。这一阶段中对地震荷载或者说地震影响的考虑还处于初级的阶段,大致可分为两种:一种是从安全系数的角度(增大安全系数)考虑;另一种是借鉴了地面结构的抗震计算方法,即等效静载法。增大安全系数的方法是以常规的方法进行荷载计算,将得出的荷载乘以一个放大系数,来笼统地考虑地震的影响。尽管不能确切地知道地震因素是如何对地下结构产生影响的,也不知道该影响是多大,但通过将荷载放大一定的倍数,人为地把结构设计安全度提高在一定程度上增加抗震能力。如果有其他因素使得算出的荷载上需要乘以一个更大的安全系数,地震影响就不另外考虑了。

等效静载法大致与地面结构的抗震设计中所使用的方法类似,即把地震影响或地震荷载考虑为地震加速度在结构上产生惯性力。与地面结构中使用的等效静载法不同的是,对于地下结构的抗震计算还需考虑周围地层的动土压力,然后按照静力计算方法对结构内力进行计算。

随着对地下结构在地震荷载下响应特征研究的深入,一些新的概念和一些更加符合地下结构动力响应实际的设计计算理论和方法也得以提出。通过调查和模型试验等研究手段发现,地震中地下结构主要是跟随周围地层一起运动,其变形也是随着地层一起发生。地层中地下结构存在的范围内,不同位置之间会产生相对位移,该相对位移使地下结构产生变形。这种层间相对位移达到一定程度时就会引起结构物的破坏。地震中地层相对于结构物的不同位置处的相对位移是主要的地震效应,在设计计算中有必要加以考虑。依据以上理论,地层响应变形法随之产生,该方法首先计算出周围地层的变形,将变形量作为强制变形施加在结构上,从而计算出结构物的内力。

计算机及有限元计算方法的发展,使得地下结构与土体共同作用整体动力分析和抗震设计的方法也有了很大的进步。该方法将包含结构物在内的整个地层划分成有限元网格,考虑边界条件以后,输入地震波,进行动力响应分析,从而得出每一时刻地层和结构物中的变形、应力和应变等。

目前等效静载法虽然仍在使用,但主要用于结构形式较为简单、重要程度不高,或仅需粗略估算地震荷载的情况。在一些抗震设计研究较为深入的国家,设计中主要使用的方法之一是响应变形法,该方法适用于一般形式的地下结构,以及周围地层较为均匀的情况。地下停车场、地下街、地铁车站等的纵向结构多采用此方法。

平面有限元整体动力计算法主要适用于地质条件较为复杂,结构形式也较为复杂,用上述静力方法进行简化处理得出的误差较大的情况,如断面情况复杂的地铁车站、重要程度高的结构物等。该方法计算成本高,步骤复杂,在使用上也受到一定的限制。

另外,目前已有采用三维动力有限元法进行抗震计算的研究。一般情况下,三维最能反映对象物体的真实受力情况的状态,三维计算可以省去将物体简化为二维时的种种假设,地层条件的适应范围也更广,结果较二维的可信程度高。但由于其计算工作量巨大,前后处理技术复杂,花费计算时间长,成本高,因此还仅限于对重要地下结构分析研究中使用。但近年来,随着计算机技术的发展,这种方法也越来越多地应用到了工程实际中。

归纳起来,地震波主要使长条形地下结构产生三种受载方式:
① 结构纵轴的轴向拉压力;
② 结构纵轴的弯矩;
③ 结构横断面受载。

4.4.2 地下空间结构的抗震设计方法

4.4.2.1 烈度法

如图 4-10 所示,烈度法是在建筑物设计时,除考虑建筑物的自重外,还考虑地震加速度对建筑物产生的惯性力,作用在水平方向的惯性力 H 为自重 W 乘以水平烈度 K_H,即在水平方向施加部分自重作用力,计算建筑物的稳定性和各部件的应力。

$$H = WK_H \tag{4-3}$$

应用烈度法对实际结构物进行设计时,关键是如何设定水平烈度。最初采用烈度法时,

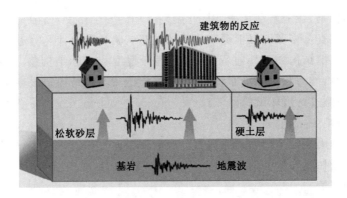

图 4-10 地震波加速度作用到物体示意图

对建筑物、桥梁一般取 $K_H = 0.1$，即以 10% 的自重作为水平力。此后，考虑到结构物的重要性、破坏后的危险性及对社会影响的程度，逐渐增大了取值。日本关东大地震后，考虑到地震摇晃对结构物安全性的影响，按照结构物和设施的种类，现在一般采用如下的水平烈度：

一般的建筑物、桥梁，$K_H = 0.2$。

危险物设施、高压燃气设施，$K_H = 0.3 \sim 0.6$。

大坝，$K_H = 0.15$。

港口设施、码头，$K_H = 0.15 \sim 0.20$。

核设施，$K_H = 0.60$。

可见，结构物的种类不同，烈度取值也不同，上述取值考虑了结构物在地震中的响应特性、重要程度和抗震性能。

抗震设计中，水平力 H 为地震时作用在结构物或设施上的惯性力，可将式(4-3)表示为

$$H = a_m \cdot M \tag{4-4}$$

式中，a_m 为地震动作用于结构物上水平方向的最大加速度，M 为结构物或设施的质量。式(4-4)可以变为

$$H = \frac{a_m}{g} \cdot Mg \tag{4-5}$$

式中　g ——重力加速度；

Mg ——结构物的自重 W。

根据式(4-3)、式(4-5)可得

$$K_H = \frac{a_m}{g} \tag{4-6}$$

即，水平烈度 K_H 为作用在结构物和设施上的水平最大加速度与重力加速度的比值。

除水平力外，在进行抗震设计时，有时也考虑地震垂直方向加速度引起的惯性力。

$$V = \pm K_V \cdot W \tag{4-7}$$

式中，V 为抗震设计时垂直方向的地震力，作用于对结构受力最不利的方向(向上或向下)。通常垂直方向烈度约为水平方向烈度的 $1/2$。K_H 和 K_V 一般称为水平烈度和垂直烈度。

基于烈度法的抗震设计，是将水平、垂直方向的地震力视为仅作用于固定方向的静外力。实际上，地震的惯性力为正负方向反转、反复作用的动外力。通过施加固定方向的静外力计算结构物的稳定性和部件应力，与施加反复作用的动外力相比，一般偏于安全。按静外

力作用设计的结构物,在地震动作用下从开始到破坏的安全裕度,是随地震与结构物的特性而变化的,其中,该安全裕度可以根据结构物的破坏试验和数值计算等进行研究。

用模型试验模拟结构物破坏过程时,必须确保模型和实际结构物之间满足相似准则。结构物接近破坏时,外力和变形呈非线性。此时,模型和实际结构物很难满足相似准则。因此,应采用足尺模型进行破坏试验。

4.4.2.2 修正烈度法

当地震的卓越周期与结构物和地基的固有周期接近时,结构物和地基将发生大幅摇晃,加速度增大。因而如式(4-6)所示,水平方向烈度也将增大,而在烈度法中,地震动对构筑物的晃动影响取为定值。

为了解决烈度法存在的上述问题,提出了修正烈度法。根据结构物固有周期对摇晃程度的影响,相应改变烈度。图 4-11 所示为水平方向烈度与结构物固有周期在Ⅰ～Ⅲ地基类型中的对应关系。

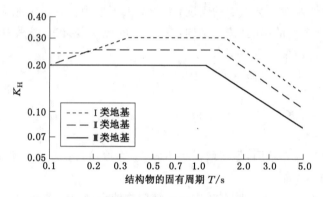

图 4-11　修正烈度法中使用的水平烈度示意曲线

根据地基类型改变固有周期,从而确定水平方向烈度。作用于结构物上的水平力 H 为:

$$H = C_{\mathrm{Z}} \cdot K_{\mathrm{H}} \cdot W \tag{4-8}$$

式中　C_{Z}——区域系数,根据所在区域的地震活动程度取为 0.8～1.0。

一般在 0.3～1.5 s 的固有周期范围内,设计水平烈度增大,这是因为地震的卓越周期一般多在该周期范围内。

地基类型Ⅰ～Ⅲ是根据表层地基的固有周期进行划分的,类型Ⅲ为冲积层和填埋地等软弱地基,类型Ⅰ为洪积层等硬质地基,类型Ⅱ为中间地层。

4.4.2.3 等效静力法

这种方法从本质上说是将动力问题作为静力问题对待。此方法适用于结构重量和刚度均比较大的地下结构的地震计算。这种方法和前面介绍的烈度法和修正烈度法原理上是一致的,是国内学者在烈度法的基础上发展而来的。

等效静载法是将地震中地震加速度在结构中产生的惯性力看作地震荷载,将其施加在结构物上,计算其中的应力、变形等,进而判断结构的安全性和稳定性的方法。这种方法早年广泛应用于桥梁、高层建筑物,也用于重力式挡土墙等结构的抗震设计。照此方法,地震荷载是地震引起的作用在构筑物或岩土体上的力,其值用各部位的质量乘以地震加速度来求得。也可以用地震加速度与重力加速度的比值乘以结构重量出地震荷载。

对地上结构使用该方法进行抗震设计时，对于响应加速度与基底加速度大致相等的较为刚性的结构物，可以直接采用该方法；但对于较柔的结构物，其固有周期较长，越往上其振动越剧烈，这时可考虑各部分的响应特征不同，设定不同的响应加速度。这种方法叫修正等效静载法。

地下结构中，纵向尺寸远大于横向尺寸的线形结构的横断面抗震计算、地下储油罐的抗震设计中，也用到该方法。这时作为地震荷载，不仅要考虑由于结构物的自重引起的惯性力，还要考虑上覆土的惯性力影响，包括地震时的动土压力以及内部动水压力等。地震时动土压力的计算中多采用式(4-9)，该公式以库仑主动土压力公式为基础，考虑了设计加速度等，但其结果与实际地震中观测到的动土压力结果有较大的差别，仍存在一定的问题。另外，对于大深度地下结构，地震加速度在其深度方向的分布往往决定了计算结果，因此地层中的地震加速度的分布是应进行研究的问题之一。

$$P_{AE} = \frac{1}{2}(1 - K_V)\left(\gamma + N\frac{2q}{H}\right)H^2\,\frac{K_{AE}}{\sin a\sin\delta} \tag{4-9}$$

式中　　P_{AE}——地震时的动土压力；

$K_V(K_H)$——垂直方向(水平方向)的烈度；

a——背面土体倾斜角；

β——壁后相对于水平的倾角；

q——壁后的均布荷载；

φ——土体内部摩擦角；

δ——土体与挡墙间的摩擦角。

同时，公式(4-9)中，有

$$N = \frac{\sin a}{\sin(a + \beta)}$$

$$K_{AE} = \frac{\sin^2(a - \theta_0 + \varphi)\cos\delta}{\cos\theta_0\sin a\sin(a - \theta_0 + \delta)\left\{1 + \sqrt{\dfrac{\sin(\varphi + \delta)\sin(\varphi - \beta - \theta_0)}{\sin(a - \theta_0 - \delta)\sin(a + \beta)}}\right\}}$$

$$\theta_0 = \arctan\frac{K_H}{1 - K_V}$$

需要注意的是，该公式是基于挡土墙的结构形式推导过来的，能否用于地下结构的其他形式还有待于进一步验证。已有观测表明，该公式计算出的动土压力与实测有一定的差距。

4.4.2.4　反应位移法

由于地下结构完全处于周围地层的包围之中，因此其受力、变形必然受到周围土层的影响、约束及限制，从而使结构与地层在地震作用下成为一体发生振动，二者的加速度、速度及位移基本保持一致。通过观测发现，地下结构物地震时的变形由周围地基的应变决定。

根据地震作用下土层动力特性理论，岩土地基层对穿越的地震波具有过滤、放大及能量吸收等作用。因而，表层土壤的性质和深度对埋在其中的地下结构物有重要影响作用。这一影响可表现为天然地层在地震时，不同位置、深度处将产生变化的位移、应变，不同部位的位移差会以强制位移的形式作用在结构上，使得地下结构产生应力与位移。

反应位移法的思路可用图 4-12 所示的埋设管道为例加以说明。如图中所示，假定某时刻沿埋设管道轴向任意点,垂直于管轴线方向的地基位移为 $u_G(x)$,其中 x 为埋设管道轴线方向坐标,地基发生位移后埋设管道的变形 $u_P(x)$ 可由两点进行考虑:埋设管道刚度较大、地基刚度较小时,$u_P(x) \to 0$;埋设管道刚度极小、地基刚度较大时,$u_P(x) \to u_G(x)$。

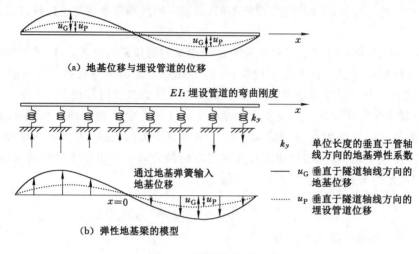

(a) 地基位移与埋设管道的位移

(b) 弹性地基梁的模型

图 4-12　反应位移法思路

为研究地基位移与埋设管道变形的关系,采用如图 4-12(b)所示的弹性地基梁模型。该模型将埋设管道作为具有弯曲刚度的梁,将地基视为弹簧,地基弹性系数由周围地基刚度决定。在地基弹簧端部施加沿管轴线方向的地基位移 $u_G(x)$,可求得埋设管道的变形 $u_P(x)$。由此求得的埋设管道变形可满足上述根据埋设管道与地基刚度所求得的埋设管路变形特性。

将地基位移 $u_G(x)$ 作为强制位移,施加于弹性地基梁上的地基弹簧端部,可按下式求得埋设管道的变形 $u_P(x)$:

$$EI \frac{\mathrm{d}^4 u_P}{\mathrm{d}x^4} + k_y u_P = k_y u_G \tag{4-10}$$

其中,EI 为埋设管道的弯曲刚度。k_y 为埋设管道单位长度的沿垂直于管轴线方向的地基弹性系数。

$$\frac{\mathrm{d}^4 u_P}{\mathrm{d}x^4} + 4\beta_y^4 u_P = 4\beta_y^4 u_G \tag{4-11}$$

$$\beta_y = \sqrt[4]{\frac{k_y}{4EI}}$$

式(4-9)的一般解为:

$$u_P(x) = e^{\beta_y x}(C_1 \cos \beta_y x + C_2 \sin \beta_y x) + e^{-\beta_y x}(C_3 \cos \beta_y x + C_4 \sin \beta_y x) \tag{4-12}$$

其中,$C_1 \sim C_4$ 为由边界条件所决定的积分常数。

设地基位移 $u_G(x)$ 为波长为 L、振幅为 $\overline{u}_G$ 的正弦波,如式(4-13)所示:

$$u_P(x) = \frac{4\beta_y^4}{4\beta_y^4 + \left(\dfrac{2\pi}{L}\right)^4} \overline{u}_G \cdot \sin \frac{2\pi}{L}x \tag{4-13}$$

埋设管道的弯矩:

$$M(x) = -EI \frac{\mathrm{d}^2 u_P}{\mathrm{d}x^2}$$

$$= -EI \left(\frac{2\pi}{L}\right)^2 \frac{4\,\beta_y^4}{4\,\beta_y^4 + \left(\frac{2\pi}{L}\right)^4} \bar{u}_G \cdot \sin \frac{2\pi}{L}x \tag{4-14}$$

同理,管轴线方向的变形 $\nu_P(x)$ 也可由图 4-13 表示,根据弹性地基梁模型求得:

$$EA \frac{\mathrm{d}^2 \nu_P}{\mathrm{d}x^2} - k_x \nu_P = -k_x \nu_G \tag{4-15}$$

式中　$\nu_G(x)$ ——垂直于管轴线方向的地基位移;

　　　EA ——埋设管道抵抗伸缩变形的弯曲刚度;

　　　k_x ——沿管轴线方向单位长度地基的弹性系数。

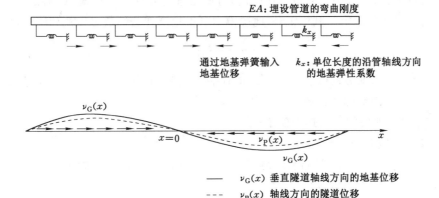

图 4-13　管道轴线方向变形计算模型

式(4-15)可以由如下公式进行求解:

$$\frac{\mathrm{d}^2 \nu_P}{\mathrm{d}x^2} - \beta_x^2 \nu_P = -\beta_x^2 \nu_G \tag{4-16}$$

其中

$$\beta_x = \sqrt{\frac{k_x}{EA}}$$

式(4-16)的一般解为:

$$\nu_P(x) = C_1 \exp(-\beta_x x) + C_2 \exp(\beta_x x) \tag{4-17}$$

将地基位移 $\nu_P(x)$ 视为波长为 L、振幅为 $\bar{\nu}_G$ 的正弦波,式(4-15)中的积分常数 C_1、C_2 为零,$\nu_P(x)$ 的特解如下式所示:

$$\nu_P(x) = \frac{\beta_x^2}{\beta_x^2 + \left(\frac{2\pi}{L}\right)^2} \bar{\nu}_G \cdot \sin \frac{2\pi}{L}x \tag{4-18}$$

基于内埋设管道轴线方向伸缩变形求得的轴力 $N(x)$ 为:

$$N(x) = EA \left(\frac{2\pi}{L}\right) \frac{\beta_x^2}{\beta_x^2 + \left(\frac{2\pi}{L}\right)^2} \bar{\nu}_G \cdot \cos \frac{2\pi}{L}x \tag{4-19}$$

我国抗震设计规范中有反应位移法的介绍与应用方法规定,其计算步骤如下:

(1)建立模型

将隧道横断面简化为刚性均匀的圆环,在圆环周围分别沿切线、法线方向设置地层弹簧用来表示隧道与地层的相互作用。

(2)地震作用计算

地震作用包括周围地层的相对位移、地层内部剪切力以及地下结构惯性力。圆环上各个位置处的地层相对变形沿切线、法线方向分解,通过对应的地层弹簧作为强制位移施加在隧道上;剪切力同样也沿切线、法线方向进行分解,并直接作用在圆环上。惯性力可将衬砌及隧道内物体的质量乘以地层加速度来进行计算。

(3)地层弹簧的劲度系数

地层弹簧的劲度系数(弹性系数)可通过圆环-地层模型或有限元进行计算。前者是将隧道考虑为地层中的一个圆孔,假设地层为无限延伸的均匀弹性体,通过圆环表面的荷载与变形间关系求得;后者则将隧道看作空洞,对地层进行几何形状的离散,通过空洞变形与地层反力的关系进行求解。利用圆环-地层模型可得地层弹簧性数可以用(4-20)表示:

$$K_n = \frac{2G_s}{R} C_n \tag{4-20}$$

式中　　K_n——法线方向(或切线方向)的荷载或变形,作用在法线方向(或切线方向)时的地层弹性常数;

G_s——地层的剪切弹性模量;

R——圆孔的半径;

C_n、C'_n——与地层泊松比、隧道变形模式的傅里叶级数有关的系数。

(4)断面内力增量计算

对于支撑在地层弹簧上的圆环模型,建立反映地层变形与地层内力关系的微分方程,求解此方程即可解出隧道横断面内力变量。

4.4.2.5　拟静力设计法

(1)基本假定与步骤

地下结构为绝对刚体,结构物与周围地层或围岩有相同的地震响应,将结构在地震作用下产生的最大惯性力视为地震作用,再结合上覆土惯性力、地震动土压力以及内部动水压力等因素的影响,计算结构的内力及变形。

(2)适用范围

该方法适用于地震惯性力为主要影响因素的结构物。对于比周围地层大许多或刚度较大,地震响应与周围岩层保持一致而无相对位移的地下结构物,均可参照该计算方法。

工程设计时,认为结构物的每一部分与围岩都有相同的加速度,取其最大值计算结构产生的地震惯性力,而后将这一作用视为结构重心处的静荷载。

水平地震作用力可以用公式(4-21)表示:

$$F_i = k_h \times m_i \tag{4-21}$$

竖向地震作用力表示为:

$$v_i = (1 + k_v)p_i = k_c \times p_i \tag{4-22}$$

式中　　k_h、k_v——水平和竖向地震作用影响系数。

m_i——第 i 个质点质量。

p_i——第 i 个重力代表值。

$$k_h = \alpha \cdot \eta \cdot \beta \cdot \delta$$

式中,α 为地震烈度因素,依所处地层的地震动加速度 a 及地震危害系数 R 决定。

$$\alpha = \frac{a}{g}R, \quad R = 1 - \left(1 - \frac{1}{T}\right)^n, \quad \beta = \frac{B}{T^{\frac{1}{3}}}$$

式中　η ——依结构力学性质和质量分布而定;

　　　　β ——地震作用下结构物振动特征系数;

　　　　B ——参数,按经验估计为 0.6~0.8;

　　　　T ——地震基本周期;

　　　　δ ——与地层坚硬程度有关的参数。

4.4.2.6　反应谱法

地震反应谱是指单自由度体系在给定的地震作用下最大绝对加速度反应与体系自振周期的关系曲线。反应谱法实质上是把计算结构的动力问题转化为计算结构的静力问题,它是计算地震响应既考虑地面运动特征又考虑结构动力特性的一种抗震计算方法。应用反应谱法的计算步骤为:先根据地震波记录构造反应谱,再根据反应谱理论计算多层钢框架各阶振型的地震作用,最后通过组合叠加计算总的地震最大响应。

单自由度体系动力方程为:

$$m\ddot{x} + c\dot{x} + kx = -m\ddot{x}g \tag{4-23}$$

式中　m ——质量;

　　　　x ——位移;

　　　　k ——体系刚度;

　　　　x_g ——地面运动水平位移;

　　　　$c = 2m\omega\zeta$,其中,ζ 为阻尼比,$\omega = (k/m)^{1/2}$。

将各变量表达式代入式(4-23),则式(4-23)可表示为:

$$\ddot{x} + 2\omega\zeta\dot{x} + kx = -m\ddot{x} \tag{4-24}$$

利用 Puhamel(普哈梅尔)积分可得:

$$x(t) = -\frac{1}{\omega}\int_0^t \ddot{x}(\tau)e^{-\zeta\omega(t-\tau)}\sin\omega(t-\tau)d\tau \tag{4-25}$$

加速度反应谱可定义为

$$S_a = |\ddot{x}(t) + \ddot{x}_g(t)|_{\max} \tag{4-26}$$

利用反应谱法对框架结构进行动力响应分析,就是将各振型作用效应采用平方和开方的组合法(SRSS)来求解。

4.4.2.7　三维土体与结构物的动力数值计算

土体与结构物的动力相互作用问题(SSI 问题)是一个涉及土动力学、结构动力学、非线性振动理论、地震波动理论、岩土工程学、结构工程学、计算力学、计算机技术等多学科交叉的研究课题,也是一个涉及非线性、大变形、接触面、局部不连续等现代力学领域众多理论与技术热点的前沿性研究课题。

数值计算的基本思想为:把岩土体和地下结构形成的系统进行单元网格处理,构建系统的平衡方程,特别强调岩土体和地下结构的接触面动力学特征。在此基础上,考虑材料的损伤演化,确定材料的模型参数,结合边界条件,建立完整的岩土体与地下结构物的数值模型,分析地震波作用下结构物的响应规律。

动力时程分析方法是近年来进行抗震设计研究所应用的主要的方法,因为其主要应用于工程科研,这决定了此种方法的复杂性。采用动力时程分析方法时,应对土体的参数及计算模型的大小进行合理选取。同时对有限元计算模型进行选取,《城市轨道交通结构抗震设计规范》(GB 50909—2014)中规定:计算模型的宽度应该大于或等于7倍的结构有效水宽度;计算模型底面人工边界到结构的距离不小于3倍的地下结构竖向有效高度。

对隧道与地下车站结构进行横向地震反应计算时,可采用土-结构动力相互作用计算模型,按平面应变问题分析。当考虑地下车站结构的空间动力效应时,宜采用三维计算分析模型,此时,地下连续墙等受力板构件宜采用板壳单元建模。另外很关键的一点是,不同的场域对应着不同的边界条件。边界条件的选取对模拟的结果影响是巨大的,所以应用动力时程法对边界条件的研究也是必不可少的。

计算步骤如下:

(1)结构建模。作为利用平面有限元或三维有限元进行分析的结构动力模型,可以是有限元模型、质点弹簧以及框架模型等。一般情形下,地层用平面应变单元进行模拟,而隧道、地铁车站等地下结构采用梁单元、杆单元或平面应变单元进行模拟。

(2)边界条件处理。分析土-结构动力相互作用,需从半无限地层介质中离散出合理的有限元模型,截取的人工边界应能模拟连续介质的辐射阻尼并保证不对地震波产生反射,比较成熟的有黏性边界条件、能量传导边界条件、自由场边界条件等局部人工边界条件。

(3)地层非线性处理。地层中的剪切弹性系数、剪切刚度衰减系数随着振动时的非弹性剪切应变而随时变化,其刚度矩阵需进行每一步修正,工作量巨大。

(4)输入地震波选择。抗震相关规范规定,应按建筑场地类别和所处地震动参数区划的特征周期选用不少于两条地震波和一条人工模拟的地震波的加速度时程曲线。弹塑性时程分析所用的地震波加速度峰值应调整为与当地大震相应的加速度峰值,实际地震记录应尽可能与建筑场地的特征周期、土壤性质相接近。

(5)动力方程计算求解。采用逐步积分方法在已知初始值的情形下在微段 $\Delta t=0.01\sim0.02$ s 内积分求解得到第 i 步结果后将其作为第 $i=1$ 步计算的初始值。如此逐步积分最终求得所有时间区段内的数值解。常用的求解方法有线性加速度法、Newmark(纽马克)-β法、Wilson(威尔逊)-θ法及龙格-库塔法等。求解的具体结果与地震波的择用、结构计算模型的择用及杆件恢复力模型的择用有关。

具体实施过程为:首先将地面运动时间 t 按照固定的时间间隔与数量分割成一系列的时间间隔 Δt,然后在每个时间间隔 Δt 内把整个结构体系当作线性体系来计算,最后逐步求出各时刻的反应。

公式(4-27)给出了多自由度体系在地面运动作用下振动方程:

$$M\ddot{x}+C\dot{x}+Kx=-M\ddot{x}_g \tag{4-27}$$

式中 $\dot{x}、\ddot{x}、x、x_g$ ——多自由度体系的水平位移、速度、加速度和地面运动水平加速度;

$M、C、K$ ——体系质量矩阵、阻尼矩阵和刚度矩阵。

在计算过程中,将在地震时记录下来的加速度水平分量和时间曲线划分成很小的时段

Δt 然后逐一对每一个时段利用振动方程进行直接积分,从而求出结构体系在各时刻的位移、速度和加速度,进而计算出结构的内力。

4.4.3 地下结构抗震设计的基本原则

4.4.3.1 建筑场地选择

选择抗震有利地段,避开不利或危险地段。抗震有利地段是指稳定基岩,坚硬土,开阔、平坦、密实、均匀的中硬土等。抗震危险地段指地震时可能发生滑坡、崩塌、地陷、地裂、泥石流等以及发震断裂带上可能发生地表错位的部位。抗震不利地段是指软弱土,液化土以及平面分布上成因、岩性状态明显不均匀的土层(如古河道、断层破碎带、暗埋的浜塘沟及半填挖地基等)。

4.4.3.2 地下结构的规则性

合理的建筑布局和结构布置可以保证地震作用具有明确而直接的传递途径,容易采取抗震构造措施和进行细部处理。规则一般指建筑体型规则,结构平面布置均匀、对称并具有良好的整体性,结构竖向布置均匀,结构的刚度、承载力和质量分布均匀无突变。对于浅埋地下矩形框架结构的车站,其建筑设计应符合抗震理念的要求,不应采用严重不规则的设计方案。

4.4.3.3 结构体系

地下结构抗震体系一般应满足下列要求:

① 应具备明确的计算简图和合理的地震作用传递途径,即受力明确、传力直接。

② 应避免部分结构或构件破坏而导致整个结构丧失抗震能力或对重力荷载的承载能力。

③ 应具备必要的抗震承载力、良好的变形能力和消耗地震能量的能力,即抗震结构体系应同时具备必要的强度和刚度、良好的变形能力和延性。

④ 对可能出现的薄弱部位,应采取措施提高抗震能力。

⑤ 宜有多道抗震防线。不同防线的自振周期应有明显的区别,以避免结构发生共振。

⑥ 宜具有合理的刚度和承载力分布,避免因局部薄弱或突变形成薄弱部位,产生过大的应力集中或塑性变形集中。

⑦ 结构在两个主轴方向的动力特性宜相近。

⑧ 结构应满足整体性要求。构件节点的破坏,不应先于其连接的构件;预埋件的锚固破坏,不应先于连接件;装配式结构构件的连接,应能保证结构的整体性。

4.4.3.4 结构的延性

① 限制竖向结构构件的轴压比

分析表明,轴压比是决定竖向结构构件抗震受力性能的主要因素。地下矩形框架柱是控制截面偏心受拉钢筋先达到抗拉强度,还是受压区混凝土先达到极限拉应变的关键因素。试验研究表明,柱的延性随轴压比的增大而急剧降低。尤其在高轴压比下,即使增加箍筋配置数量也不能明显改变柱的变形能力。减小、限制柱的轴压比,不仅可改善柱的延性,还能够增加其弹塑性滞回耗能能力。控制柱轴压比的有效构造措施有采用普通钢筋混凝土柱、型钢混凝土构件、复合螺旋箍筋柱、连续复合螺旋箍筋柱、截面中心配置芯柱的钢筋混凝土柱以及钢管混凝土柱等多种形式。

② 控制结构构件的破坏形态

a."强柱弱梁"的原则

"强柱弱梁"是一个从结构抗震设计角度提出的结构概念,就是柱子不先于梁破坏,因为梁破坏属于构件破坏,是局部性的,柱子破坏将危及整个结构的安全——可能会整体倒塌,后果严重。要保证柱子更"相对"安全,故要强柱弱梁。

强柱弱梁要求使框架结构塑性铰出现在梁端,以提高结构的变形能力,防止在强烈地震作用下倒塌。强柱弱梁不仅是手段,也是目的,其手段表现为对柱的设计弯矩人为放大,对梁不放大。其目的表现为,调整后柱的抗弯能力比之前强了,而梁不变,即柱的能力提高程度比梁大。这样梁柱一起受力时,梁端可以先于柱屈服。

b."强剪弱弯"的原则

工程设计中,应将梁、柱的受剪承载力分别大于其受弯承载力(按实际配筋面积和材料强度标准值计算的承载力)对应的剪力,推迟或避免其剪切破坏,从而实现延性的弯曲破坏。

c."强核心、强锚固"原则

各个构件是通过节点相互连接组成整体来共同工作的。因此,为了充分发挥各构件的抗震能力,必须加强构件间的相互连接,使其能够满足传递地震力的强度要求和协调强震时构件大变形的延性要求。在竖向荷载和地震作用下,梁柱核心区受力较为复杂,但主要是压力和剪力。若核心区受剪承载力不足,在剪压作用下出现斜裂缝,在反复荷载作用下形成交叉裂缝,将导致结构整体性破坏,梁柱提前失效。因此工程设计中应使各类节点的强度高于构件的强度,保证节点的抗剪承载力不在梁柱构件达到极限承载力之前破坏。

4.5 地下结构抗震构造措施

4.5.5.1 现浇整体钢筋混凝土结构

地下矩形框架结构的车站、隧道宜采用现浇整体钢筋混凝土结构。结构构造措施应严格执行《建筑地基基础设计规范》(GB 50007—2011)、《建筑抗震设计规范》(GB 50011—2010)、《混凝土结构设计规范》(GB 50010—2010)及《混凝土结构工程施工质量验收规范》(GB 50204—2015)等有关规定。

(1) 梁的钢筋配置:涉及梁端纵向钢筋的最大配筋率,混凝土截面受压区相对高度限值,梁端截面的底部与上部纵向钢筋截面面积的比值,梁端箍筋加密区的长度、箍筋最大间距和最小直径,梁纵向受拉钢筋的最小配筋率等。

(2) 箍筋构造:箍筋必须为封闭箍,应有 135°弯钩,弯钩直段的长度不小于箍筋直径的 10 倍。

(3) 避免出现短柱:柱的剪跨比宜大于 2,避免形成易发生脆性破坏的短柱。为使柱具有良好的延性和耗能能力,应严格限制柱的轴压比,柱的轴压比不应超出 0.9。若柱采用型钢混凝土、复合螺旋箍筋、连续复合螺旋箍筋、截面中心配置芯柱以及钢管混凝土组合构件等形式,其轴压比可适当放大。

(4) 柱的纵向钢筋配置:除了对柱纵向钢筋的最小、最大配筋率做限制外,柱纵向钢筋的绑扎接头应避开柱端的箍筋加密区。纵向受拉钢筋的抗震锚固长度为非抗震设计时受拉钢筋的锚固长度乘以大于等于 1 的系数,纵向受拉钢筋的抗震搭接长度为非抗震搭接长度乘以修正系数。当受拉钢筋的直径大于 28 mm 及受压钢筋的直径大于 32 mm 时不宜采用绑扎接头。

（5）框架柱的箍筋能起到抵抗剪力、对混凝土提供约束、防止纵筋压屈等作用。箍筋对混凝土的约束程度影响到柱的延性与耗能能力。因此,相关规范对柱的箍筋加密区范围、加密区箍筋肢距、最小配箍特征值和最小直径等都有严格要求。

（6）特别要加强中柱与顶板、中板钢筋连接,出板 1~2 m 高度范围内加密、加粗受力筋,加密箍筋防止柱发生剪切破坏。连续墙与顶板的连接筋也应加强,防止连接破坏。

4.5.5.2　地下管线

（1）在分水系统中,布置多回路,即用更多的小管道替代单一的大管道,避免单一管道破坏使供给中断。

（2）选择富有延性的管道材料,如钢、延性铁、铜或塑料。

（3）在强震多发区,应考虑采用柔性接头,如橡胶垫和球座型接头,对于滑动管道接头应采用特别长的约束管。

（4）在跨越活动断裂带时,考虑采用特殊的柔性伸缩接头,设计中要允许大的地震运动。

4.5.5.3　抗震缝与接合部

不同几何形状、不同刚度的结构连接处（如车站与隧道连接段）,地震时由于结构产生不同的变形,隧道可能产生较大的不均匀沉陷。因此,需在连接处设置防震缝。防震缝应留有足够的宽度,避免隔开的两部分发生地震碰撞。抗震缝间距可按下式计算:

$$L = \frac{1}{n} \times \frac{\delta}{A} \times \frac{C_{\mathrm{p}}T}{2\pi} \tag{4-28}$$

式中　n_{g}——考虑地下结构动力工作系数（沿区间隧道长度均质的区段 $n_{\mathrm{g}}=2$）;

　　δ——保证防水层不破坏条件下相邻隧道区段的允许极限位移,cm;

　　A——地震时地表土层的振幅,$A=1\sim30$ cm;

　　C_{p}——纵波在土中的传播速度,取 3 m/s;

　　T——地震时地基振动周期,$T=0.2\sim0.4$ s。

4.6　地震应急

4.6.1　地震防灾减灾的基本对策

为了减轻地震灾害造成的经济损失,保障人民生命和财产的安全,我国《防震减灾法》明确提出,我国防震减灾工作实行以预防为主、防御与救助相结合的方针。这一方针准确地反映了我国防震减灾工作历史发展的特点,是对政府部门在防震减灾活动中工作中心的明确规定。《防震减灾法》确立了政府部门在履行防震减灾活动中的工作职责时必须遵循的若干基本法律原则,如防震减灾工作必须与经济和社会协调发展原则、依靠科技进步原则、加强政府的领导原则和政府职能部门分工负责的原则;同时,按照政府部门在防震减灾工作中必须遵循的方针和原则,设定了防震减灾的若干基本法律制度,如地震重点监视防御区制度、地震预报统一发布制度、地震安全性评价制度、破坏性地震应急预案制定与备案制度、震情和灾情速报和公告制度、地震灾害调查评估制度、紧急征用制度等,并且围绕这一系列防震减灾基本法律制度,对地震监测预报、地震灾害预防、地震应急、地震救灾与重建中最重要的社会关系,通过确立政府部门工作职责和明确公民有关权利义务的方式予以法制化。防震减灾工作方针是在总结几十年来我国防震减灾工作的经验和教训的基础上确立的,具有科学性,能够在实践中作为防震减灾各项工作的指导原则。

地震是一种自然现象,地震的发生和造成灾害是不可能完全避免的,所以在做好震前防御工作的同时,还必须有效地实施灾后救助,这种救助可以帮助减少人员的伤亡和财产损失,又可以使灾后的人民生活得以尽快恢复。防震减灾工作方针的制定,首先必须着眼于灾害;其次,这个工作方针必须覆盖灾害的全过程。所以,进入20世纪90年代,防震减灾工作方针调整为"预防为主,防御与救助相结合"。《防震减灾法》肯定了为实践证明是行之有效的防震减灾工作方针,以此作为政府部门履行防震灾工作职责的基本指导思想。

目前,减轻地震灾害的对策从宏观上可分为工程性措施和非工程性措施,二者相辅相成,缺一不可。

工程性防御措施主要是通过加强各类工程的抗震能力来减少地震给人民生命和财产造成的损失;非工程性防御措施是通过增强全社会的防震减灾意识,提高公民在地震灾害中自救、互救能力来减轻地震灾害后果。工程性防御措施和非工程性防御措施都必须予以规范化和制度化,否则,地震灾害预防活动的效果就会很差,或者是由于地震灾害预防活动费时、费力而被人们怀疑或忽视,或者是地震灾害预防活动缺乏必要的强制力,很难有效地开展起来。

4.6.1.1 工程性措施

工程性措施主要包括地震预测预报、工程抗震及地震转移分散三个方面。

（1）地震预测预报

地震预测预报主要是根据对地震地质、地震活动性、地震前兆异常和环境因素等多种情况,通过科学手段进行预测研究,对可能造成灾害的破坏性地震的发生时间、地点、强度的分析、预测和发布。预报按可能发生地震的时间可分为四类：

① 长期预报:预报几年内至几十年内将发生的地震。

② 中期预报:预报几个月至几年内将发生的地震。

③ 短期预报:预报几天至几个月内将发生的地震。

④ 临时预报:预报几天之内将发生的地震。

目前地震预报还存在着许多难以解决的问题,预报的水平仅是"偶有成功,错漏甚多",致使未能及时防范,未能将损失减至最低。

（2）地震转移、分散

地震转移、分散是把可能在人口密集的大城市发生的大地震,通过能量转移,诱发至荒无人烟的山区或远离大陆的深海,或通过能量释放把一次破坏性的大地震化为无数次非破坏性的小震。这种方法目前尚在探索,未有应用。但即使成功,其实用价值也不大。如一个7级地震,需要36 000多个不致造成破坏的4级地震才能释放其能量,其经济投入难以想象。

（3）工程抗震

鉴于地震预报和地震转移分散均不能很好地实现,因此工程抗震成为目前最有效的、最根本的措施。工程抗震是通过工程技术提高城市综合抗御地震的能力和提高各类建筑的耐震性能，当突发地震时，把地震灾害降低至较轻的程度。工程抗震的内容非常丰富，包括地震危险性分析和地震区划、工程结构抗震、工程结构减震控制等。《中华人民共和国防震减灾法》对工程性防震措施提出了规范化的法律要求。

新建工程必须遵守有关法律规定，主要为以下两方面：

① 新建工程必须符合抗震要求。根据《防震减灾法》的规定，凡是新建、扩建、改建建设工程，必须达到抗震设防要求。具体分为三种情况：一是重大建设工程和可能发生严重次生灾害的建设工程，必须进行地震安全性评价，并根据地震安全性评价的结果，确定抗震设防要求，进行抗震设防。二是重大建设工程和可能发生严重次生灾害的建设工程之外的建设工程，必须按照国家颁布的地震烈度区划图或者地震动参数区划图规定的抗震设防要求，进行抗震设防。三是核电站和核设施建设工程，受地震破坏后可能引发放射污染的严重次生灾害，必须认真进行地震安全性评价，并依法进行严格的抗震设防。

《防震减灾法》还对重大建设工程和可能发生严重次生灾害的建设工程明确划定了范围，即所谓重大建设工程是指对社会有重大价值或者有重大影响的工程。所谓可能发生严重次生灾害的建设工程是指受地震破坏后可能引发水灾、火灾、爆炸，或者剧毒、强腐蚀性、放射性物质大量泄漏和其他严重次生灾害的建设工程，包括水库大坝和贮油、贮气设施，贮存易燃易爆或者剧毒、强腐蚀性、放射性物质的设施，以及其他可能发生严重次生灾害的建设工程。

② 建设工程必须按照抗震设计规范进行抗震设计，并按照抗震设计进行施工。抗震设计规范与抗震设防要求一样，都是建设工程必须遵循的基本规定。为了保证抗震设计规范的权威性，法律规定，抗震设计规范由专门的国家机关负责制定，主要包括两种情况：第一，国务院建设行政主管部门负责制定各类房屋建筑及其附属设施和城市市政设施的建设工程的抗震设计规范；第二，国务院铁路、交通、民用航空、水利和其他有关专业主管部门负责制定铁路、公路、港口、码头、机场、水利工程和其他专业建设工程的抗震设计规范。

《防震减灾法》不仅对新建工程提出了最基本的法律要求，对已建工程也提出了相应的法律要求。这一要求的主要内容是凡是符合《防震减灾法》所规定条件的已建工程，都必须依法进行抗震加固。抗震加固是增强已建工程抗御地震灾害能力的重要手段。《防震减灾法》对于需要进行抗震加固的已建工程的范围和性质做了具体的要求。

《防震减灾法》对地震可能引起的次生灾害源的防范提出了法律要求，规定了有关地方人民政府有责任采取相应的措施有效地防范可能引起的火灾、水灾、山体滑坡、放射性污染、疫情等次生灾害。

4.6.1.2　非工程性措施

非工程性防御措施主要是指各级人民政府以及有关社会组织采取的工程性防御措施之外的依法减灾活动，包括建立健全减灾工作体系，制定防震减灾规划，开展防震减灾宣传、教育、培训、演习、科研，以及推进地震灾害保险、救灾资金和物资储备等工作。《防震减灾法》除了详细规定了工程性防御措施以外，还对非工程性防御措施做了基本要求，主要内容涉及以下几个方面：

（1）编制防震减灾规划。

（2）加强防震减灾宣传教育。

（3）做好抗震救灾资金和物资储备。

（4）建立地震灾害保险制度。

4.6.2 分级响应

4.6.2.1 地震灾害事件分级

特别重大地震灾害,是指造成300人以上死亡（含失踪）,或直接经济损失占该省（区、市）上年国内生产总值1‰以上的地震;发生在人口较密集地区7.0级以上地震,人口密集地区6.0级以上地震,可初判为特别重大地震灾害。

重大地震灾害,是指造成50人以上、300人以下死亡（含失踪）,或造成严重经济损失的地震;发生人口较密集地区发生6.0级以上、7.0级以下地震,人口密集地区5.0级以上、6.0级以下地震,可初判为重大地震灾害。

较大地震灾害,是指造成10人以上、50人以下死亡（含失踪）,或造成较严重经济损失的地震;发生人口较密集地区发生5.0级以上、6.0级以下地震,人口密集地区4.0级以上、5.0级以下地震,可初判为较大地震灾害。

一般地震灾害,是指造成10人以下死亡（含失踪）,或造成一定经济损失的地震;发生在人口较密集地区发生4.0级以上、5.0级以下地震,可初判为一般地震灾害

4.6.2.2 地震应急响应分级和启动条件

应对特别重大地震灾害,启动Ⅰ级响应。由灾区所在省级抗震救灾指挥部领导灾区地震应急工作;国务院抗震救灾指挥机构负责统一领导、指挥和协调全国抗震救灾工作。

应对重大地震灾害,启动Ⅱ级响应。由灾区所在省级抗震救灾指挥部领导灾区地震应急工作;国务院抗震救灾指挥部根据情况,组织协调有关部门和单位开展国家地震应急工作。

应对较大地震灾害,启动Ⅲ级响应。在灾区所在省级抗震救灾指挥部的支持下,由灾区所在市级抗震救灾指挥部领导灾区地震应急工作。中国地震局等国家有关部门和单位根据灾区需求,协助做好抗震救灾工作。

应对一般地震灾害,启动Ⅳ级响应。在灾区所在省、市级抗震救灾指挥部的支持下,由灾区所在县级抗震救灾指挥部领导灾区地震应急工作。中国地震局等国家有关部门和单位根据灾区需求,协助做好抗震救灾工作。

如果地震灾害使灾区丧失自我恢复能力,需要上级政府支援,或者地震灾害发生在边疆地区、少数民族聚居地区和其他特殊地区,应根据需要相应提高响应级别。

4.6.2.3 通信

震区地方各级人民政府应迅速调查了解灾情,向上级人民政府报告并抄送地震部门;重大地震灾害和特别重大地震灾害情况可越级报告。国务院民政、公安、安全生产监管、交通、铁道、水利、建设、教育、卫生等有关部门迅速了解震情灾情,及时报国务院办公厅并抄送国务院抗震救灾指挥部办公室、中国地震局和民政部。

中国地震局负责汇总灾情、社会影响等情况,收到特别重大、重大地震信息后,应在4 h内报送国务院办公厅并及时续报;同时向新闻宣传主管部门通报情况。国务院抗震救灾指挥部办公室、中国地震局和有关省（区、市）地震局依照有关信息公开规定,及时公布震情和灾情信息。在地震灾害发生1 h内,组织关于地震时间、地点和震级的公告;在地震灾害发

生 24 h 内,根据初步掌握的情况,组织灾情和震情趋势判断的公告;适时组织后续公告。

及时开通地震应急通信链路,利用公共网络、通信卫星等,实时获得地震灾害现场的情况。地震现场工作队携带海事卫星、VSAT(甚小口径天线终端)卫星地面站等设备赶赴灾害现场,并架通通信链路,保持灾害现场与国务院抗震救灾指挥部的实时联络。灾区信息产业部门派出移动应急通信车,及时采取措施恢复地震破坏的通信线路和设备,确保灾区通信畅通。

4.6.3　地震应急

减轻地震灾害是一项宏大的系统工程,主要内容包括震前的抗震防灾、震时的应急处理、震后的抢险救灾和恢复重建。地震应急是其中主要内容之一。

破坏性地震发生后,尤其是严重破坏性地震发生后,能否采取有效地采取应急措施直接关系到人民生命和财产的安全。国内外地震应急活动的实践表明,有组织、高效率地开展地震应急活动,可以最大限度地减少地震灾害给人民生命和财产造成的损失。地震应急的根本目的在于:在临震前采取尽可能有效的措施,保护人民的生命安全,保护重要设施(如生命线系统)不受或少受损失;在灾害发生后尽可能迅速、有效地开展救援活动并采取措施防止灾害的扩大,迅速地恢复社会秩序。

1995 年国务院发布了《破坏性地震应急条例》,这是我国关于地震应急的第一个行政法规,该行政法规的出台改变了我国地震应急长期无法可依的现象,为地震应急活动的法制化提供了法律依据。《破坏性地震应急条例》对应急机构、应急预案、临震应急、震后应急等地震应急活动做了规定。自《破坏性地震应急条例》发布以来,在发生的地震应急活动中,地震灾区的人民政府很好地实施了该条例的规定,对于保护人民生命和财产的安全发挥了重要的作用。

地震应急活动的内容:建立组织和领导机构;事先制定好应急预案;在地震灾害突发时能够按照明确的职责分工,及时、有效地组织实施应急预案的队伍;灾区全体人民积极参与和努力。

4.6.3.1　制定地震应急预案的组织工作

地震应急预案是在“以预防为主”的防震减灾工作方针指导下,事先制定的在破坏性地震突然发生后政府和社会采取紧急防灾和抢险救灾的行动计划。正因为地震应急预案是地震应急工作的基础,所以,制定地震应急预案是一项非常重要工作,必须在地震行政主管部门的指导下,在充分考虑各种防灾条件的基础上制定。《防震减灾法》规定了地震应急预案制定工作的组织程序,主要包括:国务院地震行政主管部门会同国务院有关部门制定国家破坏性地震应急预案,报国务院批准。国务院有关部门应当根据国家破坏性地震应急预案,制定本部门的破坏性地震应急预案,并报国务院地震行政主管部门备案。可能发生破坏性地震地区的县级以上地方人民政府负责管理地震工作的部门或者机构,应当会同有关部门参照国家破坏性地震应急预案,制定本行政区域内的破坏性地震应急预案,报本级人民政府批准;省、自治区和人口在一百万以上的城市的破坏性地震应急预案,还应当报国务院地震行政主管部门备案。

4.6.3.2　地震应急预案的内容要求和组织实施

地震应急预案应具有下列规范性的内容:

① 应急机构的组成和职责；

② 应急通信保障；

③ 抢险救援人员的组织和资金、物资的准备；

④ 应急、救助装备的准备；

⑤ 灾害评估准备；

⑥ 应急行动方案。

《国家破坏性地震应急预案》对应急工作的要求是：一般破坏性地震发生后，由省、自治区、直辖市人民政府领导本行政区域内的地震应急工作；严重破坏性地震发生后，由省、自治区、直辖市人民政府领导本行政区域内的地震应急工作，国务院根据灾情组织、协调有关部门和单位对灾区进行紧急支援；造成特大损失的严重破坏性地震发生后，省、自治区、直辖市人民政府抗震救灾指挥部组织、指挥灾区地震应急工作，国务院抗震救灾指挥部领导、指挥和协调地震应急工作。

思 考 题

1. 解释地震震级、纵波、横波、瑞利波、勒夫波、反应谱的概念。

2. 地下工程抗震分析方法有哪几类？各有何优缺点？

3. 抗震减灾的工程性措施和非工程性措施包含哪些主要内容？

4. 地震应急预案一般包括哪些主要内容？

第 5 章　地下工程战争灾害的防护

进入 20 世纪 90 年代以来,世界已经经历了多次高技术局部战争,特别是海湾战争、科索沃战争、阿富汗战争和伊拉克战争,给我们展示了数字化局部战争的雏形。它告诉我们现代战争进入以信息化为核心,以非接触为作战方式,以作战一体化为基本特征,以太空为战略制高点的新的阶段。

5.1　概述

5.1.1　现代战争的特点

5.1.1.1　以非接触空中打击为主要作战方式

现代战略空袭可以单独摧毁对方的军事实力和战争潜力,给地面作战创造速战速决的有利条件,达成有限的军事目的。在某些情况下,甚至可以通过空袭最终结束战争。因此,空袭作战无疑将成为 21 世纪信息化战争的主要作战样式。

5.1.1.2　以信息化战争为核心

信息是高技术武器装备发挥战斗效能的关键,是实施有效指挥的保障,是衡量军事能力的重要因素。掌握信息,获取信息优势,不仅是取得战场优势的基本条件,而且是最终赢得战争胜利的重要保证。如果说当年的海湾战争还带有许多机械化战争特征的话,那么伊拉克战争则进一步展示了人类战争向信息化战争迈进的历史跨越。这场战争是以信息网为支撑,以信息情报为主导,以控制对手的精神和意志为目标,以精确打击为手段的信息化战争。

信息化战争的特点是战场的网络化,作战的核心是争夺控制信息权。如果说机械化战争是打钢铁,那么信息化战争则是打网络。谁控制网络,谁掌握信息,谁就拥有战场的主导权。通过网络,作战信息将实现获取、传输和处理一体化,作战空间将实现多维一体化,作战力量将实现合成一体化,作战行动将实现协调一体化。

今天的战场已不再是看谁火力强,而是看谁先发现对方,谁比对方反应快和谁比对方打得准。作战成败不再仅仅取决于钢铁的数量、弹药的当量等物能对比,而是首先取决于谁以较为先进的数字化技术手段,最多最快最准地去获取和利用战场信息,有效地控制和释放战场物能。信息已成为决定战争胜负的第一要素。

5.1.1.3　以一体化的军事力量构成体系

未来战争,主要是高技术条件下的联合作战,整个作战体系是一个内部结构庞杂而联系紧密的完整系统。该系统由许多作用、地位各不相同但功能互补、缺一不可的子系统有机构成,如武器系统、指挥系统、保障系统等,均对整个作战系统的运转具有至关重要的作用。其中任何一个子系统或一个环节出现故障,都会影响整个系统的正常运转,甚至导致系统瘫痪。因而,未来战争的打击重点将主要是战场侦察系统、指挥控制中心、高技术武器作战平台、情报网等要害目标。通过对这些系统关键点的有效打击,破坏对手的平衡,使其丧失应有的功能和作战能力,从而更及时、更准确地达成战略战役目的,推动整个作战全局向着更有利于己方的方向发展。

5.1.1.4 争夺高技术质量优势

科学技术的发展,必然导致军事技术的进步。军事技术的进步是军事领域一切变革的基础,一旦技术的进步用于军事目的,就必然引起作战方式和组织结构的变化。军事技术变革的出现,必然导致武器装备变革的发生。以军事信息技术为核心的军事高技术群,正在或必然将使人类进行战争的工具——武器装备发生变革,即由热兵器和热核兵器阶段进入高技术兵器或信息化武器系统阶段。

自人类进入机械化战争以来,对火力和机动的过分追求,导致了军事力量急剧膨胀,却使军事力量的使用受到了极大的限制。

当前,世界正发生以信息技术为核心的新军事变革。这场新军事变革的目的和重要结果之一,就是要做到有区别地精确使用军事力量,即用远程精确制导武器准确打击敌人的要害和薄弱环节,迅速达到作战目的,并减少战争消耗和附带性毁伤。

5.1.2 人民防空工程在现代战争中的地位和作用

实践证明:完善的人民防空工程体系在高技术局部战争中具有极为重要的作用。在和平时期对于捍卫祖国领土主权完整、维护世界和平也有一定战略威慑作用;战时可有效保存有生力量和战争潜力,有效增加对方的战争消耗。民防工程的作用主要体现在以下几点。

5.1.2.1 有利于实施信息化作战

数字化局部战争的最鲜明特征是通过数字化技术,将多兵种的作战能力以及各种作战条件和要素结合起来以形成最优的作战能力,而人民防空工程就是形成这种最优作战能力的一个场所。数字化局部战争离不开人民防空工程,先进的指挥系统有了坚固的防护设施保护才能发挥可靠的作用,因此现代化的战略指挥工程就成了打赢数字化局部战争的神经中枢和统帅部。

5.1.2.2 对武器的袭击有较好的防御作用

人民防空工程与其他军事装备、设施相比,其最大的优点是增加其结构防护层厚度和抗力时不受重量的限制,这正是不论打击武器怎样发展防护工程总能经受其打击的一个主要原因。如果将人民防空工程与现在科技和高新武器结合起来使用,就更能提高人民防空工程的作用。在精确制导钻地武器这种强大的打击能力下,目前的一般性设施或军事装备都不太可能提供可靠的自我防护能力,只有依靠坚固的人民防空工程才能抵抗这种打击。如果能够充分地利用人民防空工程所在的地形,结合多种防护手段和技术,完全能够有效降低精确制导钻地武器的效能。对弹体运载工具的控制系统进行干扰,或选择合适的地形地貌,对地下工程进行隐蔽、伪装、分隔、分散,可使弹体无法实施正面撞击,从而达到积极防御的目的。

5.1.2.3 与其他作战要素相结合,提高战斗及防御能力

如果将防护工程与天然地形地貌、周边环境、人工构筑物和干扰设施等结合起来使用,可以取得作战保密和保存实力的良好效果。只要灵活地设置好人民防空工程,充分地利用

其他作战要素,就能使敌人难于侦察和获取情报,可以伪装好己方的行动,便于实施军事计划达到作战保密之目的。

人民防空工程与其他作战要素相结合既有利于人民防空工程的生存,也有利于发挥其他作战要素的作用。如果人民防空工程与防空力量有机结合,可以利用防空武器打击精确制导导弹、武装直升机和现代隐形飞机,同时也可利用防护工程提高这些防空力量的生存能力。

5.1.2.4　有利于利用作战战术,保证机动作战的胜利

在战术运用上,人民防空工程可以发挥不小的作用,为保证机动作战胜利创造许多有利的条件。第一,有利于集中兵力实施决战。大型的阵地工程体系,往往可以迫使进攻方实施迂回行动、集结兵力或暴露进攻重心,为防御方实施反击和决战赢得时间,赢得战机。第二,有助于预测战场事态的发展。通过人民防空工程可以牵制敌方,使敌方做出相应的反应,为判断敌方作战意图、预测战争的发展提供判断数据。第三,通过人民防空工程可以使敌方在机动和迂回中暴露弱点,有利于打击敌方薄弱环节。第四,有利于己方机动作战部队实施快速机动作战。防护工程具有良好的防护、通信和情报搜集能力,它不仅为机动作战部队提供良好的作战条件,而且还有助于战役指挥官实施作战指挥和控制,并可提供一定的后勤补给。

5.1.3　应对新的军事变革,加强我国的防护工程建设势在必行

布局科学、结构合理、功能完备、与经济建设发展相适应的人民防空工程建设,对于保障国家安全与发展,提高我军的作战效能和防卫力以及保护广大人民群众和国家财产,具有重要的战略意义。因此,科学分析我国的周边国际环境,认真研究高技术局部战争的特点,探讨如何进一步搞好人民防空工程建设,已成为一项刻不容缓的任务。

人民防空工程是战时防空袭,平时防灾,掩蔽人员、物资,保护人民生命和财产安全的重要场所。加强人民防空工程建设对于提高城市防灾抗毁能力和开发地下空间具有重要的作用。

人民防空工程建设与城市建设相结合是我国积累和创造的成功经验。抓好人民防空工程建设与城市建设相结合,必须研究解决好以下几个问题:第一,要积极与城市规划部门协调配合,真正把城市建设的总体规划与人民防空建设规划落到实处;第二,要统筹规划,真正使人民防空工程建设做到布局科学合理,各类工程配套齐全,比例协调;第三,要充分重视工程建设的周边环境,重要经济目标建设特别是化工厂、变电站、炼油厂等易产生次生灾害的厂矿、企业,要远离人口稠密区。

5.2　核武器的爆炸效应及防护原理

5.2.1　核武器及其效应

5.2.1.1　核武器及爆炸的方式

利用原子核裂变反应(原子弹)或聚变反应(氢弹)时突然释放的巨大能量起杀伤破坏作用的武器称为核武器。中子弹在爆炸原理上属于氢弹类型。核武器的威力用能量与其相当

的普通炸药梯恩梯(TNT,即三硝基甲苯)的质量来表示,称为当量。

核武器在空气中爆炸时的破坏杀伤因素主要有空气冲击波、热辐射、早期核辐射和放射性沾染及电磁效应等。除放射性沾染能在较长时间内起作用外,其余的作用时间均较短暂。

核武器爆炸后产生的各种杀伤破坏作用,取决于核爆炸时核武器装药当量与地表的相对位置。区分核武器的爆炸方式,主要根据参数比例爆高 H_s。比例爆高计算公式为:

$$H_s = H / \sqrt[3]{W} \tag{5-1}$$

式中　　H——爆炸高度,m;

　　　　W——核武器 TNT 当量,kt。

一般,$H_s > 40$ m 时为空中爆炸,0 m $< H_s \le 40$ m 时为地面爆炸,$H_s < 0$ m 时为地下爆炸。

(1) 空中爆炸

空中爆炸是指爆炸产生的火球不与地面接触的核爆炸,几乎不产生弹坑效应。空气冲击波、光辐射、早期核辐射、放射性沾染和电磁脉冲效应主要取决于爆炸高度和核装药的当量。其中空气冲击波是对工程的主要破坏因素。地冲击效应主要是空气冲击波的能量与大地耦合产生的间接效应,一般强度不大。攻击城市地下人防工程一般不采用空中爆炸。

(2) 地面爆炸

火球与地表接触的爆炸称为地面爆炸。核弹的端部或边缘与地面直接接触时又称触地爆炸($H_s = 0$)。地面爆炸时,前述的诸种爆炸效应均存在。其中空气冲击波和地冲击显得更为重要。放射性沾染比空爆时严重,这是因为地爆时把更多的地面物质及尘埃带到空中,并变得具有强烈的放射性。攻击坚固设防地域常采用核武器地面爆炸方式;攻击特别重要的军事地下工程则可能采用触地爆方式,因为触地爆产生的强烈的地冲击是摧毁埋设地层内较深的坚固防护工程的有效手段。

(3) 地下爆炸

地下核爆炸是核装料重心位于地表以下的一种核爆炸方式。地下爆炸包括两种情况,即近地表(浅层)爆炸和完全封闭式爆炸。完全封闭式爆炸时火球不冒出地表面,随着地下爆炸深度的增加,爆炸的能量越来越多地消耗于形成弹坑和地冲击效应方面,空气冲击波和辐射效应却相应降低。封闭式地下爆炸不产生空气冲击波效应。

军事作战上将核武器地下爆炸又称为钻地爆($H_s < 0$)。要使作战的核武器投掷到敌方目标并钻入地下爆炸,需要解决一系列重要技术难题。从军事理论上讲,核武器钻地爆主要用于攻击深埋地下的导弹发射井和特别重要的战略防护工程。

5.2.1.2　核武器的爆炸效应

核武器空中爆炸时,在爆炸瞬间发出强烈的闪光,继而出现光亮的火球,随后火球膨胀,在几秒至十余秒时间内火球逐渐冷却。在此期间还发出不可见的早期核辐射、光辐射及空气冲击波。火球将地面上的尘埃掀起呈柱状上升,与火球烟云聚合成蘑菇状烟云内的物质受强大的早期核辐射而产生感生放射现象,这些烟云随风飘散下落,形成放射性尘埃,回落地面后使爆心下风方向的地区成为放射性沾染地段。

核武器在地面附近爆炸时,地面附近岩土受高温高压弹体蒸汽的冲击,会形成弹坑,并向地下传播直接地冲击波。

(1) 光辐射(热辐射)

核爆炸时,在反应区内可达几千万摄氏度高温,瞬间发出耀眼的闪光,时间极短,主要是低频紫外线及可见光。闪光过后紧接着形成的明亮火球的表面温度达 6 000 ℃以上,近于太阳表面的温度。从火球表面辐射出光和红外线,时间一般为 1～3 s。光辐射的杀伤破坏作用,主要发生在这一阶段。

光辐射的强度用光冲量表示。光冲量是指火球在整个发光期间与光线传播方向垂直的单位面积上的热量,单位多用 cal/cm^2。空中爆炸时,光辐射能量约占总能量的 35%。

光辐射在冲击波到达以前就使被照射的地面物体温度升高,引起物体的燃烧和熔化,能直接烧伤暴露着的人员皮肤或引燃衣物造成间接烧伤。直视闪光还会烧伤眼底而使人失明。

（2）空气冲击波

核武器空中爆炸时,反应区内的高温高压气团猛烈向外扩张,冲击和压缩邻近的空气,形成空气冲击波向外围传播。冲击波来到时,地面上的空气超压（超过正常大气压的那部分压力称为超压）从零瞬时升到峰值,然后随着波阵面的传播逐渐衰减到零,并紧接着出现负压,负压逐渐达到最大值后又恢复到零,如图 5-1 所示。地面冲击波超压的各个参数（超压峰值 ΔP_d、最大负压 ΔP_-、正压作用时间 t_+、负压作用时间 t_-）决定于核武器的当量、爆高以及该处地面到爆心投影点的距离。

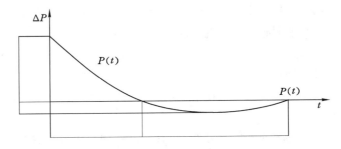

图 5-1　空气超压随核武器爆炸时间的变化过程

空气质点高速运动冲击所能产生的压力称为动压。动压的作用只有当空气质点运动受阻时才会表现出来。暴露于地面的人体或建筑物等,受冲击波作用时,冲击波的超压将使人体及建筑物受到挤压作用,动压将使人体和建筑物受到冲击和抛掷作用。由于冲击波的作用时间长达零点几秒至一秒以上,并可以绕过障碍物,从出入口、通风口等孔洞进入工程内部使人员或设备受到损伤。

空气冲击波沿地面传播时,一部分能量传入地下而在地层内形成岩（土）中冲击波,工程中又称为岩土中的压缩波,进而破坏岩土中的防护工程和其他地下工程。

空气核爆炸所释放的能量有 50%～60%形成了冲击波。因此,空气冲击波是对人员和防护工程主要的破坏杀伤因素。

（3）早期核辐射

早期核辐射主要是由爆炸最初十几秒钟内放出的 α 射线、β 射线、γ 射线和中子流。其中 α、β 射线穿透力弱,传播距离近,在早期核辐射中对有掩蔽的人员危害不大。

早期核辐射（γ 射线和中子）具有下列特点：

① 穿透力强。γ 射线和中子能穿透较厚的物质层,能透入人体造成伤害。

② 引起放射性损伤。它能引起机体组织电离,使机体生理机能改变形成放射病,严重者可以致死。早期核辐射还能使电子元(器)件失效、光学玻璃变暗、药品变质等,从而使指挥通信系统、光学瞄准系统、战时医疗工作受损。

③ 传播时发生散射。早期核辐射刚发生时以直线传播,但它在通过空气层时与空气分子碰撞而改变传播方向(称为散射),这种作用会使隐蔽在障碍物后的人员受到伤害。

④ 中子会造成其他物质发生感生放射性。例如土壤、灰尘、兵器、食物等的元素易吸收中子而变成放射性同位素。它们在衰变过程中会发出 β 射线和 γ 射线,使人员受伤。

⑤ 早期核辐射作用时间很短,仅几秒到十几秒钟。核防护中核辐射的度量单位为戈瑞(Gy)。

(4) 放射性沾染

核爆炸产生的大量放射性物质,绝大部分存在于火球及烟云中,主要是核裂变碎片及未反应的核装料。当火球及烟云上升膨胀时,吸进来的土壤及其他物质在中子照射下变成放射性同位素(感生放射性物质)。它们随风飘散下落(又称为核沉降),在地面及附近空间形成一个被放射性物质污染的地带。此外,在核爆炸早期核辐射作用下,地面物质也会产生感生放射性。这些总称为放射性沾染。

地爆时的核反应产物混同大量的地面尘土,重新落到地面后会造成严重的放射性沾染。空爆的爆炸产物大部分漂浮空中,缓慢地下落到很大面积上,地面受到的沾染程度较轻。空爆的放射性沾染主要是地面感生放射性物质造成的。

放射性沾染杀伤人员的特点是持续时间长、伤害途径多。当人员接近被沾染的地面和物体时,可直接受到射线照射引起射线病;人员也可能因吸入污染的空气、吃进污染的食品和水,引起内照射伤害;放射性灰尘直接落在皮肤上还会引起灼伤。

(5) 核电磁脉冲

核爆炸时伴随有电磁脉冲发射。另外,早期核辐射和光辐射也会引起空气电离使大气电离性质发生变化。电磁脉冲的成分大部分是能量位于无线电频谱内的电磁波。其范围大致在输电频率到雷达系统的频率之间。与闪电和无线广播电台产生的电磁波相似,具有很宽的频带。

近地核爆炸和高空核爆炸由不同的机制产生电磁脉冲。高空核爆炸由于源区的位置很高,因而脉冲场可能影响地球很大的范围,达几千平方千米。地下核爆炸中也会产生电磁脉冲,但岩土的封闭作用使武器碎片的膨胀被限制在很小的范围内,因而电磁脉冲的范围较小。

电磁脉冲可以透过一定厚度的钢筋混凝土及未经屏蔽的钢板等结构物,使位于地下工程内的电气、电子设备系统受干扰损坏。

(6) 直接地冲击

直接引起的地冲击,是指核爆炸由爆心处直接耦合入地层内的能量所产生的初始应力波引起的地冲击。对于完全封闭的地下核爆炸,实际是存在的唯一的地冲击形式;空中段爆炸一般不存在直接引起的地冲击;对于触地爆或近地爆,直接地冲击是爆心下地冲击的主要形式。

(7) 冲击与振动

由直接地冲击或空气冲击波沿地面传播产生的地运动,有时虽然没有造成结构破坏,但可使结构产生振动(振动位移、速度、加速度)。当振动参数值超过人员或设备可以耐受的限度时,会造成人员伤亡和设备损坏。这种损伤较易发生在地下浅层,承受近地或触地核爆炸的情况。

5.2.2 人民防空工程对核武器的防护

5.2.2.1 对总体规划的要求

人防工程的位置、规模、战时及平时的用途,应和城市建设相结合规划,地上与地下综合考虑,统筹安排。人民防空工程距甲类、乙类易燃易爆生产厂房、库房以及有害液体、重毒气体的贮罐应有一定的安全距离。这是因为一旦发生核爆炸,上述建筑发生破坏将会产生次生灾害,严重破坏人民防空工程。

5.2.2.2 光辐射和早期核辐射的防护

光辐射主要通过岩土及结构进入工程内部,如地面有密集建筑群,有可能引起大面积的持续火灾,燃烧时间可持续数小时。长时间的高温能降低覆土较薄的地下工事的强度,并使工事内部温度升高乃至断绝外部新鲜空气的供给。

人民防空工程出入口的防护(密)门、防爆活门等应采用密度大的材料制作,如钢筋混凝土、钢板制作。宜避免热辐射直接照射,门外的电缆等应埋入地下防止烧坏。设备上的外露胶条、木板等易燃物应采取保护措施,如敷以白漆、白石棉粉等浅色涂料,或辅以隔热耐高温材料。

早期核辐射对于工程本身没有破坏作用,但有穿透作用。人民防空工程应有一定的埋深及外墙应有一定的厚度,可防止早期核辐射透过土壤覆盖层和工程衬砌进入内部的危害。需要指出的是,防空地下室上面的建筑本身对削弱早期核辐射剂量是有利的。为了减少从出入口进入并穿透通道临空墙和防护门到达室内的核辐射剂量,各道防护门、密闭门加起来要有一定的总厚,通道也要有一定的长度。增加通道拐弯数对减弱来自口部的辐射最为有效。与通道紧邻的个别房间如可能透入较大剂量的辐射,可以在建筑布局上安排合适的用途。

虽然早期核辐射分别通过防护层和孔口时受到衰减,但是进入工程内部后仍剩余一定的剂量。

防护工程防早期核辐射的设计任务,是保证进入工程内部的总剩余早期核辐射剂量不超过工程的设计剂量限值。

防早期核辐射设计,一般是在防护工程进行强度设计的基础上进行验算。大致以下步骤进行:

(1)根据工程抗力等级、核武器当量、爆炸方式、工程所在地的平均空气密度等参数,计算工程所在位置处地面早期核辐射剂量。

(2)计算通过防护层进入工程内部的剩余辐射剂量。

(3)计算从孔口、通道进入工程内部的剩余辐射剂量。

(4)将两者的总剂量与工程的设计剂量限值比较,不超过限值则满足设计要求。如不满足则重新调整工程结构设计参数,重新进行验算直至达到要求。

对于一般抗力要求较低的人民防空工程(如防空地下室),要保证有一定出入口通道长度,覆土加顶盖要有一定的厚度。在《人民防空工程设计规范》(GB 50225—2005)中直接给出了这些参数,设计时只要满足规定的厚度要求,就可满足对早期核辐射的防护要求。

5.2.2.3 核电磁脉冲的防护

防护工程内电力、电子系统对核电磁脉冲的防护,大体可以分为两个方面:第一是抗电磁脉冲的工程防护;第二是提高系统自身的抗电磁脉冲的能力。后者是设备的设计生产问题,这里主要讨论核电磁脉冲的工程防护。从工程建设的专业上讲,应是以电气工程专业为主,土建工程专业协助配合。对于电气工程专业提出的工程防护措施,从建筑结构上予以实现和完善。

根据前述核爆炸电磁脉冲能量进入工程的各种主要途径,科学研究和工程实践已提出多种可行的工程防护措施。总的原则有三个方面,即衰减、屏蔽和接地。

衰减就是提高对电磁脉冲的衰减率,例如在工程口部增加弯折段、安装金属波导段等。屏蔽就是利用导电或导磁材料制成屏蔽体将电磁能量限制在一定的空间范围内,使场的能量从屏蔽体的一面传到另一面时受到很大的削弱。例如利用钢筋混凝土工程结构的钢筋或钢构件连接成整体回路形成屏蔽体,以提高工程整体对电磁脉冲的防护能力;又如将重要设备房间的内壁,粘贴全封闭的钢板构造屏蔽层从而起到保护设备的作用。接地是在通常和事故的情况下,利用大地作为接地回路的一个元件,将接地处的电位固定在某一允许数值上,工程的电力设备系统一般不单独设置防核电磁脉冲接地,而是与防电接地、保护接地、工程接地一起组合成一个共用接地系统。工程内的电子设备系统可以单独设置抗电磁脉冲接地系统,也可采用共用接地系统。

在工程结构上采取必要的屏蔽措施,最有效的办法是用钢板等金属板材将需要屏蔽的房间乃至整个工程结构封闭式地包起来并良好接地,或对需要屏蔽的房间用一定细密程度的钢丝网包起来。对于一般的装备及人员,电磁脉冲不致造成危害。关于各种抗电磁脉冲的工程措施的详细构造,可参阅有关的设计规程、规范。

5.2.2.4 核爆炸空气冲击的防护

(1)空气冲击波的特性

爆炸是能量在瞬间集中释放的结果。当爆炸发生在空气介质中时,反应区内瞬时形成的极高压力与周围未扰动的空气处于极端的不平衡状态,于是形成一种高压波从爆心向外传播。这是一个强烈挤压邻近空气并不断向外扩展的压缩空气层,它的前沿犹如一道运动着的高压气体墙面,前沿上的超压值最高,靠里则逐渐降低。当压缩区的前沿离开爆心一定距离以后,由于气体运动的惯性影响以及在爆心处得不到能量的进一步补充,于是在紧随压缩区之后就出现了压力低于正常大气压的空气稀疏区。紧密相连的压缩区和稀疏区脱离爆心向四周传播,这就是空气冲击波[图 5-2(a)]。

图 5-2(c)所示为压缩区和稀疏区内的压力分布情况。压缩区的前沿与未扰动空气的分界面称为冲击波的波阵面或波头。在波阵面上,气体的压力密度、温度和空气分子的运动速度都达到最大值,这是冲击波的主要特点。波阵面以超音速向前推进,由于能量的空间扩散和耗散,离开爆心,波阵面的超压不断降低,同时压缩区和稀疏区的厚度也越来越大,最后转为普通的气流。

图 5-2(b)表示了冲击波通过空间某一点时,该处压力随时间的变化情况。冲击波到来时,该处超压瞬时由零增到峰值 ΔP_z,然后随着压缩区通过,该点压力不断减小,紧接着稀疏区通过,超压变为负值,负压逐渐增大到最大值 ΔP_- 后又逐渐减小并恢复到正大气压。压

缩区通过的持续时间称为正压作用时间 t_+，稀疏区通过的持续时间称为负作用时间 t_-。

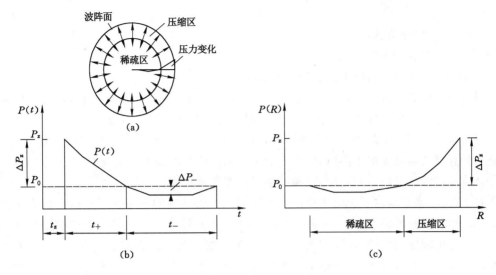

图 5-2　空气冲击波

（2）核爆炸冲击波的防护措施

核爆空气冲击波对地下工事的破坏途径主要有以下几种：

① 破坏出入口和通风口附近的地面建筑物或挡土墙，使工事口部堵塞。

② 直接进入工程的各种孔口，破坏口部通道、临空墙以及孔口防护设备，杀伤内部人员。

③ 压缩地表面产生土中压缩波，通过压缩波破坏工事结构。

所以工事的出入口和通风口应避开地面建筑物的倒塌范围，出入口露出地面部分宜做成破坏后易于清除的轻型构筑物。若因条件限制不能避开，出入口的敞开段上方设置防倒塌棚架，通风口应有防堵措施。应该设置两个以上的出入口，并保持不同朝向和一定距离以减少同时遭到破坏的可能性。工程结构和口部构件要按照冲击和压缩波的动力作用进行设计，为此应尽量利用工事上方自然地层的防护能力，并应合理选择口部位置和有利地形，以减小冲击对口部的反射超压和压缩波的强度。

出入口的防护门、防护密闭门和防护密闭盖板，通风口的防爆活门可以阻挡冲击波，使其不能进入人防工程内部。

在给水、排水系统的管道口安置具有一定抗力的密闭阀门或消波装置。掩蔽部的排污口应设计成具有防冲击波作用的防爆波井。各种穿墙管均需采用良好的封堵措施。需要注意的是，在工程外墙与岩土交界面附近，由于工程和岩土介质位移的不协调，有可能在界面上发生错动而将该处的管线剪断或拉断，因此，穿墙管道的防爆装置必须有足够的抗力。

（3）结构及构件防核爆炸冲击波的设计

① 计算方法

人民防空工程结构设计中常用两种动力分析方法，一种是等效静荷载法，另一种是动力响应数值分析方法（有限单元法、数值积分法、振型叠加法、插分法等）。等效静荷载法是将一个真实结构，按照动力等效的原则简化为一个单自由度动力等效体系的近似分析方法。

对于单跨梁板结构的动位移及动弯矩具有很好的工程精度。其基本表达式为：

$$q = \Delta P_{\mathrm{m}} \cdot K_{\mathrm{d}} \tag{5-2}$$

式中　　q——等效静荷载；

　　　　K_{d}——动力系数；

　　　　ΔP_{m}——作用在结构构件上动荷载的峰值。

　　根据结构动力学，由于考虑惯性力的影响，防护结构的动应力和动位移，与等数值静荷载作用下的应力和位移值不同。此外，与一般民用工程承受的动力作用不同，作用于人民防空工程结构的动荷载是瞬间或短暂作用的，进行动力分析时，通常需要确定将动力计算转化为静力计算时所需增大的倍数（如计算等效单自由度体系的动力系数、相互作用系数等），或直接计算出结构的动应力和动位移（如按多自由度体系计算）。

　　众所周知，实际构件是无限多自由度的体系。尽管结构的有限元等数值分析方法及计算机的应用有了长足的发展，鉴于防护结构设计是在变异性较大的荷载下的极限设计以及其他一些随机因素的影响，在大多数情况下，工程上过分追求计算方法上的繁杂运算是没有必要的。实际工程设计中，人民防空工程结构通常采用近似的按等效单自由度体系计算的等效静荷载法，能保证一般的工程精度要求。因此，在人民防空工程结构设计中，仅对个别重要工程，在确有必要时，才进行比较严格的动力分析。但也应当指出，设计中虽然没有必要采取过于严格而烦琐的运算分析，这也并不妨碍进一步深入探索人民防空工程结构的工作原理和改进并完善设计计算方法。计算理论与方法的不断完善，为各类近似分析方法打下了更坚实可靠的基础。

　　② 等效静荷载法的概念

　　对于一般人民防空工程设计，多用等效静荷载法计算冲击爆炸作用产生的荷载。在动载作用下构件的动位移为：

$$y(t) = K(t) \cdot y_{\mathrm{cm}} \tag{5-3}$$

　　由动力系数的概念，体系最大动挠度如式（5-4）所示：

$$y_{\mathrm{dm}} = K_{\mathrm{d}} \cdot y_{\mathrm{cm}} \text{ 或 } K_{\mathrm{d}} = \frac{y_{\mathrm{dm}}}{y_{\mathrm{cm}}} \tag{5-4}$$

式中，K_{d}是动力系数，更确切的表述应是位移动力系数。它是动荷载作用下最大动挠度y_{dm}与相应静荷载作用下静位移y_{cm}之比，即动力作用效果的放大倍数，它表示动荷载对结构作用的动力效果。K_{d}为结构自振频率ω及荷载随时间变化规律$f(t)$的函数。

　　由于在动荷载作用下，结构构件振型与相应静荷载作用下挠曲线很相近，且动荷载作用下结构构件的破坏规律与相应静荷载作用下破坏规律基本一致，所以在动力分析时，可将结构构件简化为单自由度体系，用动力系数乘以动荷载峰值得到等效静荷载，这时结构构件在等效静荷载作用下的各项内力就是动荷载作用下相应内力的最大值。按等效静荷载分析计算代替动力分析，给防空地下空间结构设计带来很大方便。采用等效静荷载分析时，为满足抗力要求，结构材料参数应乘以材料强度综合调整系数。最后结构构件在动荷载作用下的变形极限用允许延性比$[\beta]$来控制，按允许延性比进行弹塑性工作阶段的防空地下空间设计，即可认为满足防护和密闭要求。

　　由实际受弯构件的无限自由度体系近似分析可以知道，确定最大动位移和最大动弯矩时均可忽略高次振型，只取相应基本主振型的动位移与动弯矩，即认为构件振型不变，该振型通常取与动荷载作用下结构构件振型很相近的相应静荷载作用下静挠曲线。因此,结构在动荷载作用下的最大动位移和最大动弯矩,将与静荷载作用时的值保持相同的线性关系。所以最大动弯矩为:

$$M_d = K_d \cdot M_{cm} \tag{5-5}$$

式中　M_d——最大动弯矩;

　　　　K_d——动力系数;

　　　　M_{cm}——静荷载作用时的弯矩值。

这样,在实际弹性构件计算中,通常可先将动荷载最大值放大 K_d 倍记作 q_d,然后再确定 q_d。静载作用下的位移与弯矩,其值与计算的相应动荷载作用产生的最大动位移与最大动弯值完全相等。因而,称 q_d 为等效静荷载,其计算公式同式(5-2)。

由此可以看出,按弹性动力体系等效静荷载法进行动力分析,最后归结为动力系数的计算。求出等效静荷载后就可按静力方法进行结构内力计算。

等效静荷载法的基本假定如下:

a. 结构的动力系数 K_d 等于相同自振频率的弹簧等效质量体系中的数值。

b. 结构在等效静荷载作用下的各项内力如弯矩、剪力和轴力,等于动荷载下相应内力的最大值。

应当指出,等效静荷载法是一种近似的动力分析方法。因而,在等效静荷载作用下一般只能做到某一控制截面的内力(如弯矩)与动荷载下的最大值相等。实际上,动荷载产生的最大内力 M、Q、N 与动荷载最大值作为静力作用时的内力 M_{cm}、Q_{cm}、N_{cm} 的比值,三者并不完全相等,而存在有一定误差。

(4) 等效静荷载的计算方法

对承受核爆炸或炸弹爆炸产生的土中压缩波作用的土中浅埋结构而言,其动力分析是一个土壤与结构动力相互作用的问题,或者说是一个波动与振动的耦合运动问题。国外对此类问题多采用基于经验的拱效应法和基于一维波理论的相互作用分析法。

我国设计部门习惯采用等效静荷载方法。作用在人民防空工程顶盖、侧墙和底板的等效静载用下式计算:

$$q_1 = K_{d1} K P_h \tag{5-6}$$

$$q_2 = K_{d2} \xi p_h \tag{5-7}$$

$$q_3 = K_{d3} \eta P_h \tag{5-8}$$

式中　q_1、q_2、q_3——结构顶盖、外墙、底板的均布等效静荷载标准值,N/mm^2;

　　　　K_{d1}、K_{d2}、K_{d3}——结构顶盖、外墙、底板的动力系数;

　　　　P_h——顶盖覆土深度处入射压缩波峰值压力,MPa,按人民防空工程的规范进行计算;

　　　　p_h——各层外墙中点处入射压缩波峰值压力,MPa;

　　　　K——顶盖综合反射系数;

　　　　ξ——土的侧压系数;

　　　　η——底压系数。

当确定了结构构件上的等效静载标准值后,就可以按普通结构力学的方法分析结构内力。使用上述方法的优点是使用方便;其缺点是对于复杂结构精度无法保证,对于大型结构必须考虑移动的荷载或需进行抗震分析，这方面，该方法是无能为力的。当然，对于一般浅埋人防地下工程，这样的计算精度再加某些调整以及结构上的处理，是能够满足工程使用要求的。

① P_h 的计算

P_h 值与到达一定覆土深度的土中压缩波峰值及土体的性质、含水率及覆土深度有关。其与覆土深度的增加呈现非线性的变化，其计算公式和参数参考相关人民防空工程设计规范。

② K、ξ、η 确定

K 为顶盖的综合反射系数，与工程的覆土厚度、土的含气量以及顶板的形状有关。对于覆土厚度大于或等于不利覆土厚度的 K 值，主要是考虑了不动刚体反射系数、结构刚体位移影响系数以及结构变形影响系数后得出的。另外，压缩波的传播及饱和土中的结构动荷载作用规律是一个复杂的问题。目前，我国的设计规范已经做了简化。ξ、η 与土的类型以及是否在地下水位以下有关。设计时，K、ξ、η 都可查阅有关规范及规定。

③ K_d 的计算

人防工程中直接承受空气冲击波作用的结构和承受岩土中压缩波作用的结构是不同的，它们的分析方法有较大区别。

a. 直接承受空气冲击波作用的结构

这类结构有齐地表结构的顶盖、地面的结构、防护门等。

由于核爆冲击波正压作用时间通常大大超过结构达到弹性极限变位的时间，在构件达到最大动挠度及最大动内力前，压力衰减不大，所以可简化为冲击波荷载不衰减。动力系数的确定与结构构件允许延性比 $[\beta]$ 有关。

$[\beta]$ 即结构构件的允许最大变位与弹性极限变位的比值。$[\beta]$ 值根据结构受力情况按有关设计规范、规程确定。

b. 承受岩土中压缩波作用的地下结构

埋在岩土中的掘开式工程，要计算出 K_d，首先要确定结构的自振频率，这种计算比较烦琐。我国的规范对此做了简化，并给出了计算公式、图表；对于低抗力级别的人民防空工程，直接给出了各构件的等效静载标准值，供设计时查阅。

试验结果与理论分析表明，对于一般人防工程结构在动力分析中采用等效静载法，除了剪力（支座反力）误差相对较大外，其他不会造成设计上的明显不合理，这是符合防护要求的。

5.2.2.5 放射性沾染的防护

防护工程防护的主要目的是防止放射性物质从出入口、门缝、孔洞、进排风口进入工程内部。为此，在出入口通道要设置防护密闭门和战时人员进出洗消设施。对于通风系统，设排气活门，必要时采取隔绝式通风等措施。

5.3 常规武器的破坏作用及防护对策

由于高技术常规武器的破坏力空前提高，在局部战争中，常规武器可以达到核袭击同样的破坏效应。在战时，敌方对相当数量的城市同时实施核袭击的可能性是很小的，在局部战

争的主要作战区域,遭到敌方高技术常规武器袭击的可能性很大。因此,人民防空工程必须加强对常规武器破坏效应的防护。常规武器主要包括炮弹、航(炸)弹和导弹。

5.3.1 常规武器及其效应

5.3.1.1 常规武器的概况

（1）常规武器的分类

对防护结构产生杀伤破坏作用的常规武器主要有以下几种:

① 轻武器,如步枪、轻重机枪、火箭筒等轻武器发射的枪弹及火箭弹等。

② 火炮,如加农炮、榴弹炮、迫击炮、无后坐力炮发射的各种炮弹。

③ 飞机投掷的各种航(炸)弹。

④ 常规装药的导弹、巡航导弹。

（2）弹丸

在常规武器中,命中目标的弹丸中装的药可以是各种炸药。弹丸命中目标时,在其巨大的动能作用下,冲击、侵入、贯穿目标,继而炸药爆炸以震塌和破坏工程结构和杀伤人员。一些集束炸弹、航弹在弹丸内装有燃烧剂(燃烧弹),还可造成地面目标发生大火。由于炸药爆炸过程是一种在极短时间内释放出大量能量的化学反应,故常规装药火炮、航弹及炸药的爆炸又称为化学爆炸(化爆)。

常规武器对结构的破坏是由弹丸产生的,针对不同攻击目标选择破坏效应不同的弹丸。弹丸(炮弹、航弹及导弹战斗部)可分为如下几种主要类型。

① 爆破弹型

其主要依靠炸药爆炸产生的冲击波及弹片来破坏、杀伤目标。

② 半穿甲弹型

其一方面依靠弹丸的冲击动能侵入目标,同时依靠一定量装药的爆炸作用来破坏目标。

③ 穿甲弹型

其主要依靠弹丸巨大的冲击比动能(弹丸动能/弹芯断面面积)侵入、贯穿目标。

④ 燃烧弹型

其主要依靠弹体内的凝固汽油等燃烧剂产生的高温火焰,形成目标大火来破坏目标。

⑤ 燃烧空气弹型

其依靠弹体爆炸后内装的液体燃料与空气混合形成气化云雾,经二次引爆产生强大的冲击波来破坏目标和杀伤人员。

其他还有产生特殊破坏效应的,如炮弹中的空心装药破甲弹、碎甲弹等。

（3）炮弹

对于工程而言,述的炮弹仅指飞行投掷命中目标的部分,即弹丸部分。

炮弹有多种分类方法,按对工程目标的破坏方式,常用炮弹可分为榴弹、混凝土破坏弹或半穿甲弹、穿甲弹等。炮弹的弹级以口径(mm)标识,如 155 mm 榴弹。

① 榴弹

榴弹以炸药爆炸作为破坏防护目标和杀伤人员的主要方式,是火炮的基本弹种之一。它的特点是弹壳薄(其厚度为弹径的 1/16～1/15),装药多(装填系数为 10%～25%及以上,装填系数＝装药量/弹重),多数装有瞬发引信。榴弹利用装药爆炸的冲击波及弹壳碎片破坏抗力较低的防护结构如野战结构，以及杀伤暴露人员。它对坚硬介质如钢筋混凝土、岩石等侵入作用较差，但对土壤侵彻较深，从而在土中爆炸对土中结构产生危害。榴弹的结构见图5-3。

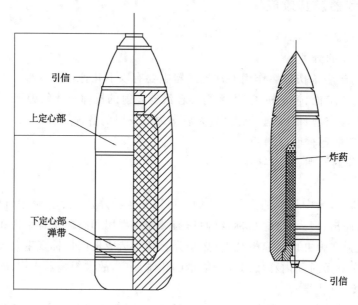

引信

上定心部

炸药

下定心部
弹带

引信

图 5-3　榴弹的结构

② 混凝土破坏弹（半穿甲弹）

这类炮弹弹壳比榴弹厚，命中钢筋混凝土结构及岩石介质时，弹壳不会破裂；炸药装填系数比榴弹小；一般安装延期引信。因而，它可以侵入钢筋混凝土材料及岩体介质中爆炸，并具有相当大的爆炸威力。它主要用于破坏钢筋混凝土防护结构。

③ 穿甲弹

穿甲弹一般命中速度很高，比动能大，具有很强的穿透能力，可以侵入坚硬介质。它主要用于攻击装甲结构和钢筋混凝土结构。

目前穿甲弹发展很快，种类较多，穿甲原理也各异。常用的有普通穿甲弹、次口径超速穿甲弹、超速脱壳穿甲弹、空心装药破甲弹、碎甲弹等。

（4）航弹（航空炸弹）

航弹由飞机携带并投向目标，是防护工程主要抗御的常规武器。

航弹按破坏目标方式的不同，可分为爆破弹、混凝土破坏弹（又称厚壁爆破弹，与其性质类似的还有低阻式爆破弹）和半穿甲弹、穿甲弹、燃烧弹、燃烧空气航弹等。

航弹按其有无制导系统，又可分为普通航弹和制导航弹。

① 普通航弹

a. 爆破弹：主要以炸药爆炸的破坏效应摧毁目标。它的主要特征和炮弹的类似，即弹壳薄、形体短粗、炸药装填量大。

爆破弹种类繁多。如美国就分为普通爆破弹、低阻式爆破弹、减速航弹等。它们是在运用过程中根据不同要求产生的。如低阻式爆破弹是为了减少挂在飞机上的空气阻力而设计的，外形细长，具有良好的空气动力性能。普通航空爆破弹弹壳厚仅 8～15 mm，装填系数为 42%～50%。一般装填瞬发引信,对钢筋混凝土等坚固目标侵入能力较差。但试验表明,对民用建筑楼房等钢筋混凝土楼板仍可穿透数层,并可侵入土中很深以破坏土中结构。

b. 混凝土破坏弹(厚壁爆破弹)及半穿甲弹:是专用来破坏钢筋混凝土等坚固目标的。其特点是弹壳比普通爆破弹厚,装有延期引信,装填系数约为 30%,一般装填爆炸威力较高的炸药。对混凝土有很强的破坏力,它先侵入混凝土内部一定深度,然后利用其爆炸效应使混凝土结构产生震塌等破坏。

c. 穿甲弹的特点是弹形细长(近代穿甲弹长细比已达 7～8)。弹壳厚且用坚硬的合金钢制成,厚度可达 100～152 mm,弹头部分厚度达 203～254 mm(普通爆破弹仅 10～14 mm)。弹内装药量少,装填系数一般为 12%～15%,装设延期引信。

穿甲弹因上述特点,故着速大,对坚固目标具有很强的侵入能力,主要用于破坏装甲设施。由于它的装药量较小,对钢筋混凝土结构有时破坏能力尚不及半穿甲弹。

d. 燃烧空气弹(云雾弹):这种弹种装填的不是固体炸药,而是将一种液化气体燃料装填在弹体内,在距地面一定高度的空中炸开弹体,使液化气体气化与空气混合成爆炸气体,然后自动引爆该爆炸气体,大面积杀伤人员及炸毁工程结构物。

由于这种混合气体比空气重,在引爆前可能钻进壕沟、地下掩体、地下室或由通风孔进入室内、电站,并在人防结构内部爆炸,爆炸威力很高。

e. 燃烧弹虽然不具备对目标的侵彻爆炸能力,但燃烧的高温可造成木质结构及地下工程口部受损以及城市火灾。

燃烧弹弹内装填的是凝固汽油、胶状燃料等混合燃烧剂。有的燃烧弹很小,集中装于一个大弹体内(称为子母弹)。下落接近地面时再分散开落下引燃。

② 制导航弹(制导炸弹)

对典型目标的常规轰炸毁伤分析表明,当使用 500 kg 级航弹攻击一个阵地钢筋混凝土工事,采用水平投弹时需投弹千枚以上,即使俯冲投弹也需数百枚才能将其摧毁。由于一般航弹投弹的散布面很大,所以除非采用大面积轰炸来攻击群体目标,否则对于一个坚固的地下工程,其轰炸效果是很有限的。

制导航弹就是使航弹脱离飞机后通过自导或其他控制引导航弹命中目标的。目前制导系统有激光制导、电视制导、红外制导、指令制导(无线电指令制导)、全球定位系统制导等,其命中率可达 50%～80%。制导航弹可以在普通航弹上改装加上制导系统。这种航弹对于重要工程构成了严重威胁。由于制导航弹的成本较高,目前尚不能大规模普遍使用,仍限于摧毁重要的军事目标。

制导航弹就其破坏效应来说与普通航弹基本一致,其主要特征是命中精度的提高。

(5) 导弹

导弹是由战斗部、动力装置和制导系统组成的飞行器。战斗部可以装填核装料、高能炸药、化学毒剂或带细菌的生物体等;动力装置实际上就是一枚火箭,可将战斗部运送到指定区域;制导系统是为了将导弹精确引导到预定目标。导弹必须具备上述三要素。

装有常规战斗部(炸药)的导弹对工程的破坏作用,与炮弹及航弹类似。

5.3.1.2　炮弹、航弹的局部破坏效应

(1) 冲击局部作用

无装药的穿甲弹命中结构,或装药的弹丸命中结构尚未爆炸前,结构仅受冲击作用。具

有动能的弹体撞击结构有两种可能:一种情况是弹体动能较小或结构硬度很大,弹体冲击结构仅留下一定的凹坑然后被弹开,或者因弹体与结构呈一定的角度而产生跳弹,即弹丸未能侵入结构;另一种情况是弹丸冲击结构侵入内部,甚至产生贯穿。

弹丸以一定的速度沿目标法线冲击混凝土构件的破坏特征如下:

① 当目标厚度很大,以命中速度 v 命中目标时,只在目标正表面造成很小的弹痕,弹丸被目标弹回,见图 5-4(a)。

② 命中速度 v 不变,弹丸不能侵入混凝土内,但在混凝土表面形成一定大小的漏斗状孔,这个漏斗状孔称为冲击漏斗坑,见图 5-4(b)。

③ 命中速度 v 不变,则在形成冲击漏斗坑的同时,弹丸侵入目标,排挤冲压周围介质而嵌在一个圆柱形的弹坑内,见图 5-4(c)。这种破坏现象称为侵彻。

④ 混凝土厚度减薄,结构反表面出现裂纹。裂纹的宽度和长度随目标厚度的减薄而增大,见图 5-4(d)。

⑤ 混凝土结构再减薄时,结构背面将出现部分混凝土碎块脱落,并以一定速度飞出,这种破坏现象称为振塌。当有较多混凝土振塌块飞出后,则形成振塌漏斗坑,见图 5-4(e)。

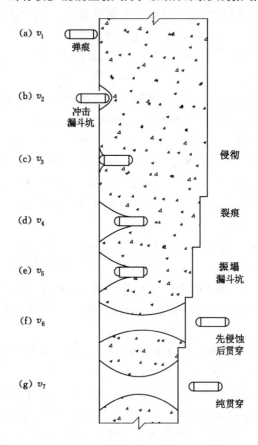

图 5-4　冲击局部破坏现象示意图

⑥ 结构厚度继续减薄时,则出现冲击漏斗坑和振塌漏斗坑连接起来,产生先侵彻后贯穿的破坏现象,见图 5-4(f)。

⑦ 结构厚度很薄时,弹丸尚未完全侵入混凝土内,就以很大的力量冲掉一块截锥状混凝土块,并穿过结构。这种破坏现象称为纯贯穿,见图 5-4(g)。

反过来,若结构构件的厚度不变,弹丸命中速度逐渐增大时,结构的破坏特征相同。单纯冲击引起的破坏都发生在弹着点周围或结构反向临空面弹着投影点周围。这与一般工程结构的破坏现象如承重结构的变形甚至倒塌等不同。它的破坏仅发生在结构的局部范围,又是由冲击引起的,因此称冲击局部破坏。局部作用和结构的材料性质直接相关,而和结构形式及支座条件关系不大。

（2）爆炸局部作用

炮弹、航弹一般都装有炸药,在冲击作用中或结束时装药爆炸,进一步破坏结构。图 5-5 所示是炸药爆炸时脆性材料组成结构的破坏现象。

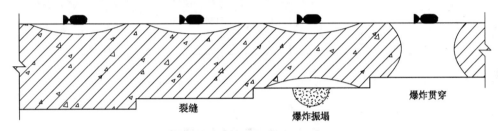

图 5-5　炸弹局部破坏现象

从图 5-5 中可以看出,爆炸和冲击的局部破坏现象是十分相似的。都是由于在命中点附近的材料质点获得了极高的速度,使介质内产生很大的应力而使结构破坏,且破坏都是发生在弹着点及其反表面附近区域内,因而称局部破坏现象。炮弹、航弹命中结构,装药爆炸可以分为三种情况:直接接触结构爆炸、侵入结构材料内爆炸、距结构一定距离爆炸。前两种情况对结构的破坏一般以局部作用为主,而距结构一定距离爆炸时,结构可能产生局部破坏,也可能不产生局部破坏。不产生局部破坏时,结构只承受爆炸的整体作用。

5.3.1.3　炮弹、航弹的整体破坏作用

结构在遭受炮弹、航弹的冲击与爆炸作用时,除了上述的侵彻、振塌、贯穿等现象外,炮弹、航弹冲击、爆炸时还要对结构整体产生压力作用,一般称冲击和爆炸动荷载。在冲击、爆炸动荷载作用下,整个结构都将产生变形和内力。如梁、板将产生弯曲、剪切变形,柱的压缩及基础产生沉陷等。整体破坏作用的特点是使结构整体产生变形和内力,结构破坏是由于出现过大的变形、裂缝,甚至造成整个结构的倒塌。破坏点（线）一般发生在产生最大内力的地方。结构的破坏形态与结构的形式和支座条件有密切关系。

5.3.1.4　接地冲击与感生地冲击

常规武器地面或地下爆炸后形成的地运动称作地冲击。当常规武器未直接命中地下工程,而离工程一定距离爆炸时,地冲击以土中压缩波的形式作用到地下结构上。

当常规武器在土中全封闭爆炸时,爆炸压缩动能全部转换为直接地冲击作用。当常规武器空中爆炸时,地冲击作用只是由作用在地面上的空气冲击波产生的感生地冲击作用所引起的。当常规武器在地面或靠近地面爆炸时,爆炸的一部分能量直接传入地下,形成直接的地冲击,另一部分能量通过空气传播产生空气冲击波,形成感生的地冲击。

在地表区域,发源于爆心的直接地冲击和感生地冲击将发生复杂的叠加和混合。地表

区域某一点经受的最终地冲击是感生地冲击和直接地冲击的复合。两种地冲击的相对幅值和传播顺序与地冲击通过的介质(空气和土)以及距爆炸点的距离有关。

地面爆炸由于它的复杂性,在理论上还没有得到很充分的阐述。数值模拟研究表明(图 5-6):当常规武器装药在距土中结构外墙一定距离处爆炸时,土中浅埋结构一般位于爆炸的表面区域,既受到土中直接地冲击的作用,又受到感生地冲击的作用。但感生地冲击与直接地冲击可以分开考虑,作用在结构上的地冲击荷载可以取两者中的较大值。顶板主要承受感生地冲击荷载。空气冲击波感生的地冲击波阵面虽与地面有一夹角,但角度不大,基本沿地表向下传播,是顶板的主要作用荷载。直接地冲击在表面区域的传播方向基本水平,其作用到顶板上的竖向分量很小,可忽略不计。外墙主要承受直接地冲击荷载,感生地冲击的水平分量峰值在大多数情况下要小于直接地冲击峰值。

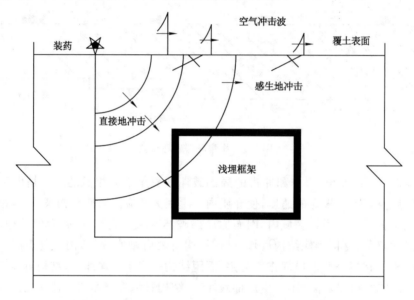

图 5-6　常规武器地面爆炸土中压缩波传播示意图

5.3.2　地下工程对常规武器的防护

无论是过去还是未来,炮弹、炸弹一直是用以破坏各种防护工程的主要兵器。对炮弹、炸弹的防护,是人民防空工程应考虑的重要问题。

实践证明:城市遭受轰炸时,人员伤亡绝大多数不是由于炸弹直接命中所造成的,而是由于弹片、气浪及建筑物燃烧、倒塌所引起的。因此,大量建设一定抵抗力等级的人民防空工程,对保护群众的生命财产安全具有很大的作用。人防工程对常规武器的防护有以下几个方面。

(1)对总体规划的要求

在总体规划上的要求与防核武器破坏的要求类同。应结合地形地貌,做好伪装和示假,干扰敌方投弹命中率,防止炮弹、炸弹直接命中工事。

(2)对地面建筑物的防护

对燃烧体引起的地面建筑物燃烧的防护与防核武器的抗辐射要求类同。

（3）对毒气、弹片的防护及对冲击与振动的防护

对于毒气、弹片的防护以及对冲击与振动的防护要求，均与核爆防放射性沾染、防冲击波动载要求类同。

（4）对炸弹的防护

武器命中目标对防护结构直接冲击或近距离（包括接触）爆炸时，结构响应大体可以分为两个阶段，即前期的应力波效应阶段和后期的结构整体振动效应阶段。

在应力波效应阶段，武器的作用应力首先在结构局部范围发生，然后向仍处于初始状态的结构其他部分以应力波的形态传播。特别对于梁、拱、薄板、薄壳这一类结构，有一个或两个尺寸远较其他尺寸小，应力波在尺寸最小的方向很快经过多次反射、扩展，应力波现象会迅速消失，结构的动力效应就主要表现为结构整体的应力变形随时间的变化，即结构的动力或振动效应。

应力波的传播和动力响应是弹塑性动力学的两类主要问题。前者研究局部扰动向未扰动区的传播，它是将动力效应作为一个传播过程来研究的；后者则忽略扰动的传播过程，研究结构的变形与时间的关系。上述每一类武器作用阶段中的应力等级如超过了结构材料的强度极限，都会产生结构或构件的破坏。应力波效应引起的破坏，通常发生在局部范围，与构件其他部分无关，称为局部破坏作用，动力效应的破坏则由构件整体变形相应的应力引起，与结构的整体特征（跨度与截面尺寸、材料性能、支座边界条件等）有关，故称为整体破坏作用。

在工程实践中，人民防空工程对于常规武器的防护设计有局部作用控制和整体作用控制两类情况。

① 由局部作用控制的设计

a. 当结构顶盖厚度与净跨之比大于或等于 1/4 时，即工程使用的净跨较小，而顶板的厚度较大时，称为整体式小跨度结构。一般抗常规武器的局部作用设计的顶盖厚度较大，起设计的控制作用。对于侧墙及底板，应根据地形设置遮弹层。其顶盖厚度的计算方法以及对侧墙及底板遮弹层要求详见相应的《人民防空工程设计规范》（GB 50225—2005）。

b. 掘开式工程的厚跨比不符合上述要求时，应优先采用成层式结构。

成层式结构的组成如图 5-7 所示。由图 5-7 可知，成层式结构由下列几部分组成。

（a）伪装层，又称覆土层。一般铺设自然土构成。主要作用是对下部防护结构进行伪装。一般厚度为 30～50 cm。太厚会增加对炮弹、航弹爆炸的堵塞作用。

（b）遮弹层，又称防弹层。用于抵抗炮弹、航弹的冲击、侵彻，并迫使其在该层内爆炸。遮弹层应保障炮弹、航弹不能贯穿。这一层由坚硬材料构成，通常采用混凝土、钢筋混凝土、块石等。采用抗侵彻能力强的高技术新材料，如钢纤维混凝土板、含钢球钢纤维混凝土和刚玉块石砌体等，可大大提高遮弹层的抗侵彻能力。采用遮弹层异表面技术，可使攻击弹体发生偏航甚至跳弹。改变遮弹层层间的几何形状，如中间夹各种截面形状的栅格板或蜂窝状夹层，可使得侵入的弹丸偏航。

（c）分配层，又称分散层，处在遮弹层与支撑结构之间，由砂或干燥松散土构成。它的作用是将炮弹、航弹冲击和爆炸荷载分散到较大面积上去。砂或土层同时也会削弱爆炸引起的振塌作用，能对主体结构起良好的减振作用。通常将上述三层合称为成层式结构的防护层。

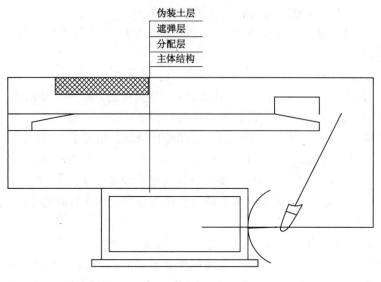

图 5-7 成层式结构示意图

（d）主体结构，它是成层式结构的基本部分，一般用钢筋混凝土制成。其主要作用是承受炮弹、航弹爆炸的整体作用和核爆炸冲击波引起的土中压缩波的作用。

对于要求既抗常规武器又抗核武器作用的防护结构而言，既要承受局部破坏作用又要承受整体破坏作用，成层式结构就比整体式结构在结构形式上更加合理，更能充分发挥材料的抗力作用。根据对武器的抗力要求，对整体式结构而言，通常由局部作用控制结构主要的截面尺寸，一般顶盖很厚。但对结构抗整体作用来说，一般不需要如此大的截面尺寸。成层结构的特点是主要由防护层承受局部破坏作用，由主体结构来承受整体作用，兼顾上述两方面要求。

c. 成层式结构（特别是块石成层式结构）消耗钢筋和混凝土材料较少，可就地取材，因而比较经济。具体结构特点如下：

（a）防震、隔音较好，能有效地防止主体结构振塌现象的产生。

（b）防护层在构筑后还可进一步加固，受破坏后易于修复。

（c）因埋深较大，使用受限制，高地下水位地区构筑困难。

（d）由于埋深大，基坑开挖土方量也大，深基坑边坡支护复杂。

（e）对核爆压缩波的削弱能力不明显，但结构组成复杂。

成层式结构的设计方法和要求详见《人民防空工程设计规范》。

② 防常规武器的整体破坏作用

炸药装药空中爆炸时，在爆轰波的作用下，瞬间出现高压（10^4 MPa 量级）和高温（10 ℃量级）状态的气态爆轰产物，并急剧膨胀压缩周围的空气介质，于是在爆轰产物的前沿形成压缩空气层，即爆炸波。这种化学爆炸，装药的全部能量几乎都转变为爆炸波。普通炸药装药爆炸产生的爆炸波在空气中传播时，也称空气冲击波，并具有空气冲击波的基本特征。与核爆炸冲击波相比，其正压作用时间少得多，一般仅几毫秒或数十毫秒。

这种爆炸波在土中传播会衰减，遇到顶板会形成反射，作用到地下工程结构上的荷载值与结构顶板的形状、土的性质、炸弹爆炸的位置、炸弹的装药量等有密切的关系。对于人防工程来说,为了简化计算,也像对核爆炸一样,爆炸荷载计算采用等效静荷载法。只要计算出相应的等效静载标准值,就可采用静荷载的计算方法进行结构设计。

炸药装药爆炸时,确定爆炸参数(超压峰值等)的公式都是根据相似理论(爆炸相似律)建立的,公式中待定系数由试验确定。

具体设计时,详见《人民防空工程设计规范》。在规范中,已按规定的要求计算出各种等效静荷载标准值及各种设计参数,设计时可直接套用。

人民防空工程出入口处顶盖应具有足够的厚度或采用其他防弹技术(如遮弹层等)。防护门宜适当后移,有条件时宜拐一个弯或设一道挡墙。为了抵御弹片的冲击破坏,门扇应有一定厚度。

为使门扇强度大、变形小、重量轻、易于开启等,常采用钢筋混凝土或钢板包裹的混凝土门扇,抗力要求高时可采用铸钢制造。门框及门框墙必须保持不低于门扇的抗力。

5.4　地下工程的战争灾害防护

城市人防工程,顾名思义就是城市里用于战时人民防常规武器、防核辐射和防生化武器的工程项目。人防,是人民防空的简称,是国防的组成部分,是指动员和组织人民群众采取措施和行动,防范和减轻空袭灾害。我国《人民防空法》中明确规定"人民防空实行长期准备、重点建设、平战结合的方针,贯彻与经济建设协调发展,与城市建设相结合的原则"。

5.4.1　人防工程在各类灾害中发挥的重要作用

人防工程是为防止遭敌军空中打击,保护人民生命财产安全而修建的地下防护工程。其具有以下几个方面的作用:

(1)和平时期对战争的遏制作用。

(2)战争初期对敌进攻的迟滞作用。

(3)对战争潜力、经济发展能力的保护作用。

此外,人防工程的防护密闭和通风滤毒设备,在城市突发的化学事故和毒气泄漏事件中,完全可以为群众提供安全的避难场所。

5.4.2　地下工程的防护设计

当前,战争潜在威胁的存在和恐怖组织活动频繁,对地下工程的建筑和结构设计提出了新的要求。地下工程的防护设计应贯穿方案设计阶段到工程竣工的全过程。通过全过程的防护概念设计,建筑和结构总体布置应做到以下几个方面:

(1)地下工程选址应合理。

(2)为防止结构的受力构件在各种爆炸后造成的破坏引起结构的连续坍塌,设计上应使结构体系具备整体牢固性,应具备多次超静定结构,这是抗倒塌所必需的。

(3)在地下结构或者隧道等穿越危险地段处,为防止爆炸产生局部破坏造成江河大水灌入地下工程引起人员伤亡,在穿越江河的两端应安装防淹门,当有大水进入时,防淹门自动关闭,可以有效地保护人民生命财产安全。

(4)为防止爆炸引起的火灾和恐怖分子纵火,地下工程应严格按消防要求设计。

（5）对遭受爆炸袭击后会产生锋利尖角或者飞屑的材料，如玻璃、陶瓷制品及石料等应谨慎使用。

（6）针对化学毒剂、生物制剂和放射性物质等，地下工程应有合理的密闭。

（7）地下工程内的电力、电子系统对电磁脉冲的防护，最有效的办法是在工程结构上采取必要的屏蔽措施。

5.4.3　城市地下空间工程应考虑人防功能

地下人防工程建设，属于城市基础设施建设，在现代化的发展中发挥了不可替代的作用，尤其在地下空间资源的开发利用成为历史发展必然的背景下高效合理地利用地下空间资源既是适应社会经济发展的需求，从某种意义上也是对现有人防工程的补充，对城市安全环境的营造和人民资金财产的保护具有重大作用。

进入21世纪，高技术、信息化成为战争尤其是局部战争的主要形态，相应地人民防空在局部战争和维护国家安全中的战略地位也变得越来越重要。人民对于地下防空的意识也慢慢加强，人民防空地下室既可用于平时所需，又可应对战时防空。随着城市化的推进，用地规模的不断扩大，开发利用地下空间，新建建筑修建人民防空地下室已慢慢成为共识。世界上很多城市都在大力建设地下工程，如瑞士、新加坡等国家修建了大量的人防工程，这些工程大都是按预定的防护要求设计的，而有些虽然设计时并未考虑防护要求，但对战时的普通防护能发挥很大的作用。在法制方面，世界各国都对民防建设制定了相应的法律，不少国家还制定了相应的法令和条例，并不断修改和完善，使之利于民防建设的需要。同时有些国家还对地下空间、地下人防工程的修建给予一定的财力支持。总之，各国都努力建立、健全民防法制，使民防建设有法可依、有章可循，从法律和制度上保障民防建设的落实。

近年来，随着改革开放不断深入和经济社会快速发展，我国城市建设处于高速发展期。与经济建设相协调、与城市建设相结合、平战结合的人防工程建设也实现了一个跨越式发展。对于战争我们要及时做好准备，做到未雨绸缪。然而我们也不能盲目地发展人防事业，经济性是我们必须考虑的重要因素，不能一味求大、求多而忽视了其本身的利用价值，更应该注重地下空间在和平年代平时的使用情况，避免在地下空间和金钱上造成巨大浪费。在确保战时安全的前提下，实现和完善地下工程平时的经济与社会效益——提高城市土地利用率、缓解交通压力、协调空间布局，更好地服务于人民大众，创造适于人们活动使用的地下空间，具有重大意义。

5.5　人民防空工程设计

地下防护工程是国家安全的重要物质基础，是国防威慑力量的重要组成部分，是打赢高技术战争的有效盾牌。防护工程能确保国家指挥体系的安全，能有效地保障有生力量和战争潜力的安全，能为飞机、舰艇、核武器、激光武器等大型高新技术武器系统提供有效的防护。地下防护工程在历次战争中都发挥了重要的作用，在未来的信息化战争中必将发挥不可替代的重要作用。

当前，地下防护工程设计和建设有以下特点：① 深埋地下，增强工程的抗力；② 采用多级抗震，提高工程的抗震性能；③ 完善电磁毁伤防护措施，确保指挥控制系统安全；④ 综合防护,提高工程口部防护能力;⑤ 不断扩建,加固改造,保持工程的先进性;⑥ 结合工程建设的任务开展技术研究,不断提高工程技术水平。

5.5.1　工程的防护要求和设计要点

5.5.1.1　工程的防护任务

人民防空工程是为保障战时人员及物资掩蔽、人防指挥、医疗救护等需要而建造的防护工程建筑,它能抵抗预定杀伤武器的破坏作用。

大多数人民防空工程的主要任务是对人员的防护,而人员的防护问题通常又是最困难的。如前所述,对防护工程袭击的常规武器和核、生、化武器,有多种杀伤破坏效应。在常规武器和核武器袭击时,既要防止人员受到直接的杀伤,又要防止结构破坏引起的间接伤害。工程还要求对早期核辐射和剩余核辐射屏蔽,要有必要的密闭措施,既要防止冲击波超压进入结构内部使压力超过允许值,还要防止有害化学或生物物质侵入。工程结构还必须足够稳定,使人员不受到过大的加速度和位移作用,减少冲击和震动的效应。此外,当因放射性沾染或毒剂、生物武器袭击的阻碍,人员和物资交流不能正常出入工程时,还应提供一定时间段的维持生活和工作必需的设备和物资保障,其中包括通风、空调和过滤装置、水和食物,并尽可能为进入人员提供洗消设备。常规轰炸和核袭击可能引起火灾,还需提供氧气,降低一氧化碳、二氧化碳及其他有害气体的浓度,并防止内部温度过高以至形成人员无法忍受的热环境。

对于精密的仪器设备,需要提供与人员类似的防护。通常对震动引起的加速度和位移的防护要求更为严格。对重要的电子和电力系统,要考虑核爆炸初期电磁脉冲效应的损伤。对非精密设备,通常只要求防较大的飞散碎块的损坏,以及充分固定使其不产生破坏性的位移。一般来说,能对工程内人员提供的防护,也足以防护这类设备不受损伤。

5.5.1.2　整体防护要求

(1) 如工程既要抵抗常规武器又要求抵抗核武器作用时,分别只考虑一次作用。

(2) 应能抗御核爆炸空气冲击波及热辐射、早期核辐射、放射性沾染、爆炸震动和电磁脉冲的作用。

(3) 应能抗御化学武器和生物武器的作用,以及杀伤破坏武器引起的其他次生灾害。

(4) 人民防空工程各组成部分应具有相等的生存能力,保证工程达到整体均衡的防护。

人民防空工程是一个全封闭的地下掩蔽空间,对于人员掩蔽工程,应解决掩蔽时期防护密闭要求与通风、换气、人员进出、给水、排水、排污、排烟等生活和使用要求之间的矛盾,既要保证战时掩蔽部内的可居住性,又要达到防护密闭效果。这是人民防空工程建筑设计的特定任务,也是人民防空工程建筑设计区别于一般地下工程的主要特点。

5.5.1.3　口部的防护

人民防空工程的口部常常是最易遭受袭击的部分,也是工程最薄弱的部分,核武器及常规武器的多种杀伤破坏因素最容易从口部突入工程内部,因此提高口部的防护能力,常常是提高整个人民防空工程防护能力的关键。为了提高口部的防护能力,需采用综合性技术措施,包括合理的建筑布置(大小、数量、开向、出口位置)、可靠的防护技术(合理的强度、先进的设备)、良好的伪装及精心的维护保养和使用管理等。

口部设计的基本要求是防护可靠、使用方便。出入口与地面的关系应适应城市建筑环境的要求。根据工程在战时的任务,要求口部能可靠地防护一种或几种破坏因素。为了满足使用要求而不能在工程修建时一次达到上述防护功能时,应做出预留设计或将平时使用的口部在战前封堵处理。

5.5.2 主体建筑设计要求

地下工程战时的防护功能应该与城市总体防御规划和城市建设相结合,统筹安排。为了增加防护抗力,地铁车站和隧道应尽量深埋,尽可能设置在岩石或坚硬的土层中,这样一方面可以衰减核爆炸引起的早期核辐射的 β 射线、γ 射线和中子流,另一方面能提高对爆炸和冲击动荷载的承受能力。但是,埋置太深则使用不便,增加工程费用。地铁工程平时主要功能是满足城市的客运交通,战时既要满足人口疏散运输要求,又要满足人员掩蔽、救护等要求。因此,地铁工程应该做好平战功能转换设计和施工准备。

地下车站作为一个独立的有防毒要求的民防掩体,一般由三部分组成。第一部分为出入口消毒区;第二部分为主体人员掩蔽空间清洁区;第三部分为设置辅助用房的染毒区。车站站厅和站台层面积较大,战时可掩蔽人员众多,一般要划分防爆单元和防护单元。防爆单元的目的主要是减少常规武器破坏引起的杀伤作用。对于浅埋掘开式的地铁车站,其遭受航弹破坏的概率必然随着建筑面积增大而增大。某一局部出现爆炸破坏时,应使破坏限制在一个较小的范围内,不致影响工程的整体。按现行规范,人员掩蔽工程防护单元的最高容纳人数为 800 人,一旦遭到破坏,人员伤亡仍很大,为减少人员伤亡,故提出每一个防护单元再划分若干防爆单元。按《人民防空工程设计防火规范》(GB 50098—2009),在有喷淋的情况下,每个防火单元使用面积为 800 m^2。这正好与人员掩蔽部一个防护单元有效面积相同。防爆单元取其一半为 400 m^2,相当于防烟分区面积。相邻防爆单元之间设置抗爆隔墙。每一个防护单元的防护设施和内部设备应自成系统。相邻防护单元之间应设置防护密闭隔墙。防火防烟分区应与防护单元和抗爆单元结合划分,其中防爆隔墙要有密闭的效果,防护密闭隔墙应达到相应的耐火极限。大型地下商业街、地下车库、地下综合开发空间,均应尽可能考虑战时的防护功能,按不同的设防要求、使用功能分区。

地下工程的建筑设计需要确定掩蔽部战时与平时的功能及两种功能的协调关系,建筑面积的合理分配使用,房间体系及分隔,工程层数、层高,结构的形式和主要细部构造,出入口大小、数量、开向,出入口位置以及防护、防火单元的划分,内部环境要求等。根据要求和特点,主体建筑设计中应注意下述问题。

5.5.2.1 防护功能分区

如图 5-8 所示,在各口部的最后一道密闭门以内统称为清洁区,也就是人员掩蔽、居住、工作的区域;各口部最后一道密闭门以外统称为染毒区,该区的功能实际上是对染毒人员进行消毒处理,由染毒状态变为清洁状态进入内室房间的过渡区域,该区域主要由出入设备房间体系构成。

5.5.2.2 各部分功能协调

战时和平时各部分的功能要求、战时使用与平时使用的功能转换要求,应在建筑的总体方案中协调。

5.5.2.3 合理设置防护及防火单元

某一局部受到破坏或出现火灾,应使破坏范围或火灾范围限制在较小的范围内,不至于

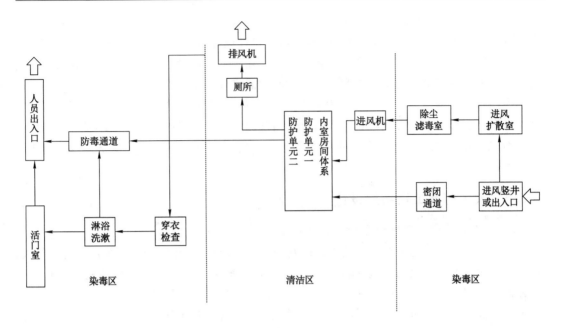

图 5-8　人民防空工程单体功能分区示意图

影响到工程的整体,因此应划分防护及防火单元。防护单元是针对防核武器和常规武器效应设置的,防火单元则是根据防火规范设置的,防护单元的隔墙要求能防冲击波超压和防毒。各单元的规模应根据情况合理确定,过小的防护单元带来平时使用的不方便,过大的防护单元不利于降低局部破坏作用的影响。防护单元与防火单元应结合起来考虑,相互利用。

5.5.2.4　内部房间的分隔及内部装修

(1) 妥善处理房间面积及内部净高。为了提高工程的战时生存能力,在满足使用要求的前提下,应尽量减少各部分尺寸。这需要通过合理巧妙的平断面布置及采用小巧的多功能家具设备来实现。但同时又必须给人以必要的活动空间和宽敞的感觉。适当加宽经常使用的通道,适当设置(或共用)一些共享厅供人们在此活动、交流,小房间用透明隔断并以适当的灯光、陈设及装修来衬托,有助于消除人们压抑、孤独、被封闭的感觉。

(2) 工程内部装修注意消除人们的孤独、沉闷、不安全的心理,突出宽敞、明亮、富于生机的特征。所用材料要具备防火、防潮、防霉、抗震、环保及其他特殊功能的要求。例如,人员掩蔽工程采用较高的照度,布置接近自然光的照明,配以假窗口及视野开阔的风景画,能改善地下工程的生活环境。也可以在地下室外墙开设一些低于地坪的通风采光窗,平时使用时给人以明亮和接近大自然的感觉;临战经过封堵转换,符合战时的抗力、密闭及防核辐射等使用要求。

(3) 由于工程内部与外界在视觉上无直接联系,故在工程内易于迷失方向的地方要用醒目的标记或灯光显示各部位的名称及出入方向,并应巧妙地布置应急照明灯、防火传感器等。

5.5.2.5　要注意战时人员心理因素变化的影响

战时稳定人员的情绪特别重要。大批无训练的老幼妇孺和血气方刚的青年拥挤在一起易于形成反常的心理和举动,因而大容量的人员掩蔽部必须划分多个掩蔽空间以便于管理。

5.5.2.6　要留有改造更换的余地

预留设计中,房间分隔,防护单元分隔,出入口处理,内部工作、生活设施更换,通风量及通风方式转换等一系列工作必须有妥善的安排并在预留设计中规定下来。预留设计预定的转换工程量必须以给定的工作人数在规定时间内能完成为限。

人民防空工程是一个具有复杂功能的系统,任何一部分的设计失误或不合理都可能给全局带来不利影响。在建筑布置、结构选型、内部环境设计、内部设备选用及安装、内部装修各方面,都必须充分考虑平时的一般要求和战时的特定要求,力求实用、安全、可靠,便于平战功能转换。

5.5.3　人民防空工程结构设计

5.5.3.1　人民防空工程结构分析的基本内容

人民防空工程结构分析是结构设计的基础,其任务是使工程结构达到规定的防护等级,抵抗相应武器效应的毁伤,给被掩蔽人员提供安全的掩蔽空间。人防工程结构分析包括强度分析、隔震分析、抗核电磁脉冲分析、抗核辐射的防护效能分析等内容。

对于低抗力人民防空工程,战时最重要的是强度分析,其他分析可根据需要进行。当进行图 5-9 所示各种分析之后,应取其中的控制条件为人防工程设计的依据。

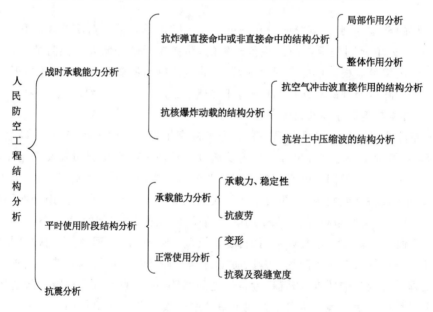

图 5-9　一般人防工程结构防护分析基本内容

5.5.3.2　人民防空工程的结构特点

(1)要求结构具有整体性。由于作用于工程上的荷载大小及方向不确定,且人民防空工程本身对防毒密闭有严格的要求,因此在震动下应避免产生裂缝而渗水渗毒,在超载时应防止坍塌,这些都要求结构具有良好的整体性。增强结构整体性的技术措施有用钢筋混凝土整体浇筑、加强各构件接头处的接点构造等。

(2)结构构件应具有良好的延性。具有良好延性的结构,在超载情况下,可减少脆性破坏引起的人员伤亡。

（3）允许结构在几何可变状态下工作。在结构用钢或钢筋混凝土构筑时,由于动荷载是短暂的、偶然性的,当结构成为有塑性铰或塑性铰线(能保持一定的塑性弯矩)组成的几何可变体系时,在动载消除后,只要能承担结构自重及岩土静载的作用,则结构仍是稳定的。

（4）结构材料在爆炸动载作用下强度可获得提高。人民防空设计相关规范中材料强度综合调整系数是考虑普通工业和民用建筑规范中材料分项系数、材料在快速加载作用下的动力强度提高系数和对人民防空工程结构构件进行可靠度分析等因素综合后确定的。

在动荷载单独作用或动荷载与静荷载同时作用下,材料的动力强度设计值取静荷载作用下材料强度设计值乘以材料强度综合调整系数,综合调整系数的取值详见《人民防空工程设计规范》。

5.5.3.3　人民防空工程的承载力设计表达式

前面已经说过,对于低抗力的人防工程,在核武器爆炸作用下及常规武器爆炸作用下(考虑整体作用或非直接命中时),结构的动力分析一般采用等效荷载法,在确定等效静荷载标准值和永久荷载标准值后,其承载力极限状态设计表达式如式(5-9)和式(5-10)所示。

$$\gamma_0 (\gamma_G S_{Gk} + \gamma_Q S_{Qk}) \leqslant R \tag{5-9}$$

$$R = R(f_{cd}, f_{yd}, a_k, \cdots) \tag{5-10}$$

式中　γ_0——结构重要性系数,可取 1.0;

　　　γ_G——永久荷载分项系数,当其效应对结构不利时可取 1.2,有利时可取 1.0;

　　　S_{Gk}——永久荷载效应标准值;

　　　γ_Q——等效静荷载分项系数,可取 1.0;

　　　S_{Qk}——等效静荷载效应标准值;

　　　R——结构构件承载力设计值;

　　　$R(\cdot)$——结构构件承载力函数;

　　　f_{cd}——混凝土动力强度设计值;

　　　f_{yd}——钢筋动力强度设计值;

　　　a_k——几何参数标准值。

5.5.3.4　截面设计

民防工程在确定等效静荷载标准值和永久荷载标准值后,其承载能力极限状态设计直接采用钢筋混凝土结构、砌体结构和钢木结构截面设计的公式进行截面选择和配筋设计。民防工程截面设计与一般民用建筑不同点如下:

（1）民防工程安全度主要由防护等级控制,其概念与一般民用工程不同,用结构重要性系数描述更适合。因为民防工程抗爆动荷载是百年不遇的偶然作用。在此打击之下,只要结构不塌落、不折断,就可达到相应的掩蔽作用。因此其结构重要性系数取 1.0,或比此略小。

（2）材料动力强度调整。在核爆动荷载与静载同时作用或核爆炸单独作用下,材料动力强度设计值可取静力荷载作用下材料强度设计值乘以材料强度综合调整系数 k_d。混凝土和砌体的弹性模量,核爆动荷载作用下可取静载荷载作用时的 1.2 倍。钢材弹性模量及各种材料的泊松比,均可近似取静载荷载作用时的数值。

（3）民防工程结构的梁、板、柱构件的重要性系数应取不同值:强柱,弱梁,板更次之。按等效静载法分析得出的内力,进行墙柱受压构件正截面承载验算和梁、柱斜截面承载力验算时,其混凝土和砌体的动力设计强度应乘以折减系数 0.8。

（4）构造要求。民防地下室工程结构选材、配筋率、构造钢筋和"三缝"（沉降缝、伸缩缝和抗震缝）设置必须满足相应的民防工程设计施工规范要求。

5.5.4　人防工程的平战功能动性转换

5.5.4.1　平战功能转换的定义

人防工程平时为城市人民的生产、生活服务,战时经过适量的修复、加固和补充,达到预定的防护等级,满足战时掩蔽功能,称为平战功能转换。

对一个要求被转换的工程,平时与战时是两种不同的使用时期,有着不同的功能特点,在建筑物规划定点、平剖面布置、内部装修、出入口布置、结构尺寸、内部环境保障系统（供电、用明、给排水、通风空调）等方面均有不同程度的差别。例如,平时承受普通荷载,而战时承受的是爆炸动荷载;平时使用要求建筑物通风良好、门窗开阔、出入方便,而战时使用则要求防毒密闭、出入隐蔽、易于关闭。正因为存在着以上的差别,而对于战时具有防护功能的普通地下工程和平时便于使用的人民防空工程,都有平战功能转换问题。

5.5.4.2　转换的适应程度

对于一个建筑物,实现平时及战时使用功能转换的难易程度称为转换的适应程度。一般来说平时与战时功能越接近,转换的适应性就越好。例如平时与战时均作为仓库、均作为医院、均作为车库时,其适应程度最高,需加固改造的工程量较小,所需时间也较短;平时作地下办公室,战时作指挥所或人员掩蔽部适应程度也较好。但若平时作大会堂,战时作人员掩藏部,适应程度就较差,因为在其内部要求加防护单元的隔墙,以及增加一些进排风的设备房间,采用一般技术措施很难在短时间内转换完毕。所以,同一个工程,不宜安排平时和战时适应程度差异较大的两种功能。为此,有必要对各种功能相互转换做较深入研究,要使建筑物尽量朝相近功能转换。

5.5.4.3　转换的时间

转换时间指的是某一具体工程按设计要求由平时使用状态转为战时使用状态需要的时间。它应根据城市从和平状态转入战备状态所允许的时间、转换工程量的大小、具体转换对象及工种所需要的时间估算。同时与转换物资器材的储备及采购情况、转换施工的技术手段及条件等战术的、技术的、物质的因素有关。

允许转换的时间直接影响工程实现平战功能转换的类型选择,对于结构设计来说,应选择在政府部门规定的时间内,能够完成和实施的转换措施。

5.5.4.4　转换的基本条件

首先,平战转换工程的抗力级别基本为低抗力的,低抗力的工程封堵构件上的等效静荷载相对较小,其构件的截面尺寸也相对较小,有利于构件的搬运和安装,且封堵时采用焊接等措施也容易满足工程的要求。其次,从工程的性质来说,为一般人民防空工程。

规范规定:平战结合的人民防空工程下列各项应在工程施工、安装时一次完成,不得预留二次施工:

（1）现浇的钢筋混凝土和混凝土结构、构件。

（2）战时使用的及平战两用的出入口、连通口的防护密闭门、密闭门。

（3）战时使用的及平战两用的通风口防护设施。

（4）战时使用的给水引入管、排水出户管和防爆波地漏。

5.5.4.5　转换的内容、要求和方法

对于允许平战转换的工程，以下部位可进行平战转换：

（1）只供平时使用，战时不使用的出入口、通风口、相邻防护单元之间隔墙上供平时通行的连通口。

（2）因平时使用的需要，在人防工程顶板或多层人防工程中的防护密闭楼板上开的采光窗、平时风管穿板孔和设备吊装口。

（3）方便平时使用的大跨度结构。

在平战转换时，有以下要求：

（1）孔口尺寸及封堵数量有一定的限制。

（2）采取的封堵措施应保证战时的抗力、密闭及防早期核辐射的规定等防护要求。

（3）在政府部门规定的时限内完成。

平战转换的方法如下：

（1）可采用型钢、预制构件。

（2）安装防护密闭门及密闭门。

（3）转换设计宜优先采用标准化、通用化、定型化的防护设备和构件。

具体的做法相关人防规范已做了较详细的规定，且有相应的图集，供设计时参考。平战转换的设计应与工程设计同步完成。

5.6　恐怖袭击及其防御

近年来，由于世界各国政治和经济发展的不平衡，以及民族和宗教矛盾的尖锐化，恐怖活动在全球范围内蔓延，其手段多种，其中以爆炸破坏是主要手段且屡屡升级，规模不断扩大。

5.6.1　恐怖活动袭击地下工程的主要手段及特点

5.6.1.1　恐怖活动袭击地下工程的主要手段

恐怖活动由来已久，且日益盛行，严重危害国家及人民生命财产的安全。恐怖分子的手法主要通过对无辜者的伤害来达到其政治目的。恐怖袭击的主要手法有爆炸、恐怖作战袭击、暗杀、绑架、劫机、纵火、放毒等，但主要手段是爆炸，使已有的建筑物破坏，造成极大的经济损失和恶劣的社会影响。对地铁设施的恐怖袭击种类大致有三种：引爆爆炸可燃物、在区间正线上放置障碍物导致列车脱轨乃至倾覆、投放气态或液态有毒物质。

地下建筑主要有地下交通设施、地下商场、地下市政基础设施、管廊及人民防空工程。地下交通设施主要有地铁、地下停车库、人行通道、越江隧道，一般位于城市中心及居住小区内；地下商场及公共娱乐场所面积都比较大，也主要分布在市中心，是恐怖分子袭击的主要目标。

5.6.1.2　地下工程的主要特点

（1）每个工程虽有一定数量的出入口，但人员（物资）疏散不如地面建筑通畅。

（2）地下工程的自然通风较差，大多采用机械通风。

（3）地下工程的采光照明差，如果没有电力照明，里面一片漆黑。

（4）地下隧道会穿越河流和各种电力、煤气、污水管道，一旦发生破坏，很容易产生次生灾害。

所以，对于地下工程来说恐怖分子采取的破坏手段主要是爆炸、纵火、施放毒剂。

爆炸会引起地下工程的破坏坍塌，造成人员的伤亡。由于地下室的出入口数量有限，且不像地面建筑那样有登高面，对人员的紧急救助比地面建筑困难得多。因此，爆炸和纵火是对地下工程危害最大的恐怖活动。在穿越河流的地方，如果地下工程被破坏，河水灌入工程，会造成更大的人员伤亡。在穿越电力、煤气管道处，如果地下工程破坏，会造成管道渗漏，从而引起煤气中毒或爆炸。

5.6.2 隧道及地下工程防御恐怖袭击对策

在隧道及地下工程中发生的恐怖活动中，采用爆炸物占绝大多数，投放化学毒剂、放置放射性物质和使用生物制剂进行恐怖活动的方式也日益增长，另外纵火也是恐怖活动常用的手法。以上恐怖活动方式可以通过工程防护方案和技术进行有效的防范处理，有些是必须要采取的防护措施。在工程防护方案和技术上的主要措施如下。

5.6.2.1 合理选址

重要的工程或在特殊条件下需发挥重要作用的工程应避开闹市区，避开主要的经济、政治、军事目标以及重要危害物、危险品储藏地，因为上述环境是恐怖袭击的主要目标。

但以上要求只是一种理想状态，地铁、地下商场及地下停车场等常常根据城市功能的需要建在闹市区和人员居住小区内，这时，应考虑以下防护措施：

（1）加强安全检查。对于地铁地下停车库等主要地下交通设施，设置安全检查，防止易燃易爆物品带入工程内。

（2）宜将地下停车库与建筑物分开设置，地下停车场可建在小区绿化区内，即使停车场内发生汽车爆炸，也不会使建筑物发生破坏。

（3）在地铁车站和列车内安装摄像监控设备，加强地铁内巡逻，必要时对进出车站人员及携带物品进行安检，这对保障地铁运营安全是必要的。

（4）在硬件方面配备各种防灾报警和救援装置。从软件角度，深入研究安全管理的模式，建立不同阶段应急救援预案。

5.6.2.2 制定工程防恐怖爆炸的防护标准

防恐怖爆炸的目的是减少人员伤亡，促进和简化应急救援工作，加快爆炸后工程的修复和人民生活与工作的恢复。对于地下工程来说，最基本的要求应是使地下结构不产生倒塌破坏，防止产生次生灾害。此外，还应对地下工程内的出入口、通道加以保护。

一般来说，工程的重要性不同，防恐怖爆炸的标准也不同。由于恐怖爆炸的不确定性和偶然性，防护标准不宜定得过高，这个问题已经得到世界各国政府部门的重视，我国也不例外。

5.6.3 地下工程的防护方案概念设计

在全世界都加强了反恐意识的今天，对地下工程的结构设计提出了新的要求。一个成功的建筑设计，应该是建筑师和结构工程师及防爆专业工程师密切合作的成果，这种合作应该从方案阶段开始直到设计完成,甚至一直到竣工。

从防护爆炸破坏的概念上说,建筑和结构总体布置应做到以下几点:

(1)为防止结构受力构件或承重墙近距离爆炸、接触爆炸乃至内爆炸产生的局部破坏后引起结构的连续坍塌,设计上应使结构体系具备整体牢固性,应具有多次超静定结构,这是抗倒塌所必需的。当部分结构或构件产生严重破坏,甚至局部倒塌时,不应导致整个结构丧失承载力,绝不允许出现结构的渐进连续倒塌。

(2)在地下结构或隧道穿越江河等危险地段处,为防止由于恐怖爆炸而产生局部破坏造成江河大水灌入地下工程引起人员伤亡,在穿越江河的两端应安装防淹门,当有大水进入时,防淹门自动关闭,以有效地保护人民生命财产安全。

(3)为防止恐怖分子纵火破坏,地下工程应严格按消防要求设计。在防火问题上,反恐和消防安全完全可以按相同的标准设计。

(4)采用合理密闭。使用化学毒剂、生化制剂或放射物质对地下工程进行的恐怖活动造成的危害范围较大,处理难度也大。应将地下工程分为若干防护单元,每个单元自成系统且相互密闭,以有效地缩小有害物质扩散的范围。防护单元可以与消防单元或人防防护单元一起考虑,特别是人防防护单元本身就是一个自成系统的密闭区。

(5)地下工程有极大的可能遭受人体炸弹的袭击,在内部爆炸的冲击波作用下,内部的建筑物碎片飞散,产生的次伤害不可轻视。因此,内部的隔墙、装饰应尽量避免采用玻璃、铁皮或砖等材料。

防恐怖爆炸是一项复杂而艰巨的长期任务。随着科学技术的不断发展,恐怖分子使用的爆炸物日趋高技术化,今后防恐怖爆炸的难度越来越大。必须结合反恐怖活动实际,做一些相关的技术研究工作。

思　考　题

1. 简述现代化战争的特点。

2. 核武器、常规武器对地下工程主要的危害杀伤因素有哪些?

3. 单建式、整体式、成层式地下防护工程各有何设计特点?

4. 怎么样计算由冲击爆炸引起的土中压缩波?怎样做围岩与地下结构共同作用的动力分析?

5. 等效静载法基本原理是什么?怎么样用等效静载法进行人防工程结构设计?

第6章　地下工程施工事故灾害的防护

　　地下工程施工技术主要包括开挖、支护、监控量测等,考虑到工程地质和水文地质条件、地形地貌、埋深、地下工程结构类型、施工技术水平等因素的差异,选择合理的地下工程施工技术,对防范地下工程事故灾害具有重要意义。

　　地下工程开挖技术分为明挖法和暗挖法两大类。明挖法是指采用基坑敞口(放坡)开挖、基坑支挡开挖、盖挖法等方法,从地表面向下开挖,在既定位置修筑结构物,然后再覆盖回填的地下工程施工方法。其关键工序有降低地下水位、边坡支护、土方开挖、结构施工及防水。暗挖法是指不挖开地面,采用矿山法(钻爆法)、掘进机(TBM)法、盾构法和顶进法等修筑地下建筑物的方法。不同的地下工程施工方法所面临的事故灾害类型不同,需要采取针对性的事故灾害防护对策。

6.1　基坑开挖施工事故灾害及防护

6.1.1　基坑开挖工程概述

　　基坑开挖分为基坑敞口开挖和基坑支挡开挖两类,如图 6-1 所示。

(a) 基坑放坡开挖　　　　　　　　　　(b) 基坑支挡开挖

图 6-1　基坑开挖工程现场

　　基坑敞口开挖,是指根据地下结构侧向土体边坡的稳定能力,设置合理的边坡坡度,由上向下分层放坡开挖至地下结构所在位置施作结构,之后填土并恢复地表状态。主要适用于埋置特浅、边坡土体稳定性较好,且地表没有过多限制条件的地下工程,要求基坑平面有足够的空间供放坡之用。

　　基坑支挡开挖,是指在围护结构保护下从地面向下开挖一个地下空间,基坑四周为竖直的挡土结构,挡土结构一般是在开挖面基底下有一定插入深度的板墙结构。常用的挡土方式有桩板支撑、灌注桩、搅拌桩、SMW 挡土墙(新型水泥土搅拌桩挡土墙)、钢筋混凝土地下连续墙、预应力混凝土地下连续墙、土锚支护等。

　　早期的基坑较浅,多采用放坡或悬臂式支护。近年来随着地下工程规模的扩大,对基坑的深度要求在逐年加大,深基坑支护技术取得了长足发展。根据《危险性较大的分部分项工程安全管理办法》,深基坑工程被列入超过一定规模的危险性较大的分部分项工程范围,包括开挖深度超过 5 m(含 5 m)的基坑(槽)的土方开挖、支护、降水工程;开挖深度虽未超过 5 m,但地质条件、周围环境和地下管线复杂,或影响毗邻建筑(构)物安全的基坑(槽)的土方开挖、支护、降水工程。目前深基坑多采用地下连续墙支护、土钉和土钉墙加预应力锚索综合支护技术等。

6.1.2　基坑开挖工程常见灾害及防护

　　基坑开挖时,随着深度的增加,基坑侧壁的土压力呈指数级增大,当土压力接近抗滑力或支挡结构的支挡力时,基坑壁会出现明显的侧向位移;当土压力超过抗滑力或支挡力时,基坑壁将产生失稳滑移。岩土质基坑顺向坡段开挖时,沿顺向结构面易产生整体的变形与滑移。此外,渗透破坏(流土、管涌)、基坑突涌等也会造成基坑的变形、失稳。对于深基坑开挖,容易出现基坑变形及坑壁坍塌、地下水渗透破坏、地下水位下降等现象,从而造成崩塌、滑坡、地面沉降等灾害。

6.1.2.1　放坡开挖边坡失稳

　　对于放坡开挖,边坡土体所受的剪力超过土体的抗剪强度,会造成边坡失稳坍塌。对于较为均质的黏性土,易发生沿近似圆弧的滑动面转动失稳;而对于无黏性土,易发生沿近乎平面的滑移失稳,如图 6-2 所示。

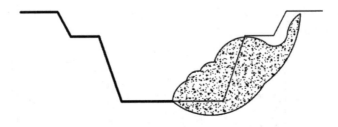

图 6-2　放坡开挖边坡失稳示意图

　　放坡开挖出现边坡失稳的常见原因为:① 边坡坡度设置不合理;② 未按设计边坡坡度进行施工;③ 边坡顶部堆载;④ 雨水或地下水引起边坡土体湿化,边坡土体所受剪力加大;⑤ 边坡土体暴露、风化,引起土体松散,造成边坡土体抗剪强度降低;⑥ 施工中未及时刷坡,甚至挖反坡。

　　2014 年 9 月 28 日上午 10 时 30 分左右,江苏省盐城市某建设工地发生一起深基坑边坡坍塌事故。造成此次事故的直接原因在于,施工单位未按照修改后的深基坑支护设计及专家评审意见进一步完善施工方案,特别是电梯井边集水井部位未按设计要求采取 1∶1.5 放坡,亦未采取其他补强措施,现场施工时采用直接开挖。坍塌处土方开挖的坡比不符合设计要求,坍塌处深基坑开挖坡比原设计要求是筏板以上 1∶2.0,现场实测仅为 1∶1.5。设计要求开挖阶段坡顶不可堆土、堆载,但现场在塌方处坡顶堆有砂子、砖、砂浆搅拌机、塔吊部件等荷载,且砂浆搅拌机运行和工程车辆运输带来的震动加大了影响。

为防止放坡开挖中出现边坡失稳灾害,首先应查明地层水文地质条件和土层物理力学参数,严格按照相关设计规范要求设计合理的边坡坡度,不同土层处可做成折线形或留设台阶,同时严格按照设计边坡坡度进行施工。

各类施工机械距基坑、边坡和基础桩孔边的距离,应根据设备重量、基坑、边坡和基础桩的支护、土质情况确定,堆载不得超过设计规定。各类施工机械与基坑、边坡小于规定距离时,应对施工机械作业范围内的基坑支护、地面等采取加固措施。尽量避免在边坡影响范围内进行动力打入或静力压入施工作业,确需打桩时必须提前进行削坡和减载,采取重锤低击、间隔跳打的方式。严禁在边坡顶部堆载,确需堆载或载重车辆通过时,必须对边坡稳定性进行校核。

应完善地表和地下井点等排水系统,防止水渗入边坡,保证地下水处于基坑底部以下,必要时设置钢筋混凝土边坡护面,防止水对边坡稳定性产生影响。开挖后注重坡面防护,及时加固边坡,特别是暴露时间在 1 a 以上的边坡。

此外,应在施工中及时刷坡,严禁挖反坡,施工组织应利于维持边坡稳定。设置合理的出土方向和开挖顺序,不得先切除坡脚。严格监测地表沉降、坡面位移、地下水位等信息,发现相关参数超过警戒值、边坡出现裂纹等失稳征兆时,必须采取边坡修坡、坡顶卸土、边坡坡脚抗滑加固(如设置旋喷桩、深层搅拌桩等)等有效措施防范边坡失稳,满足安全要求后方可继续施工。

6.1.2.2 支挡围护结构失稳

基坑采用桩板支撑、灌注桩、搅拌桩、SMW 挡土墙、钢筋混凝土地下连续墙、预应力混凝土地下连续墙、土锚支护等支护结构开挖时,围护结构支撑的位置不当或结合不牢固等,可能引起支挡围护结构强度、刚度或者稳定性不足,造成支护结构破坏从而导致边坡坍塌的事故,如图 6-3 和图 6-4 所示。

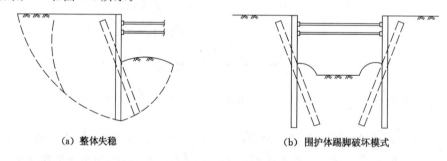

(a) 整体失稳　　　　　　　　(b) 围护体踢脚破坏模式

图 6-3　基坑支挡围护结构失稳示意图

基坑支挡围护结构出现失稳的常见原因有:① 围护结构设计不满足受力要求,支撑强度不足或刚度太小,侧向土压力作用下发生支撑损坏或屈服,导致支挡系统损坏;② 土压力超过基坑围护结构抗弯强度,引起围护结构产生裂缝、断裂等破坏;③ 地质条件差,如土质松软等;④ 基坑影响范围内有堆载或动载;⑤ 施工质量未到达设计要求,如施工中支撑系统结合不牢等;⑥ 坡面虚土未清理或层间存在滞留水,造成面层与土体脱落、起鼓、破坏;⑦ 围护结构体系发生漏水、漏砂,造成土体被掏空而引起坑边局部塌陷;⑧ 超挖、围护结构

图 6-4　基坑支挡围护结构发生失稳灾害

施作不及时;⑨ 基坑坑底隆起,与基坑深度、围护结构入土深度、基底土体性质相关,特别是对于深基坑软弱黏性土层,在围护结构外土压力下,产生基坑底部隆起及基坑外地面严重沉陷,易造成围护结构失效。

2021 年 6 月 15 日 16 时 48 分左右,南京某施工现场发生局部坍塌事故。造成此次事故的直接原因在于,场地工程地质条件复杂,岩面倾向坑内且倾角较大,对基坑临空面的稳定性产生不利影响。基坑开挖面积较大,北侧基坑较深,时空效应影响明显。基坑支护体系的实际承载能力不能满足基坑安全性要求,事故部位桩锚体系失效导致坍塌。

此外,以下问题是造成该事故发生的间接原因:

(1) 岩土勘察不够全面、准确。地质勘察报告未能准确反映出岩层的产状、岩面的形态和坡度;未对基础埋置深度和岩层的产状、软弱结构层进行核实;勘察报告结论与现场坍塌区域验证性勘察及实际情况不相符。

(2) 没有采用动态设计法。基坑支护设计单位针对该项目勘察报告与设计文件不一致之处和土方开挖揭露出的复杂岩土实际情况,未进一步核实勘察报告数据的准确性,未进一步核算边坡支护的可靠性;未对设计方案进行必要的修改、完善,未满足动态设计要求。

(3) 信息法施工没有落实。基坑开挖过程中,施工单位未严格按设计文件和相关规范组织施工;未能及时发现实际地质情况与原勘察资料的差异,并停止施工,会同勘察、设计单位采取相应补救措施;当支护结构出现较大变形和监测值达到报警值等不利于边坡稳定情况时,未及时向勘察、设计、监理、业主通报并及时调整施工方法、制定预防风险措施;未采用信息法施工配合设计单位采用动态设计法。

(4) 对工程风险管控意识不强。施工单位在土方开挖和锚索施工中未严格按设计文件和相关规范施工;针对施工单位预应力锚索施作和下层土方开挖未按设计文件和相关技术规范施工的现象,监理单位没有令其停工、整改,或采取其他有效管控措施。有关各方对日常检查发现的基坑北侧 BC 段冠梁与排水沟之间出现裂缝、监测数据显示预应力锚索轴力持续报警且数据逐次加大等风险隐患未引起足够重视,对险情分析、研判不当,没有立即停工并采取有效应急处置措施。

(5) 项目管理混乱,质量控制和安全管理工作缺失。代建单位在批准后的设计方案与岩土勘察报告中发现基坑开挖深度不一致时,未向设计、勘察单位进行核实;未按勘察报告的建议要求开展边坡勘察。基坑开挖后,参建各方在基坑边坡工程建设中对岩体地质异常认知不足,未考虑边坡岩层存在外倾的软弱结构层。

为防止基坑支挡围护结构发生失稳,首先应查明工程的地质和水文条件、开挖深度、基坑周边建(构)筑物基础形式及埋深等信息,准确掌握地层的产状、层面的形态和坡度,分析地层产状对基坑支护体系的影响,对基础埋置深度和地层的产状、软弱结构层进行核实。对基坑场地内土体进行取样,开展土体的物理力学性能试验。合理确定地层水压力、土压力、围护结构形式、围护结构入土深度等条件,确定施工和使用阶段各工况荷载,验算围护结构受力、强度和变形等指标,设计合理的支挡结构。支护结构应具备足够的强度和刚度,保证支护结构施工质量。如地下连续墙支挡围护结构,应确保地下连续墙深度、墙身完整性和墙身混凝土强度等级达到设计要求。

基坑设计时还应考虑地面静载和动载的影响,基坑与载荷间留设合理护道宽度或设置其他加固措施。必要时还应对地层进行预加固,改善基坑地质条件。应充分全面考虑超挖、重车动载、出土口位置、施工栈桥、坑边行车路线和堆场布置等因素影响,根据地质条件和施工条件科学确定深基坑工程设计方案,评价基坑工程对相邻建(构)筑物、道路、地下管线的不利影响,采用合理支护形式。施工过程中,核实勘察报告数据的准确性,进一步核算边坡支护的可靠性,必要时对设计方案进行修改、完善,以满足动态设计要求。

对于饱和软土地层,考虑选择刚度大、止水性能好的地下连续墙围护结构,确定合理的入土深度,必要时还应采取相应的地基加固等措施,以抵抗管涌及流砂,控制基坑底部隆起量,防止支挡设施失稳损坏。同时,保证基坑开挖前基坑降水达到设计要求,围护结构周边设置明沟排水,避免基底土体遇水发生强度降低。在基坑底部铺设混凝土,减少暴露时间。若基底地基软硬不均、有溶洞和泉眼等特殊条件,导致承载力不足时,应采用换土法、旋喷桩法、化学液体加固法等处理方法进行加固。

此外,严格按照设计要求开挖,基坑土方施工应坚持先撑后挖、分层分块对称平衡开挖原则,随挖随支撑,严禁超挖,基坑内坡面 0.2 m 范围内土方可采用人工开挖方式。严格控制施工荷载、坑边堆载、地下水位和临时立柱拆撑时间节点,避免局部超载,有效控制局部与整体变形,保障施工过程周边环境安全。确保围护结构按照设计要求施工,避免出现断桩、断墙、夹泥、锚杆或土钉长度不足、锚杆张拉和预应力不足、支护桩桩体强度不足、地下连续墙墙体质量差、开挖破坏已有支护结构等现象,保证施工质量。支护强度达到设计强度要求,做到上步支护完成后(如锚杆张拉与支撑完成锁定、锚固体已凝固),方可执行下步操作,开挖下层土方。而且施作围护结构要及时,如开挖后要及时修坡、施作土钉、敷设钢筋网片、喷射混凝土等。同时,坡面虚土要及时清理,对土层间存在的滞留水要及时埋管引排,及时处理空鼓。保证基坑降水和排水系统的正常运转,采取注浆加固封堵等措施,避免支护体间发生漏水、漏砂,发现空洞应及时填实。

同时,应做好监控量测,支护结构出现较大变形和监测值达到报警值等不利于边坡稳定情况时,及时调整施工方法、制定预防风险措施。比如发现裂缝、预应力锚索轴力持续报警且数据逐次加大等风险隐患,立即停止基坑开挖,检查支撑轴力、土压力、围护支撑结构内力,对险情进行分析、研判,通过对基坑外侧进行卸载、内侧进行堆填砂石回填施加荷载、注浆加固、加设支撑等措施,控制变形发展,保持边坡稳定。

深基坑工程不能及时完成,暴露时间超过正常期限的,应当制定和实施暴露期间的监测方案。发现异常情况或者超预警值时,应当立即将监测结果报告建设、设计、施工、监理等各方,必要时报告属地建设主管部门。此外,应制定防范深基坑垮塌事故的应急预案,发生深基坑开挖围护工程垮塌事故或严重威胁周边设施、建(构)筑物安全时,要立即启动应急预案。

6.1.2.3　基坑渗漏水、流砂、管涌和突涌

基坑开挖后,特别是深基坑,基坑挖土、降水深度随之加深,基坑内外会产生较大的水头差,引发基坑渗漏水。当动水压力渗流速度超过临界流速或水力梯度超过临界梯度时,甚至会导致基坑发生涌水及流砂。基坑渗漏水、流砂、管涌和突涌主要受基坑开挖深度和水文地质条件的影响,基坑降水和施工管理上的缺陷是造成该类事故的主要原因,如基坑降水工程不到位、效果差,土层之间存在滞留水,基坑造成周边给水、污水管线破损,注浆堵水加固强度不够,基坑围护结构强度不够等。若基坑发生渗漏水、流砂、管涌和突涌灾害,会引起基坑黏土含水量增大,支护结构所承受的压力增大,地下水出现流失,可能诱发基坑坍塌、地面建筑损毁等严重后果,如图 6-5 所示。

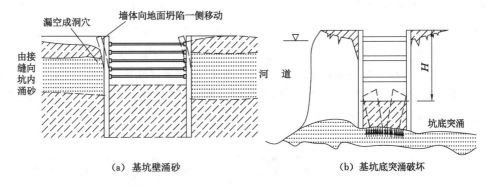

(a) 基坑壁涌砂　　　　　　　　(b) 基坑底突涌破坏

图 6-5　基坑涌砂、突涌示意图

2013 年 3 月 5 日,云南某项目基坑施工引起毗邻的派出所办公楼及某小区 10 栋房屋出现地基下沉、开裂等受损情况,同时,造成周边 8 户住户房屋部分受损。深基坑开挖施工过程中,基坑出现部分截水帷幕失效(引起基坑坑壁大量粉细砂和圆砾、砾砂等透水层内的地下水流失)、局部支护结构失效(部分支护桩断裂、部分锚索锚固力下降、锚索锚固失效)、未及时在基坑开挖线外侧设置回灌井及时回灌以控制地下水位平衡等情况,是造成此次事故的主要原因。

为防止基坑发生漏水、流砂、管涌和突涌等事故,首先应查明基坑工程水文地质、输水管线埋藏情况等条件,基坑降水工程、止水工程、基坑开挖、围护结构施作严格按照设计要求执行,严防止水帷幕缺损、围护结构变形引起护壁开裂等现象,锚杆孔等要求注浆封堵密实。常见的地下水控制方法有集水明排、降水、截水和回灌等形式,可单独或组合使用,如在基坑开挖线外侧设置回灌以控制地下水位平衡。深基坑施工采用坑外降水时,还必须有防止邻近建筑物沉降的措施。对于含滞留水土层要埋设引水管,及时将水引至混凝土面层外。

一般来说,高压旋喷桩和灌注桩组合使用,能解决一般场地中挡土防水问题,但是,当存在不均匀砂层时,必须认真对待。在不均匀砂层地基中采用高压旋喷桩补空形成防水帷幕,容易存在裂缝和漏洞,基坑开挖后,由于坑内存在较大的水压,易导致漏水漏砂、管涌等基坑事故。

发生基坑渗漏水、流砂、管涌和突涌事故,应及时查清原因并切断水源,加强排水和埋管引水,通过提高支护强度、注浆加固、封堵涌水涌砂通道、填充空洞等措施,处理局部坍塌。必要时,还需进一步开展基坑内外降水工作,将地下水位降到开挖底板以下,彻底解决漏水、漏砂、管涌和突涌问题。

此外,应加强基坑土体受力变形、基坑邻近重要建(构)筑物(地铁)和管线、基坑地下水位、深层土体水平位移等的监测,发现监测值超过警戒值,及时分析原因并采取控制措施,如对周围构筑物进行加固等,严防基坑渗漏水引起围护结构变形过大或地下水位严重下降,造成路面、建筑物及地下管线破坏事故。

6.2 地下连续墙施工事故灾害及防护

6.2.1 地下连续墙工程概述

地下连续墙是指采用专用机械施工成槽或成孔后,浇筑混凝土或插入预制混凝土构件所形成的连续地下墙体。我国应用较多的是现浇钢筋混凝土地下连续墙,通常是将拟构筑地下工程的周边划分为多个槽段,在地面采用钻挖机械设备修筑导墙,并在泥浆护壁支护情况下,开挖一条狭长的深槽,在槽内下放钢筋笼并进行水下混凝土灌注,且将各相邻槽段钢筋混凝土墙段连接成为整体,形成一条连续的地下墙体。其中主要的工序有修筑导墙、泥浆制备与处理、钢筋笼的制作与吊装和水下混凝土浇筑,如图 6-6 所示。

(a) 导墙施工   (b) 导墙施工完成   (c) 泥浆制备

(d) 成槽开挖   (e) 钢筋笼吊装   (f) 锁口管起拔   (g) 混凝土浇筑

图 6-6 地下连续墙施工现场

地下连续墙具有施工振动小、整体性好、强度和刚度大、挡土效果好、防渗性好、变形控制效果好、对周围环境影响小等优势,适用于软弱冲积层、密实的砂砾层、砂性土层等多种土质条件,且能兼作临时挡土结构和永久地下主体结构,与逆作法结合能缩短工期,起到一墙多用效果,可用于深基坑支护。相较于钻孔灌注桩、深层搅拌桩等基坑围护结构,地下连续墙工程一般成本偏高。以下条件下适宜采用地下连续墙进行施工:软弱地层的深大基坑或难以开展井点排水作业的基坑,或周围存在重要建(构)筑物、高层建筑区,对沉降有严格要求的地下工程;地下连续墙作为基坑围护结构,同时作为主体结构的一部分的地下工程,如采用盖挖逆作法施工的地下工程。因此,在各类城市地下建筑工程中,地下连续墙得到越来越广泛的运用,例如地下交通工程、高层建筑、地下大型广场等。

6.2.2　地下连续墙工程常见灾害及防护

地下连续墙是一种常用的支挡围护结构,可能发生前述的支挡围护结构失稳、基坑管涌及流砂等事故,如图 6-7 所示。此外,在施工过程中还可能面临导墙变形破坏、槽壁坍塌、成槽设备被土体卡住、钢筋笼入槽困难和地下连续墙接头失效等问题。

图 6-7　地下连续墙发生失稳灾害

莞惠城际轨道交通 GZH-7 标 8# 施工竖井—常平站段位于广东省东莞市常平镇。线路在常平大道下敷设,线间距 18.56 m,为双洞单线隧道,隧道拱顶埋深一般为 16.1～21.0 m。隧道左、右两侧开挖轮廓线外各设一道厚度为 600 mm 地下连续墙,左、右线隧道间设置一道纵向 600 mm 厚地下连续墙;垂直于线路方向,设置横向 30 m 间距左右的 600 mm 厚地下连续墙,形成矩形网格,每个网格内设置降水井,地下连续墙进入弱风化岩 1 m 或隧道底板以下 6 m,开挖前进行止水帷幕内降水。2015 年 8 月 12 日上午 7 时,在 GZH-7 标大朗—常平区间左线隧道(GDZK44+275 处)联邦国际广场附近的辅道上及绿化带地块地表出现坍塌,塌坑面积约 290 m²,坍塌造成该位置给水管及燃气管断裂。2015 年 8 月 13 日上午 10 时 30 分,坍塌位置地面突然再次沉陷,造成已关闭阀门的供水管道断裂,给水及燃气管道断裂长度增加,塌坑约 900 m²。

造成此次事故的直接原因在于,作为止水帷幕的地下连续墙没有进入弱风化岩层 1 m,地下连续墙底仍处于遇水易软化的全风化地层中,未形成完整封闭止水结构,未达到止水要求。加之该处整体地质条件较差,且连日普遍降雨,水土压力增大,隧道开挖时连续墙外土体产生管涌通道,水土体涌入隧道,导致地面第一次坍塌、水管爆裂。第一次坍塌后,启动应急预案,立即从地面向坍塌处浇筑混凝土进行回填(约 800 m³),但由于水管爆裂,坍塌处被水充满,混凝土凝固慢,且土体被泡软,造成隧道外土体压力增大,突破已形成的坍塌通道,造成地面第二次坍塌。左侧地下连续墙因左侧坍塌产生临空面,在地下连续墙右侧土体压力的作用下,地下连续墙倒塌,导致隧道上方的地面土体坍塌。经专家论证,事故发生前降雨量不是发生事故的直接原因。由于坍塌隧道位于全风化混合片麻岩层,该地层具有遇水软化、崩解的特性,在地下连续墙深度未达到设计深度的前提下,地下连续墙深度、墙身完整性和墙身混凝土强度等级均未达到设计图纸要求。事故发生前的降雨会引起地下水位上升,导致水土压力增加,加大了对工程的不利影响。

6.2.2.1 导墙变形破坏

导墙具有挡土、承重、保持挖槽的垂直度和精度、维持泥浆液面稳定等作用,是保证地下连续墙工程安全施工的重要一环。导墙埋入不深、强度和刚度不足、地基发生坍塌或受到冲刷、内侧未设置支撑、作用于导墙上载荷过大等因素,均可能造成导墙发生变形破坏。

为了防止导墙发生变形破坏,应严格按照要求施工导墙,将导墙内钢筋进行连接,并根据地层条件对地层进行加固,加大导墙的深度,比地面高出约 200 mm,在墙周围敷设地面排水沟与集水井。此外,在导墙内加设支撑,提高导墙的承载能力。施工过程中应避免作用于导墙的荷载过大,将导墙上的荷载分散,以保证导墙受力均衡,避免荷载产生集中力。同时严禁导墙混凝土强度还未达到设计强度,重型机械或运输等各种荷载引起导墙承受侧向压力作用,避免导墙出现变形破坏。

6.2.2.2 槽壁坍塌

槽壁成槽、下放钢筋笼以及浇筑混凝土过程中发生槽壁坍塌,是地下连续墙施工中常见的事故灾害,一般表现为泥浆液面突然下降、液面出现异常冒泡、出土量异常增大、挖槽机负荷增大、槽段深度异常等现象。

土层力学性质差是造成槽壁坍塌的根本原因,如遇到杂填土、砂层、淤泥质土层、松散厚土层、流砂土层等稳定性差的土层。同时,护壁泥浆质量差,如膨润土密度过低、浓度不足、黏度不大,或护壁泥浆多次重复使用后质量发生恶化,无法对槽壁起到有效保护作用,也是导致槽壁产生裂纹甚至发生坍塌的重要原因。地下水位过高也可能引起土层强度降低,甚至渗入槽内稀释泥浆,引起槽壁出现坍塌。

此外,挖槽进尺过快,或回旋速度过快,空转时间过长,也对槽壁产生扰动。成槽后搁置时间过长,未及时吊放钢筋笼并浇筑混凝土,泥浆沉淀失去护壁作用;漏浆或施工操作不慎造成槽内泥浆液面降低、地下水位急剧上升、单元槽段过长或地面附加荷载过大等,也可能引起槽壁坍塌。

为了防止槽壁发生坍塌灾害,首先应掌握工程的地层特性、特殊土层、不良地质条件等,分析其可能带来的不利影响。在设计阶段合理验算开挖槽段的槽壁稳定性,考虑地层稳定性、起重能力、挖槽机的最大开挖深度能力、周围是否存在较大地面荷载或高层建筑物、混凝土供应能力是否满足 4 h 内将槽段灌注完成等条件,设计合理的槽段长、宽、深度尺寸。对于易产生塌方的土层,必要时应采用三轴水泥土搅拌桩、高压旋喷桩、超高压喷射注浆、全方位高压喷射注浆、铣削深搅水泥土搅拌墙、渠式切割水泥土连续墙等加固措施对槽壁进行加固,加固深度应超过易产生塌方的土层,进入稳定土层大于 2 m。一般的槽壁加固深度为10～15 m,加固体的垂直度允许偏差应低于 1/200,避免引起槽壁倾斜,进而影响到钢筋笼下放和墙体质量。

泥浆是保证地下连续墙成槽稳定性的关键因素,起到护壁、携渣、冷却机具和切土润滑的作用,泥浆质量差容易引起槽壁产生裂缝甚至发生坍塌。应合理确定护壁泥浆的成分、配比和需求量,严格控制泥浆黏度、密度、失水量、泥皮厚度、稳定性和 pH 值等泥浆质量指标,保障护壁泥浆质量。应使泥浆具有适宜的物理、化学稳定性和流动特性,保证泥浆在长时间静置下不产生离析沉淀,并具有良好的触变性,能够形成泥饼,使泥浆具有良好的固壁性能,并利于携砂和灌注混凝土。应根据土质情况确定泥浆相对密度,并通过试验确定泥浆具体密度,新制备的泥浆密度一般为 $1.03 \sim 1.10 \text{ g/cm}^3$,使用过的循环泥浆密度一般为 $1.05 \sim 1.25 \text{ g/cm}^3$。在竖向层理发育的软弱土层或流砂层成槽,应注意降低成槽速度,并适当加大泥浆密度。但也应注意避免泥浆黏度过大,引起泥浆循环阻力过大、泥砂去除难度大、影响混凝土灌注等弊端。此外,挖槽过程中,应保持合理的泥浆液面高度,及时补足泥浆,使泥浆供给、泥浆排出保持平衡。通常情况下,泥浆液面高度应高于地下水位 1.0 m。同时,应根据泥浆的恶化程度,合理舍弃或进行再生处理利用,避免泥浆质量恶化而降低对槽壁的保护作用。

此外,应科学控制挖掘速度,避免速度过快对地层造成不利影响。作业过程中应当加强观测,随时注意角度偏差,进行纠偏的同时,避免机械出现意外故障导致槽壁发生局部坍塌事故。注意地下水位对槽壁稳定性的影响,适当降低地下水水位,也利于防范槽壁坍塌,但应考虑对地下水环境的影响。同时应注意地下水位升降变化,随时调整液面标高及泥浆密度。地下水位的急速上升,会使泥浆与地下水的压差减小,易引起槽壁坍塌,应及时提高泥浆液面高度或抽取地下水,保持二者压差稳定。成槽后,应及时正确下放钢筋笼、浇筑混凝土,避免暴露时间过长,并注意防范地面荷载过大。槽壁出现坍塌迹象时,及时采取回填黏土、柔性材料或低标号混凝土进行处理。槽壁已发生坍塌时,进行插筋、拉筋和架设钢木等手段保证槽口稳定。但坍塌过于严重时,应在槽内填入优质黏土、浇筑固化灰浆或低强度混凝土,重新进行成槽作业。

6.2.2.3　成槽设备被土体卡住

槽壁变形坍塌、土体缩径或地下不明障碍物等均可能造成成槽设备被卡住,被卡住后严禁强行提拔设备,避免设备损坏或者掉落。

为了防止成槽设备被土体卡住,首先应严格控制泥浆质量,保持槽壁的稳定性,避免槽壁出现坍塌,并应严格控制槽孔倾斜度。若中途停止成槽,应将成槽设备提至槽外,避免泥浆中所悬浮的泥渣沉淀在成槽设备周围,堵塞成槽设备与槽壁之间的空隙。此外,应在成槽设备上预先焊接钢板弯钩,若成槽设备被卡住,可利用吊车将被卡设备提出,必要时可在槽壁侧面钻孔或成槽以减小被卡设备四周的阻力。此外,成槽施工中应严密监控抓斗下降和提升阻力,遇到阻力异常增大时,应反复抓土将径缩土体或障碍物破除后,再继续开展成槽作业。

6.2.2.4　钢筋笼入槽困难或上浮

槽壁变形坍塌、槽壁凹凸不平、垂直度未达到设计要求、钢筋笼制作质量偏差、钢筋笼重量太轻、钢筋笼刚度不足产生吊装变形、槽底残留土渣过多等问题,是造成钢筋笼入槽困难、下放不到位的主要原因。发现钢筋笼入槽困难时,严禁强行采取压重等措施下放钢筋笼。当导管插入混凝土过深或混凝土浇筑速度过于缓慢时,易引起钢筋笼上浮。

为了防止钢筋笼入槽困难,首先应保证导墙质量,导墙能控制地下连续墙的施工精度,其垂直度是决定地下连续墙能否保持垂直的首要条件。导墙可以作为量测挖槽标高、垂直度的基准,能够最大程度降低挖槽垂直度和精度方面的失误率。同时导墙具有一定的挡土作用,应具有一定的强度,利于防止坍塌,也可作为钻机机架轨道、钢筋笼、混凝土导管、接头管等重物的支承台,承受施工过程中的动静荷载。此外,导墙还具有维持泥浆液面稳定的作用,利于防止泥浆流失,使泥浆液面始终高于地下水位一定高度。

在成槽过程中,严格控制抓斗的垂直度和平面位置,遇软硬土层交界处,应降低成槽速度,保证槽壁的垂直度和平整度,成槽后利用超声波等技术进行检验,达到要求后方可下放钢筋笼。若成槽偏差严重,应回填黏土到偏槽处 1 m 以上,待沉积密实后,再重新开展成槽作业。对于钢筋笼制作,应严格控制钢筋笼的精度和尺寸偏差,防止钢筋笼定位块凸出,避免钢筋笼与槽孔不契合,其截面长宽一般宜比槽孔小 11～14 cm,避免出现漏筋、变形、弯曲等情况,并保证钢筋笼的焊接质量,以防影响钢筋笼的刚度及承重能力。若钢筋笼制作不规则,会造成下放困难,甚至引起槽壁损坏坍塌。钢筋笼吊装时,采用多点起吊方式,做到快而匀速,避免钢筋笼因受力不均等因素而产生弯曲等异常变形,同时做好平面和立面测量定位,保证钢筋笼下放安装精度。

挖槽结束后,悬浮在泥浆中的土颗粒将逐渐沉淀到槽底,此外,在挖槽过程中未被排出而残留在槽内的土渣,以及吊放钢筋笼时从槽壁上掉落的泥皮等都堆积在槽底。应采用沉淀法或置换法,开展槽底清理工作,避免槽底残留的土渣厚度超过允许值,保证钢筋笼下放至设计深度。发现钢筋笼入槽困难时,及时查明原因,进行科学处理,严禁割短或割小钢筋笼。如槽壁土体变形坍塌导致钢筋笼无法下放,应及时清理坍塌土体,对槽壁进行重新整修后,然后方可下放钢筋笼。

为避免钢筋笼出现上浮,应严格控制导管插入混凝土深度和混凝土浇筑速度。导管插入混凝土深度宜控制在 2～4 m,每个槽段全部混凝土应在 4 h 内完成灌注,槽内混凝土上升速度不应低于 2 m/h。发现钢筋笼上浮时,可在导墙上设置锚固点固定钢筋笼,并及时降低混凝土下料的速度,同时减少导管底插入混凝土的深度,直至钢筋笼不再继续上浮,之后恢复正常浇筑。

6.2.2.5　地下连续墙墙体出现夹泥

地下连续墙是用导管在泥浆中浇筑混凝土形成的,在浇筑混凝土过程中,导管插入过浅,浇筑位置不完整,或者发生堵管、埋管、拔空、导管渗漏、未连续浇筑混凝土等现象时,会引起地下连续墙墙体出现夹泥,造成混凝土强度降低,甚至可能引起墙体发生失稳、出现渗漏水等事故灾害,对基坑和周边环境产生较大的安全影响。

为了防止地下连续墙墙体出现夹泥,首先,水下浇筑的混凝土应具备良好的和易性和流动性,混凝土强度等级一般不低于 C20,流态混凝土的塌落高度宜控制为 150～200 mm。混凝土配比中水泥用量一般应大于 400 kg/m³,水灰比一般需小于 0.6。

浇筑混凝土前,应对导管管节的密封性和接头牢固性进行检查,并在浇筑前进行试拼和水密性试验,满足要求后方可进行混凝土浇筑施工。若导管本身密封性差、初灌混凝土量不足、导管底距槽底过远、导管插入混凝土深度不足或过度上提导管等,都可能导致导管混入泥浆或被凝固浆液堵塞。导管摊铺面积要充分,避免浇筑存在空白带。初灌混凝土量要充足,使其有一定的冲击力。水下混凝土浇筑应保证连续性,浇筑间歇时,要上下小幅度活动导管。避免浇筑间断或浇筑时间过长,首批混凝土初凝失去流动性,而继续浇筑的混凝土顶破顶层而上升,与泥渣混合,导致在混凝土中夹有泥渣,形成夹层。导管口离槽底的距离应高于 1.5 倍导管直径,宜为 300～500 mm。导管下口插入混凝土深度不宜过深或过浅,插入过深容易引起下部沉积过多粗骨料,而上部聚集较多的砂浆;插入过浅,泥浆容易混入混凝土。因而导管插入深度不得小于 1.5 m,同时不得大于 6 m,宜控制在2～4 m,并要快速浇筑。

　　水下混凝土浇筑过程中,若发生堵管,可敲击、抖动或者反复提动导管(幅度在 300 mm 以内),并用长杆对导管内混凝土进行疏通。必要时,可在导管埋深允许的高度下提升导管,利用混凝土的压力差,降低混凝土的流出阻力,达到疏通导管的目的。若采取以上措施无效,可在上部混凝土尚未初凝前,拔出导管进行清理,重新插入混凝土内,并用吸泥机将导管内的泥浆吸出后继续进行混凝土浇筑。

　　地下连续墙成墙后如果检测发现墙体存在夹泥缺陷,可在缺陷部位施工钻孔,采用高压水清洗夹泥,清洗干净后压注高强度水泥浆进行修补。处理完成后采取钻孔取芯方式检测修补质量,判定是否满足设计要求。缺陷严重,采用注浆修补无法满足设计要求时,应补充施工地下连续墙或钻孔灌注桩,并采取高压旋喷桩或超高压喷射注浆加固体等止水措施。

6.2.2.6 地下连续墙接头失效

　　地下连续墙相邻槽段的连接接头处发生局部塌方等问题时,易引起接头与土体存在空隙,导致混凝土在浇筑过程中发生绕流。此外,相邻槽段的连接接头、地下连续墙与内部主体结构的连接接头等连接部位,是地下连续墙的薄弱处,可能承受拉、压、剪切力,或者接头不清洁、止水条失效等,造成接头的失效,引起地下连续墙出现渗水、漏水、涌水现象,甚至发生结构失稳事故,如图 6-8 所示。

图 6-8　地下连续墙槽段接头发生漏水灾害

　　杭州地铁 4 号线南段中医药大学地铁站主体长 303.5 m,宽 37 m,标准段深度为 25.7 m,端头井深约 27.1 m。车站主体围护结构采用 1 m 厚的地下连续墙、6 道混凝土及钢支撑,根据施工工艺和施工顺序的要求,同时为了增强基坑在施工过中的整体稳定性,设计方案中将大基坑分为南北两个基坑,在距离南端约 130 m 处设置了一道厚 1 m 的临时封堵墙,待基坑施工完成后再拆除封堵墙。2016 年 7 月 8 日,南基坑进行地连墙堵漏施工时,发生基坑涌土事故。造成此次事故的直接原因在于,主体 W24 幅连续墙与 ZQ5 幅封堵墙的接缝存在严重质量缺陷,形成事故隐患。实际施工中主体 W24 幅连续墙采用了"一"字形式,未按设计图纸规定的"十"字形式施工,且施工时未能有效控制主体 W24 幅连续墙与 ZQ5 幅封堵墙的接缝质量,形成沿竖向通长、最大宽度达 900 mm 的质量缺陷区域、明显的渗漏通道和受力薄弱部位。针对墙幅接缝的严重质量缺陷而采取的补救措施不当。基坑开挖过程中该部位出现渗水流砂现象后,使用钢板在坑内随挖随堵的补救措施,钢板与地连墙连接不牢靠,受力性能差,未能从根本上解决安全隐患,渗漏通道依然存在,导致封堵墙北侧水土流失严重,土体空隙加大,形成涌土通道。

为了防止地下连续墙接头失效,首先应做好槽壁检测,确定是否出现了塌方情况;相邻槽段的连接接头安放完毕后,使用黏土回填密实,保证接头与相邻土体接触密实,避免混凝土发生绕流。发现混凝土发生绕流迹象,应及时进行处理。如接头管拔起后,若发现背面存在混凝土痕迹,应考虑发生了混凝土绕流。此时,应立即使用成槽机开挖,清理绕流混凝土并进行回填,同时对接头管上残留混凝土进行清理。

此外,相邻槽段的连接接头、地下连续墙与内部主体结构的连接接头等连接部位,应选择可靠的接头连接方式,使之满足受力和防渗的需求。地下连续墙相邻槽段的连接接头可根据需要,选择接头管接头、接头箱接头、隔板式接头、预制构件接头等连接方式;地下连续墙与内部主体结构的连接接头可根据需要,选择直接连接接头和间接接头等连接方式。同时应利用钢丝刷等工具,及时清理接头面的泥皮、泥渣等杂质,保持接头清洁。连接处发生渗漏水时,可采用快速凝结材料及时进行封堵。渗涌水严重时,需用钢管或软管引流,将引流管四周用化学浆灌注封堵,最后封堵引流管。场地允许时也可通过高压旋喷、地质注浆等方式进行封堵。墙体出现大面积湿渍时,可采用水泥基型抗渗微晶涂料等材料进行涂抹。

6.3 盖挖法施工事故灾害及防护

6.3.1 盖挖法工程概述

盖挖法是指由地面向下开挖至一定深度后,将顶部封闭,其余的下部工程在封闭的顶盖下进行施工,分为盖挖顺作法和盖挖逆作法两类。

盖挖顺作法是指开挖到预定深度后,按底板→侧壁(中柱或中壁)→顶板的顺序修筑结构物,是明挖法的标准步骤,如图 6-9 所示。盖挖顺作法不容易产生横向连接缝,但施工过程中依赖坚固的挡土结构,对支护结构要求高,需要大量的临时支护措施。根据现场条件、地下水位高低、开挖深度以及周围建筑物的临近程度,可以选择钢筋混凝土钻(挖)孔灌注桩

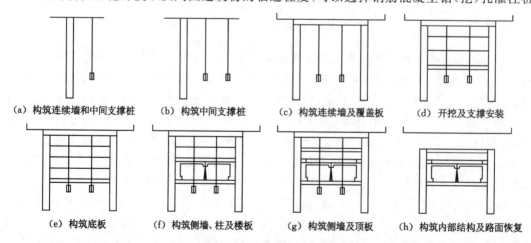

(a) 构筑连续墙和中间支撑桩 (b) 构筑中间支撑桩 (c) 构筑连续墙及覆盖板 (d) 开挖及支撑安装

(e) 构筑底板 (f) 构筑侧墙、柱及楼板 (g) 构筑侧墙及顶板 (h) 构筑内部结构及路面恢复

图 6-9 盖挖顺作法施工示意图

或地下连续墙。对于饱和的软弱地层,应以刚度大、止水性能好的地下连续墙为首选方案。随着施工技术水平的提高,挡土结构也可用来作为主体结构边墙的一部分或全部。

盖挖逆作法是指在开挖过程中,结构物的顶板(或中层板)利用刚性的支挡结构先行修筑,作为支护措施,向下施工边墙,施工完成后同时作为竖向支撑。而后继续按照上述步骤向下逐层施工,这样可以尽早地恢复路面交通,如图 6-10 所示。施工过程中用永久结构作为支护,临时支护措施少,施工进度快,但上下结构的施工时间间隔大,易产生横向连接缝。对于开挖工程地面存在重要构筑物、土压力大、临时支撑设置难度大、开挖或地下构筑物施工时间过长等情况,适宜优先采用盖挖逆作法。

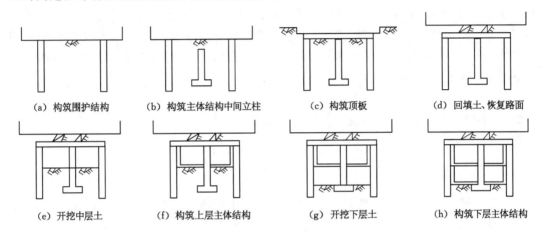

(a) 构筑围护结构　　(b) 构筑主体结构中间立柱　　(c) 构筑顶板　　(d) 回填土、恢复路面

(e) 开挖中层土　　(f) 构筑上层主体结构　　(g) 开挖下层土　　(h) 构筑下层主体结构

图 6-10　盖挖逆作法施工示意图

6.3.2　盖挖法工程常见灾害及防护

盖挖法工程除常见的围护结构失稳、基坑渗漏水、流砂和管涌灾害外,还面临着不均匀沉陷引起构筑物开裂损坏、结构各部位连接和节点处产生裂隙、挡墙和横撑失稳等灾害。

6.3.2.1　不均匀沉陷灾害

盖挖逆作法修筑地下构筑物时,上下各段结构先后成形,浇筑结构常出现未达到设计强度便要承受较大荷载的现象,引起各段结构间产生不均匀沉降问题,进而诱发次生应力,导致构筑物产生开裂损坏。

为了防止盖挖法工程出现不均匀沉陷灾害,每次分部开挖及浇筑衬砌的深度,应综合考虑基坑稳定、环境保护、永久结构形式和混凝土浇筑作业等因素来确定,要在较短时间内进行,把沉降量限制在最小限度内,不要开挖过度。严格控制围护结构和中间桩柱的沉降量,避免对上部结构受力造成不良影响。

6.3.2.2　结构各部位连接和节点存在缝隙

盖挖法修筑地下构筑物时,存在着顶板与围护结构、顶板与内侧墙、层间底板与内侧墙等连接问题。以盖挖逆作法顶板与边墙的连接处加以说明,顶板混凝土达到设计强度后,边墙才由下向上浇筑。由于存在先后浇筑问题,边墙与顶板的连接处易出现缝隙,会影响地下构筑物的稳定和防水。

为了防止盖挖法工程结构各部位连接和节点存在缝隙,对于接头,结构上尽量取在内力小的位置。将各种施工误差控制在较小范围内,并有可靠的连接构造措施,保证施工构件相互间的连接能达到设计标准。边墙与顶板连接处,应在顶板浇筑时形成边墙顶部加腋,并预留钢筋,以便与边墙钢筋连接。连接部位采用无收缩混凝土或微膨胀混凝土充满连接空间,防止顶板与边墙连接处产生缝隙。

6.3.2.3 挡墙和横撑失稳

当盖挖法开挖的宽度很大时,挡墙自由长度过长,不利于与横撑组成稳定支撑结构承受覆盖结构上车辆等荷载作用,易发生挡墙、横撑失稳,而导致坍塌事故。

为了防止盖挖法工程发生挡墙和横撑失稳灾害,在工程设计、工程计算中要预留足够安全冗余度,保证足够的支撑强度,同时降低外部因素对工程质量、施工安全的影响。可采用钢筋混凝土钻(挖)孔灌注桩等施工中间桩柱作为临时支撑结构,以支承横撑和挡墙,防止挡墙和横撑失稳。挡土墙作为主体的一部分使用时,应能充分承受作为临时支撑所受的荷载而不产生有害变形,并满足主体设计承载要求。

6.4 沉管法施工事故灾害及防护

6.4.1 沉管法工程概述

沉管法隧道,就是在水底预先挖好沟槽,将陆地上特殊场地预制的适当长度的管段,浮运到沉放现场,顺序地沉放至沟槽中并进行连接,并回填覆盖而成的隧道,如图 6-11 所示。

图 6-11 沉管隧道海底拼装示意图

6.4.2 沉管法工程常见灾害及防护

沉管法施工常面临的问题主要有沉管隧道发生不均匀沉降,管段起浮与抗浮问题,渗漏水问题,管段浮运、沉放和水下压接等问题。

6.4.2.1 沉管隧道的不均匀沉降问题

在水底开挖沟槽,沟槽底面总会存在一定的不平整度,管段沉放后无法与沟槽底面平整接触,引起基础受力不均,造成管段产生不均匀沉降。而管段与沟槽底面的不平整接触,会造成淤泥填充空隙,使管段与基础间存在淤泥夹层,也会引起管段产生不均匀沉降。沿隧道轴向方向上,基底土层性质极有可能存在差异,同样会造成管段不均匀沉降。不均匀沉降会造成管段形成应力集中、产生位移,影响隧道行车安全,甚至会导致管段开裂、连接结构失效等灾害,造成隧道被淹等严重事故。此外,地震或列车通过时的振动,可能会使砂性基础产生液化,造成灾难性后果。

为了防止沉管法隧道发生不均匀沉降,首先应在沟槽开挖时,尽量保持底面平整,同时避免沟槽回淤、管涌等现象的出现。当基础土层性质差别较大时,应对基础进行加固处理,尽量保证沉管隧道沿轴向方向上,基础承载特性保持一致。可采用后填法处理沉管隧道基础,将管段沉放于钢筋混凝土临时垫块上,运用灌砂法、喷砂法、灌囊法和压注法(压浆法和压砂法)完成管段底面与地基之间的垫铺。此外,沉管管段应设置变形缝,管段间接头采用柔性接头,提高沉管隧道的抗变形能力。

6.4.2.2　沉管管段起浮与抗浮问题

沉管管段制作完成后,需要将管段拖运至沉放现场,而管段自重一般达万吨甚至数万吨,保证管段能够顺利起浮是实现管段拖运的前提,但管段沉放后,又要求管段不能发生浮起事故,沉管管段存在着起浮与抗浮的矛盾。

为了解决沉管管段的起浮与抗浮问题,必须保持合理的管段干舷高度。利用钢制端封门将管段两端密封使之产生空腔,必要时加入平衡水,使干船坞内灌水后管段能顺利起浮,管段起浮后高出水面的高度称为干舷值。干舷值过小会造成管段浮运困难,干舷值过大会造成管段沉放困难,同时不利于管段沉放后的抗浮性。经验表明,干舷值在 $150 \sim 250$ mm 范围内较为恰当。干舷值的大小主要受混凝土重度、钢筋配筋率、断面上钢筋混凝土面积与空腔面积之比、起浮水重度、管段施工附加重量、平衡水重量的影响,应根据上述关键影响因素,合理确定管段的起浮与抗浮特性。

6.4.2.3　沉管隧道渗漏水问题

沉管管段在陆地场地预制完成,管段本体一般具有可靠的防水性,管段伸缩缝、接缝及接头处便成为防水的薄弱环节。此外,不均匀沉降引起的管段混凝土开裂裂缝,也会导致管段产生渗漏水。

为了防止沉管法隧道发生渗漏水,必须做好管段本体自防水、变形缝防水和管段间接头防水。管段本体防水要求混凝土结构有防水能力,管段制作中采用混凝土裂缝控制技术、设置管段混凝土外防水层、季节性混凝土养护技术等手段,防范管段本体存在裂缝,保证管段的密实性和抗渗性。管段横向变形缝防水可采用遇水膨胀腻子止水条和钢片橡胶止水,管段纵向变形缝可设止水钢板。同时,做好地基加固处理,防范管段不均匀沉降引起隧道开裂、防水措施失效。

此外,管段接头防水要能适应管段沉放对接时的水力压接技术需求、管段间柔性抗变形功能需求,一般采用 GINA(吉娜)橡胶止水带、二次防水橡胶(Ω 型橡胶止水带)、水平和垂直抗剪键、接头连接钢缆或 W 形钢板和 GINA 止水带闭锁装置端部钢壳构成柔性接头。

6.4.2.4　管段浮运、沉放和水下压接问题

由于管段体积与质量大,加之可能受到航道等因素的影响,管段浮运操纵难度大。管段沉放对接在水下进行,要求作业时间短、定位准确,但受到气候河流条件、航道、设备等条件的制约,技术要求高,沉放对接难度大、危险性高。

为了解决沉管法施工管段浮运、沉放和水下压接问题,应充分考虑驳船、推船或拖船的种类、数量、布置以及连接方式,提高管段浮运的操纵性。根据管段大小、形状、重量、干舷和

抗浮系数、水流速度和流向、气象、潮汐、沉管深度、水域繁忙程度、施工经验等条件,选择合适的管段沉放设备和沉放方法,如分吊法(浮吊法、浮箱吊沉法)、杠吊法、骑吊法,其中杠吊法是当前大型管段沉放的常用方法。对钢筋混凝土制作的矩形管段,沉管隧道的接合作业普遍采用水力压接法。利用作用于管段后端封墙上的巨大水压力,使安装在管段前端周边上的一圈尖肋型胶垫产生压缩变形,形成一个水密性良好的止水接头。在管段结合端,安设橡胶密封垫,用千斤顶使之与既设管段密贴,进行初期止水;将隔墙的水排到既设管段中,而后用静水压置换橡胶密封垫的反力,压缩密封垫,使之完全止水;拆除隔墙,做基础,回填,视接头构造安设二次止水材料等。

6.5 矿山法施工事故灾害及防护

6.5.1 矿山法工程概述

在地层中建设隧道,一直沿用矿山开拓巷道的传统方法,故而常称为矿山法,是指采用钻眼爆破或挖掘机具,将整个断面开挖至设计轮廓,并进行及时支护。施工方法大体上可分为全断面法、台阶法和分部开挖法。

6.5.2 矿山法工程常见灾害及防护

矿山法隧道工程常见的灾害有隧道变形失稳、岩爆、涌水和突水、地面沉陷、爆破震动、山体滑坡、煤与瓦斯突出和瓦斯爆炸等灾害。

6.5.2.1 隧道变形失稳灾害

隧道围岩变形失稳是矿山法隧道工程常见的灾害,主要表现为隧道支护体系失效、隧道发生围岩大变形、破碎岩体冒落、塌方等,如图 6-12 所示。

图 6-12 隧道发生坍塌灾害

这些灾害产生的主要原因,与隧道围岩岩性、地应力大小、岩体结构面特征和地下水的作用密切相关。

乐业县上岗隧道进出口洞门均为端墙式,明洞洞身均采用明挖法施工,其余洞身开挖采用新奥法施工,复合式衬砌,即初期支护采用锚网喷混凝土和钢拱架及格栅拱架,在地质条件较差段辅以不同形式的超前支护,二次衬砌为模筑混凝土或钢筋混凝土。2020 年 9 月 10 日,乐业县上岗隧道左洞 ZK0＋651～K0＋675 段发生隧道洞顶岩体塌方事故,总长度 24 m。事故地点围岩岩溶发育,沿岩层层理发育的岩溶溶蚀裂隙不良地质作用明显。隧道 ZK0＋651 工作面开挖轮廓线外上方可见 2～12 m 范围发育一条纵向延伸大于 30 m 的贯通性溶蚀裂隙。ZK0＋651～K0＋675 段塌落体从左洞开挖轮廓线外右上方塌下,呈巨石块状中风化灰岩,夹少量黏性土。剥落巨石呈楔形体状,高 2.6～8 m,长约 24 m,宽约 20 m。塌落后左洞右上方形成空腔,空腔自 ZK0＋652 逐渐扩大,在 ZK0＋668 处,空腔达到最大高度 6.57 m,然后逐渐收敛,至 ZK0＋675 处,空腔结束。隧道坍塌是隧道围岩局部微地质构造组合突变与裂隙面强烈溶蚀作用叠加产生的不良效应,具有隐伏性和不可预见性。在开挖条件下,被切断岩层受贯通斜层理与节理组合控制且溶蚀裂隙面弱化分离作用强烈,造成临空岩层多方向同时失去束缚,突然脱离母岩产生重力式顺层下滑,造成该段隧道洞身周边围岩、初期支护遭受严重破坏。

为了防止隧道发生变形失稳灾害,首先应做好地质超前预报工作,充分考虑围岩的物理力学性能、构造特性、工程及水文地质状况、围岩压力的时间效应、施工及支护方法、支护结构工作时间、地下结构空间尺寸等因素的影响。根据围岩条件、施工方法、隧道埋深、断面大小、开挖方式和支护方式等,选择合适的开挖方法及分部开挖大小。开挖时要严格控制,使断面成形好,尽量减小对围岩的扰动次数、扰动强度、扰动范围和扰动持续时间。采取有效措施保障爆破、找顶排险、初期支护等工序连续作业,开挖后对暴露面及时施作初期锚喷支护,使围岩变形尽早进入受控状态,防止岩体暴露时间过长,岩体自稳性能和裂隙强度降低。施工过程中做好拱顶、拱脚等部位的位移信息、应力信息、变异信息和地质信息的监控量测工作,全程监测隧道周边变形,对于软弱破碎带和高风险段,加密监控量测断面数量和量测频率。根据监控量测结果,结合超前地质预报结果,掌握隧道围岩与支护结构的工作状况和安全信息,综合预判,及时提出安全预警或调整设计和施工方案。及时预见事故和险情,进行反馈,指导修正设计、调整支护类型、确定二次衬砌合理时间等。发现数据异常时立即组织人员撤离,严禁冒险作业。采取喷射混凝土等防护措施,避免围岩因长时间暴露而致强度和稳定性的衰减,同时要适时对围岩施作封闭支护。即遵循"少扰动、早喷锚、勤量测、紧封闭"的施工原则。

不同隧道工程条件,应采取不同的有针对性的防范措施,防止隧道的变形失稳,如片理、节理和软弱结构面发育地段,区域性断裂、次生小断层、挤压软弱结构面等构造破碎带是隧道变形失稳高发地段。对于松散、破碎隧道围岩条件,可采用超前锚杆及注浆、超前小导管注浆、超前长管棚等超前加固措施,并控制光面爆破质量,提高隧道围岩强度和自身稳定性,同时注意加强锚喷支护强度。对于软弱围岩的超大断面隧道,可采用分部开挖法,如环形开挖留核心土法、单侧壁导坑法、双侧壁导坑法,减小开挖断面暴露时间,同时开挖后及时支护,保持隧道围岩稳定性。监测数据异常时,采用增加锚杆长度、加密或加大直径等措施进行加固。对于利用台阶法施工的隧道工程,下半断面落底和封闭应在上部初期支护基本稳定后进行。采用打拱脚锚杆、加强纵向连接等拱脚加固措施,使上部初期支护与围岩形成完整体系。采用单侧落底或双侧交错落底,避免上部断面两侧拱脚同时悬空,同时落底长度不宜过大,一般以 1～3 m 为宜。此外,应根据围岩条件,严格控制仰拱与工作面、二衬与工作面间的间距,不能超过安全步距。如对于 V 级围岩,《关于进一步明确软弱围岩及不良地质铁路隧道设计施工有关技术规定》〔铁建设(2010)120 号〕文件规定,V 级围岩段仰拱的步距不得超过 40 m,二衬步距不得超过 70 m。避免二衬距工作面的距离过大,造成初期支护承受围岩压力的时间过长,初期支护的有效支撑能力降低。

发生隧道变形塌方、失稳灾害,应采取必要措施杜绝次生、衍生灾害,有效管控事故现场,严防灾害扩大。如对滑塌体坡脚采用外运砂石和沙袋方式进行堆载反压,制定初期支护变形区域加固处理措施,对部分初期支护裂缝部位加固喷射混凝土,变形部位增加钢支架支护,并加强监控量测,随时监控隧道其余初期支护的下沉及收敛情况。

6.5.2.2 岩爆灾害

隧道开挖前围岩处于初始应力的平衡状态,隧道开挖破坏了应力平衡状态,引起应力重新分布、构造应力的释放,工作面岩体产生应力集中,导致岩爆灾害的发生。岩爆是脆性围岩体处于高地应力状态下的弹性应变能突然释放而发生的破坏现象,表现为片帮、劈裂、剥落、弹射,严重时会引起地震,常发生在深埋、高强硬岩、无地下水、构造发育的岩石隧道中,如图 6-13 所示。

图 6-13 隧道岩爆

防止隧道发生岩爆灾害,应通过改善围岩力学强度、受力条件和加强支护实现。加强现场预报监测,采用钻孔爆破地应力卸除、短进尺多循环分步开挖、开挖导洞、超前钻孔、超前高压注水、岩面湿化、加强支护、喷锚挂网等方法来解除或减弱岩爆发生的危险。

通过工作面喷水、洒水、钻孔注水,保持工作面或围岩岩面湿化,能够降低围岩的脆性,使围岩强度降低,软化围岩,利于防止岩爆灾害的发生。超前高压注水、开挖导洞、超前钻孔以及钻孔爆破,能够改善围岩受力状态,使岩体内部高地应力得以提前释放,岩体能承受较大的塑形变形,降低岩体储存的弹性应变能,达到防止放生岩爆灾害的目的。此外,隧道开挖后应及时支护,对岩爆高风险段提高支护系统的承载力和屈服强度,并使之具备一定的吸收动能和让压能力,以降低岩爆灾害的发生概率及发生岩爆时的危害程度。对于岩爆高风险区,采用分部开挖方法,施工超前锚杆,结合钢筋网、锚杆、钢拱架、喷混凝土等支护方法,同时加密锚杆加固围岩,使围岩处于三向压缩受力状态,减少岩爆发生的可能性。

6.5.2.3 涌水、突水和突泥灾害

隧道穿过节理裂隙密集带、风化破碎带、岩溶洞穴、溶隙发育地段、含水层与隔水层交界面等地段,隧道易出现大量涌水、突水和突泥灾害,甚至诱发隧道变形坍塌、地表沉陷等灾害,如图 6-14 和图 6-15 所示。

云南省临沧市凤庆县云凤高速公路安石隧道左洞洞身全长 5 350 m,右洞洞身全长

图 6-14　隧道发生涌水灾害

图 6-15　隧道发生突泥灾害

5 265 m,左、右洞平面设计线间距为 24.7～27.9 m,隧道最大埋深 449.81 m。2019 年 11 月 26 日,右洞出口端已开挖 641.4 m,距工作面 5 m 左右隧道右上方突发涌水突泥事故。造成此次事故的原因在于,灾害点上方存在一囊状的含水隐伏破碎带,体积约 1.53 万 m³。其上部与地表附近的节理裂隙联系紧密,地表覆盖层较厚,植被较发育,难以发现。下部接近隧道开挖区域存在完整性相对较好的隧道顶板围岩,其底部距隧道顶板围岩约 3 m,在工程未开挖扰动前,处于相对平衡状态。工作面通过该风化囊时,由于隧道开挖形成临空面,在隧道顶部重力荷载、爆破扰动以及地下径流场的动(静)水压力和潜蚀作用下,隧道拱顶上方围岩出现变形沉降,原有封闭裂缝扩张,新裂缝出现,涌水通道逐步出现。但因开挖初期产生的缝隙尚未完全贯通,渗水量有限,隧道围岩顶板云母片岩虽然软化,但石英片岩还处于相对完好状态,其强度可短时抵抗上部富水破碎带的荷载作用,故没有产生明显的涌水突泥前兆。但随着时间推移和隧道施工扰动产生的裂缝逐步贯通、渗流通道扩张,地下径流场的动(静)水压力增大,含水单元间渗流通道扩展、水力联系增强、渗透系数变大,使得隧道拱顶上方围岩进一步软化,强度降低。当隧道拱顶围岩强度达到极限临界状态时,突发第一次涌水突泥。第一次涌水突泥后,大量物质迅速淤积在局部堵塞点,涌水突泥暂时终止。随着补给水的不断涌入汇聚,其势能急剧增高,压力增大,造成第二次涌水突泥。第一次涌水突泥后,现场施工人员自发盲目实施救援,事故现场失去控制,导致事故扩大。

　　为了防止隧道发生涌水、突水和突泥灾害,首先应切实加强隧道施工超前地质预报,隧道超前地质预报要采用地质调查与勘探相结合、物探与钻探相结合、长距离与短距离相结合、地面与地下相结合、超前导坑与主洞探测相结合的方法,查明隧道开挖断面周围和前方围岩等级、断层、破碎带、富水带、岩溶等不良地质状况,并采取相应防范措施。

在富水段开挖前应掌握超前地质钻探探测情况,查明隧道工程地质情况,勘察布孔、钻探及岩芯采芯率应符合规范要求。围岩等级条件发生变化时,根据相关规范及设计要求,对开挖方式、超前支护措施、开挖进尺和二次衬砌距工作面距离等及时调整,并严格按照施工技术标准施工,避免实际的施工方式和支护加固措施与隧道围岩等级和实际地质条件不匹配。涉水施工段应尽量避免长距离下坡掘进,采用矿山法施工的,围岩开挖应采用震动小的方式,如机械开挖、化学静爆,不宜采用明爆开挖。

掌握溶洞、暗河、风化深槽等不良地质体的位置和特性,以及其与隧道的相交位置,及时调整施工工法和支护加固措施,防范涌水、突水和突泥等灾害。对于隧道岩溶水害,可采用溶洞回填或绕避方式,结合隧道的地质条件、岩溶发育分带、水的循环、补给情况和流量大小以及隧道防排水要求,采取大疏、小堵、疏堵结合、地表地下综合治理的方法进行处理。同时,应根据岩溶溶洞的大小、位置、稳定性,采取喷锚支护、增设护拱、灌注混凝土或注浆加固等方法,对隧道围岩、溶洞进行注浆加固。

此外,应加强监控量测管理,要把监控量测作为施工工序进行管控,加强隧道变形、涌水量监测,建立连续记录资料台账,严禁无监控施工行为。要在软弱破碎带和高风险段加大监控量测断面数量和量测频率,根据监控量测结果,并结合超前地质预报结果及时提出安全预警或调整设计和施工方案,确保施工安全。

隧道涌水、突水应分别采用排、堵或排堵相结合的措施来处理。浅埋隧道应以堵为主,采用水泥加水玻璃双液注浆封闭。非岩溶深埋隧道以疏为主,采用排水导坑、钻孔疏干等措施。施工组织应尽量采用先隔水层后含水层的掘进工序,或采用超前引排、超前预注浆以减小突水灾害的程度。对于不良地质隧道,施工单位应加强超前地质预报、动态评价预测、施工监控量测,科学指导施工作业。施工单位要加强关键指标的监测,监控量测数据达到预警值时应进行认真核查、评估,出现危险征兆时必须立即停工处置,严禁冒险施工作业。

隧道内出现渗水、滴水、股状流水、局部短时股状涌水等现象,或围岩条件发生变化等,应结合现场地质变化情况实际及时提出科学有效的处置措施。此外,应制定应急预案,针对复杂地质条件开展涌水突泥演练,加强对施工人员的日常安全培训教育特别是应急处置培训教育。

6.5.2.4 地面沉陷灾害

隧道埋深很小(埋深<20 m 的单线隧道或埋深<40 m 的双线隧道),围岩为Ⅳ～Ⅵ级软弱破碎岩体,隧道开挖易引起地表下沉量过大,特别是隧道塌方后,会出现地面沉陷灾害,甚至引发山体滑坡、地面建筑损毁等灾难性后果,如图 6-16 所示。

为了防止隧道发生地面沉陷灾害,应加强隧道变形和地表沉陷监测,选择合适的施工工法,如在近地表土体及软岩隧道开挖时,选择盾构法或 TBM 法能够有效地控制地表沉降,而不宜采用矿山法。隧道开挖后立即施作喷锚初期支护,同时通过加强支护和调整施工措施,如加喷混凝土、增设锚杆、加挂钢筋网、加钢筋支撑、超前支护、减小开挖循环进尺、提前封闭仰拱、预注浆加固围岩等,控制地面沉陷量。

6.5.2.5 施工与爆破震动灾害

矿山法隧道机械施工与爆破产生的震动,可能引起隧道围岩破碎塌方、邻近既有隧道及建筑物发生破坏,如小间距双线隧道及在建筑物密集区修建隧道,矿山法施工易造成隧道围

图 6-16　隧道开挖引起的地面塌陷

岩破碎、中隔墙发生破坏以及建筑物损害等灾害。

　　杭衢铁路岩塘山隧道全长 2 586.7 m,最大埋深约 215 m。隧道暗洞段采用复合式衬砌,即初期支护采用锚网喷混凝土和钢拱架及格栅拱架,在地质条件较差段辅以不同形式的超前支护,二次衬砌为模筑混凝土或钢筋混凝土,开挖采用新奥法施工。2021 年 11 月 16 日,杭衢铁路岩塘山隧道组织钻孔爆破施工时,发生了一起坍塌事故。造成此次事故的直接原因在于,隧道拱顶围岩局部存在不规则、不连续、延展性差的隐伏密闭节理,洞身开挖过程中多钻机施工引发的扰动使隐伏密闭节理进一步增大,这些节理与临空面形成潜在的块体,块体在重力作用下产生脱离母岩的拉应力;在重力和工作面围岩钻孔扰动等因素作用下,块体突然脱离母岩掉落。

　　防止矿山法隧道机械施工与爆破产生的震动,必须充分考虑机械施工组织、爆心距、介质和隧道自身特征、爆破技术条件等因素对既有隧道及建构筑物的影响。机械施工组织设计应利于保持围岩稳定,同时弄清隧道围岩条件、周边爆破震动场特征及爆破参数间的关系,提出合理的减震爆破措施,减小爆破对隧道结构的扰动。如软岩隧道采用半断面微台阶爆破开挖技术,隧道拱部采用光面爆破、边墙采用预裂爆破、核心采用控制爆破、掏槽采用抛掷爆破,选择合理的掏槽方式、爆破器材、间隔时差、循环进尺、起爆顺序、爆破参数等。断层破碎带采用破碎岩层上下半断面微台阶爆破施工技术,围岩特别破碎时,建议采用环形开挖留核心土法,即周边先行环形爆破,进行临时支护后爆破开挖核心土部分。中硬岩、硬岩隧道全断面开挖采用深眼爆破技术,合理确定炮眼深度、炮眼直径、炮眼布置方式、用药量、装药结构、间隔时间和起爆顺序等。

6.5.2.6　瓦斯灾害

　　隧道常遇到的瓦斯灾害主要为煤与瓦斯突出和瓦斯爆炸。煤与瓦斯突出是指隧道开挖过程中破碎的煤、岩和瓦斯突然向工作空间抛出的动力现象,突出的发生主要与地应力、瓦斯和煤体性质相关。隧道穿过煤系地层时,空气瓦斯浓度达到 5%～16% 时,遇到明火,极易发生瓦斯爆炸事故。

　　成都市龙泉驿区五洛路 1 号隧道穿越龙泉山脉的浅层天然气富集区,为高瓦斯隧道,隧道长 2 915 m,设计坡度 2.5%,最大埋深 152 m。采取左右洞同时掘进方式施工,隧道内间隔

300 m 设有联络通道。2015 年 2 月 24 日,该隧道发生一起瓦斯爆炸事故,如图 6-17 所示。造成此次事故的主要原因在于,五洛路 1 号隧道春节放假期间停工停风,隧道内瓦斯大量积聚,并达到爆炸极限;2 月 24 日,施工单位 4 名运渣车驾驶员违反安全操作规程,翻越栅栏进入未通风的隧道内检修车辆,产生火花引爆了隧道内瓦斯,导致事故发生。

图 6-17　成都龙泉驿区五洛路 1 号公路隧道瓦斯爆炸现场

　　汶马高速公路理县段米亚罗 3 号隧道位于理县米亚罗镇,为双向分离式傍山隧道,呈北西-南东走向。2018 年 9 月 15 日,米亚罗 3 号隧道发生一起突水突石及瓦斯异常涌出事故。事故发生同时具有突水、冲击地压和瓦斯异常涌出的特征,它们相互作用,增大了事故的破坏强度,也增加了防范难度。造成此次事故的原因在于,在局部次级断层破碎带与承压水、局部高地应力以及瓦斯应力等复合作用下,隧道右线正洞坍塌体内形成过大挤压力,打破了围岩临界平衡,发生了动力现象,并向二号车行横通道淤积体传递,击溃横通道砟面喷射混凝土封堵墙后,酿成了复合成因类型的突发性较大突水突石及瓦斯异常涌出事故。

　　次级断层破碎带及地下水因素方面,从事故突出物组成看,固态物多由千枚岩遇水软化后形成的泥土构成,板岩、砂岩岩块含量不多,且含水量丰富。由此分析认为,二号车行横通道进入右线正洞施工后极有可能遭遇了次级富水断层破碎带。该富水断层破碎带与邻近的类似异常体水力连通性较好,加之千枚岩遇水后力学强度急剧降低,局部岩体失去完整性,在局部水压和泥浆自重压力的作用下,形成过大甚至难以消除的挤压力。根据该区域水文地质资料,洞身顶部坡洪积层透水性强,受降雨影响较大,根据气象局提供的气象资料,该区 8 月 6 日、7 日有阵雨,9 月 1 日至 17 日出现了连绵阴雨天气,降雨量 101.5 mm,存在补给水源。从钻探情况来看,局部存在承压水。

　　局部存在地应力问题方面,二号车行横通道及进入右线正洞施工区围岩岩性以千枚岩为主,岩质极其软弱,属极软岩;基岩裂隙水、空隙水发育;另外,隧道施工中发生了明显的软质岩大变形现象。从以上情况可以看出,二号车行横通道突出事故点局部存在高地应力问题,是本次事故发生的主要动力源之一。

　　瓦斯应力因素方面,米亚罗 3 号隧道工程区域位于区域内米亚罗断裂走向顺褶皱构造线方向呈北西-南东向展布的压扭性逆断层,隧道所受的区域构造应力强烈,贯通裂隙发育。在应力差的作用下,瓦斯气体通过断裂、贯通裂隙等封闭性构造通道运移以吸附状态富集于岩层中,局部聚积大量吸附瓦斯,造成瓦斯分布不均匀,加之米亚罗逆断层作用,属封闭性构造,形成良好的贮存瓦斯条件,吸附的局部瓦斯产生集中应力,构成瓦斯应力。

为了防止隧道发生瓦斯灾害,首先应在施工前,探明隧道工程的地质条件,对于可能穿过煤系地层的隧道,应采取相应的治理措施,防范煤与瓦斯突出和瓦斯爆炸等瓦斯灾害的发生。工作面距煤层 20 m 外,在施工穿透煤层的探测钻孔,掌握煤层位置信息。工作面距煤层 10 m 垂距时,施工 2～3 个穿透煤层全厚且进入岩层≥0.5 m 的探测钻孔,确定煤层的走向、倾角、厚度及顶底板岩性等赋存情况及地质构造条件。工作面距煤层 5 m 垂距时,施工 2～3 个穿透煤层的预测钻孔,测定瓦斯含量、瓦斯压力等相关瓦斯参数,进行煤层突出危险性预测。若为有突出危险煤层,必须采取钻孔瓦斯抽采、水力冲孔、深孔松动爆破、金属支架等措施,防范煤与瓦斯突出的发生。此外,应在隧道洞口外设置针对高瓦斯隧道的有效警示标志,加强对隧道瓦斯检测和施工过程中隧道通风等方面安全管理,加大瓦斯隧道通风,及时稀释涌出瓦斯,严格控制隧道风流瓦斯浓度不超过 1%,避免瓦斯爆炸事故的发生。

6.5.2.7　其他隧道灾害问题

除上述灾害外,隧道工程还可能发生岩溶塌陷、涌砂、有毒有害气体涌出、高温热害等灾害,严重威胁隧道工程、施工人员和设备安全,如图 6-18 和图 6-19 所示。

图 6-18　隧道发生有毒有害气体涌出

图 6-19　隧道发生涌砂灾害

为了防止隧道发生岩溶塌陷、涌砂、有毒有害气体涌出、高温热害等灾害,应根据隧道情况,采用地质调查与勘探相结合、物探与钻探相结合、长距离与短距离相结合、地面与地下相结合、超前探测与主洞探测相结合等措施,加强隧道超前地质预报,查明隧道开挖断面周围和前方围岩等级、断层、破碎带、富水带、岩溶、暗河、软弱地层及有害气体等不良地质状况,掌握不良地质体范围、规模和性质,为选择合适的开挖方法、设计合理的支护参数及采取有效的治理措施提供依据。应积极采取防范措施,对突水突泥、有毒有害气体、不良地质等风险进行预判、预控,严格控制开挖进尺,加强工序衔接,初期支护质量必须符合要求;要及时施作仰拱、二次衬砌,并满足安全步长控制要求;隧道地质频繁变化、施工方法转换地段,必须紧密结合围岩节理发育、含水等综合变化情况,及时变更设计并采取应对措施。

若隧道地质勘察发现存在可溶性岩层走向与开挖轴线夹角较小即存在顺层问题,要分析岩溶特征及其裂隙溶蚀对层理面黏结力产生弱化可能形成贯通性分离面,特别是当隧道开挖整体切断单岩层(或数层)形成临空面并有持续向前延伸的趋势时,要注意调查、观察被切断岩层的上下层间现状的溶蚀状况,分析层理与节理等诸结构面的组合关系及可能会诱发或产生岩体顺层滑动的危险。针对岩溶隧道工程地质的复杂性,在隧道建设过程中,各方需足配专业地质人员并须全程参与,加强超前地质预报工作。同时应加强对隧道周边隐伏岩溶的探测,提高分析和预防能力。地质人员应做到随时开挖、随时观察地质情况变化、随时进行探测和综合研判,及时进行设计调整,以保证工程安全顺利完成。要强化安全风险评估和动态管理工作,切实加强复杂地质条件下隧道施工安全风险防范意识,在施工过程,应结合地勘、超前预报及揭示的地质情况,综合分析出现的不良地质现象可能给施工带来的危害,实时开展施工风险预测,采取相应的工程措施,加大风险管控力度。

此外,要充分识别高海拔、长大坡度单线隧道等特殊环境下的工程施工风险,制定、动态调整相应区段的通风、监测、防护、机车编组和管理等风险管控措施,特别要重视隧道内重联机车编组方式和排列序次,采用低排放新型内燃机车进行推送作业,加装射流通风机,有效降低有毒有害气体排放。配发正压式消防氧气呼吸器,在机车驾驶室等危害作业点设置有毒有害气体、火灾烟感、视频监测等报警监测装置,实时掌握安全风险状态,实现远程报警并保证报警监测系统的准确性和可靠性,实现安全风险的动态监控。

6.6 盾构法施工事故灾害及防护

6.6.1 盾构法工程概述

盾构法是指采用盾构机进行隧道施工的方法,利用土压、泥水压力等方式稳定开挖面,开挖面前方利用切削装置进行土体开挖,在机内利用出土机械将土体运至洞外,拼装预制管片完成衬砌作业,将盾构千斤顶作用于衬砌结构上实现推进,如图 6-20 所示。盾构法施工具有以下明显的优势:在盾构掩护下进行作业,具有良好的施工安全性;盾构推进、出土、衬砌等主要工序能够循环作业,利用管理;不影响地面交通和江、河、海航运,产生的噪声等环境危害较小,对地面既有建筑物和地下管线影响小;不受风雨等气候环境影响,施工费用受埋深的影响较小,有较高的技术经济性。

图 6-20　盾构法施工示意图

6.6.2　盾构法工程常见灾害及防护

盾构法施工主要面临着不良地质条件盾构施工灾害、盾构施工引起塌陷灾害、盾构施工进出洞风险、盾构施工下穿建(构)筑物灾害等。根据盾构施工的工程地质、水文地质、周围建(构)筑物等施工环境,针对开挖面的平衡模式,刀盘、刀具适应性,千斤顶液压系统可靠性,电气系统的可靠性,同步注浆及补偿注浆系统配置合理性,操作系统灵敏性,轴线控制系统精准性,选择合适的盾构机选型,是防上盾构法隧道发生灾害的前提基础。

6.6.2.1　不良地质条件盾构施工灾害

盾构施工穿越江、河、海底或不良地质条件、富水地层时,容易出现涌水、涌砂等险情,引起地面局部塌陷,产生导水裂隙,可能导致水流通过盾尾等部位涌入并淹没隧道,如图 6-21 所示。盾构处在承压水砂层中,如果正面压力设定不够高,缺少必要的砂土改良措施以及盾尾密封失效,可能会引起正面及盾尾涌砂涌水导致盾构突沉、隧道损坏。在盾构上部为硬黏土、下部为承压水砂层时,由于硬黏土过硬很难顶进,而承压水砂层则因受压不足不能疏干而发生液化流失导致盾构突沉;另外,过硬黏土卡住密封舱搅拌棒使黏土与砂土不能拌和排出,致使盾构下部砂土液化由螺旋器流出,导致盾构底部脱空下沉。穿越沼气(瓦斯)层或其他原因形成的含气层时(如气压法施工的隧道或工作井附近),如未探明其范围和压力、未事先进行必要的释放、未采取防备毒气和燃爆的措施,开挖面喷出的气体及其携带的泥砂可能引起盾构姿态突变、隧道突沉以及毒气燃爆等灾害。沿线穿越地层中的透镜体、洞穴或桩基、废旧构筑物等障碍物,未事先查明并做预处理或未有应急措施,可能引起盾构推进突沉偏移,盾尾注浆流失,致使地面沉陷过大,盾构无法推进。

2018 年 2 月 7 日,佛山市轨道交通 2 号线一期工程湖涌站至绿岛湖站盾构区间右线工地突发透水,引发隧道及路面坍塌,洞内突然涌出的大量泥砂推动盾构机台车向后滑冲700 余米,隧道内泥砂流和伴随涌起的气浪将正在向外撤离的部分逃生人员击倒或掩埋。地面坍塌范围东西向约 65 m,南北向约 81 m,深度 6~8 m,地面塌方面积约 4 192 m²,坍塌体方量接近 2.5 万 m³。事故的直接原因,一是事故发生段存在深厚富水粉砂层且临近强透水的中粗砂层,地下水具有承压性,盾构机穿越该地段时发生透水涌砂涌泥坍塌的风险高;二是盾尾密封装置在使用过程密封性能下降,盾尾密封被外部水土压力击穿,产生透水涌砂通道;三是涌泥涌砂严重情况下在隧道内继续进行抢险作业,撤离不及时;四是隧道结构破

图 6-21　盾构施工发生涌水灾害

坏后,大量泥砂迅猛涌入隧道,在狭窄空间范围内形成强烈泥砂流和气浪向洞口方向冲击,导致部分人员逃生失败,造成了人员伤亡的严重后果。

为防止发生不良地质条件盾构施工灾害,首先应调研盾构工程地质和水文地质条件,明确不良地质区段里程,进行风险分析和评估,针对性地制定和实施风险控制措施。精准掌握盾构隧道施工的岩土地层变化,摸清地层是否存在软硬交互成层,上软下硬或上硬下软,左、右土体不均匀,大的砾石,基岩风化出露等情况,查明断层破碎带位置及性质,测定岩土的物理力学参数(如 C、φ 值)、颗粒组成、硬度、压缩特性。查明盾构隧道工程的水文地质条件,包括水的补给来源,地下暗河、井口、泉眼、溶洞位置,是否含有腐蚀性水,河海等水底覆土层和非透水层厚度,岩土的渗透性、含水量,水位、水压力、承压水层等条件。

盾构工程的管片结构失稳坍塌事故与富含水的粉细砂层流失密切相关,应提高富含水的粉细砂层盾构施工安全风险防范意识,将富含水的粉细砂层中盾构始发、到达、掘进和洞内钻孔加固列为重大风险,从勘测、设计、费用预算、工期策划、盾构机及管片选型、设计、研发创新、施工方案、工程管理等各方面制定并落实有效的风险防范措施。盾构掘进高风险地层(如孤石、溶洞等不良地质条件)要加强补勘,完善风险源辨识与评估以及管控措施。加强盾构机土仓压力、沉降变化、姿态以及水文地质条件复杂地段深层土体变形和地下水等关键指标的监控监测和数据采集。

此外,应查清盾构施工沿线的环境条件,精准掌握盾构施工沿线可能遇到的桩基、基坑支护连续墙、孤石等障碍物,供水管、排污管、通信线路、供电线路等各类市政管线,地铁车站、地铁隧道、地下过街通道、地下室等各类地下空间开发利用工程。明确盾构隧道与地面道路、铁道的空间关系,下穿建(构)筑物的特性及状态等。合理计算荷载、内力、断面大小、线路路线、纵坡、横坡,进出洞门土体加固尺寸、参数,精度应符合工程实际,严禁出现偏差。同时,应正确选择盾构机型号、安全度、耐久性、使用年限,以及螺栓、防水密封垫片参数等,在地层自稳性差且地表环境对沉降敏感的条件下,要优先选用泥水平衡盾构机。盾构机盾尾密封应进行专门设计,包含但不限于盾尾刷的数量、盾尾刷型号、焊接质量、油脂选择和注入方式、管片粘贴海绵条、壁后注浆的配比和注入方法、盾构机和管片姿态控制等,全面加强盾尾密封的保护,延长盾尾密封的寿命。

6.6.2.2　盾构施工引起塌陷灾害

盾构施工中正面压力及同步注浆压力不足,盾构隧道渗漏及自身长期沉降,是引起塌陷灾害的重要原因。特别是软土地层，易产生较大的地层损失率，导致地层产生过大不均匀变形甚至引起地面塌陷，出现管线燃气泄漏、建筑物开裂失稳、桥梁垮塌等灾害，严重威胁城市交通命脉的运营安全、人民生活及生命财产安全，对社会产生较严重的后果，如图 6-22 所示。通常情况下，盾构施工下穿建（构）筑物时，如运营地铁隧道、越江公路隧道及立交桥、高速铁路，民建筑物为短桩或浅基础，上水、煤气、原水箱涵等城市管道，盾构上方荷载可能变化较大且不均匀，盾构正面压力及推进姿态难以掌控，且盾构穿过地下障碍物时，易出现推进受阻、姿态频动，而致前方土体反复、过大扰动导致地层坍陷；刀盘前方清障时引起开挖面失稳和坍塌；推力猛增或刀盘转速较快而致刀盘刀具卡死、损坏甚至盾构机瘫痪而无法正常推进。

图 6-22　盾构施工发生地面塌陷灾害

为防止盾构施工引起塌陷灾害，应切实执行监测反馈、信息化施工，做好盾构同步注浆，正面压力、盾构姿态等盾构施工参数的优化控制，将盾构施工引起的地层损失率及相关的地层沉降值控制在允许范围。盾构正面压力及其固有波动大小是维持正面稳定及盾构机对前方土体扰动控制的关键参数，对施工期及施工后变形影响较大，对保证达到监控要求至关重要。同时，也要防止正面压力及注浆压力过高导致地层扰动过大或地面冒浆。

盾构注浆应作为保证工程和环境安全最重要的控制措施之一，严格按照相关技术规范要求进行盾构注浆控制，同步注浆的流量、压力、注浆点位等注浆施工参数，应按规定的标准和测定要求而定。不同地层和埋深条件下，各区段的每环管片注浆量和注浆压力，均应做明确规定，并如实记录；在任何条件下每环盾尾注浆填充率不得少于 140%（双圆盾构不得少于 180%），并应通过每日检测盾尾前方隧道轴线上方的地面沉降数据，随时检查注浆和注浆效果。穿过地下障碍物时，应选择合适盾构切削刀，必要时还应对地下障碍物进行预处理。

6.6.2.3　盾构施工进出洞风险

盾构进出洞事故概率较高，当前各类盾构事故中，进出洞时产生的事故几乎占了一半，其后果一般较为严重。盾构机在工作井进洞或出洞时，需要凿除预留在洞口处的钢筋混凝土挡土墙，而后由盾构刀盘切削洞口加固土体进入洞圈密封装置，此过程中洞口土体及加固土体暴露时间较长，且受前期工作井施工扰动影响，若加固土体或洞圈密封装置存在缺陷，易导致洞口水土流失或坍方。如遇饱和含水砂性土层或沼气以及其他原因形成的含气层，更易发生向井内的大量涌砂涌水，而导致盾构出洞偏离隧道设计轴线或盾构进洞突沉，甚至在盾构进洞突沉中拖带盾尾后一段隧道严重变形或坍垮,造成极严重的工程事故。

南京某区间隧道为单圆盾构施工,采用 1 台土压平衡式盾构从区间右线始发,到站后吊出转运至始发站,从该站左线二次始发,到站后吊出、解体,完成区间盾构施工。该区间属长江低漫滩地貌,地势较为平坦,上部主要以淤泥质粉质黏土为主,下部以粉土和粉细砂为主,赋存于黏性土中的地下水类型为孔隙潜水,赋存于砂性土中的地下水具一定的承压性,深部承压含水层中的地下水与长江及外秦淮河有一定的水力联系。到达端盾构穿越地层主要为中密、局部稍密粉土,上部局部为流塑状淤泥质粉质黏土,端头井采用高压旋喷桩配合三轴搅拌桩加固土体。在盾构进洞即将到站时,盾构刀盘顶上地连墙外侧,人工开始破除钢筋,操作人员转动刀盘以割除钢筋,下部保护层破碎,刀盘下部突然出现较大的漏水漏砂点,并且迅速发展、扩大,瞬时涌水涌砂量约为 260 m³/h,十分钟后盾尾急剧沉降,隧道内同部管片角部及螺栓部位产生裂缝,洞内作业人员迅速调集方木及木楔,对车架与管片紧邻部位进行加固,控制管片进一步变形。仅不到一小时,到达段地表产生陷坑,随之继续沉陷。所幸无人员伤亡,最后决定采取封堵洞门方案。如图 6-23 所示。

图 6-23　南京地铁二号线某区间盾构洞口凿除后涌水涌砂事故

为防止出现盾构施工进出洞风险,对于承压水等特殊环境条件下的盾构进出洞、旁通道施工、复杂环境地质条件下盾构穿越江河及盾构穿越重要建筑设施等高风险工程,应针对工程风险编制专项施工组织设计并落实监控措施,且须经专家评审。注意加强操作规程交底、地质勘探等避免门洞钢筋混凝土的破除不合理形成水土压力过高。做好洞门的处理和加固措施以及密封措施,盾构机刀头入位要准确快速,保证洞门突破而又及时地将水封闭。控制掘进速度、压力,加强周边建筑物、相邻管线及道路沉降监测。在出洞前对盾构设备进行全面检验,在推进施工中每日进行检查保养,穿越承压水砂层时应做专门的盾尾密封检查。

6.6.2.4　盾构施工超限事故

盾构施工过程中,盾构计划线数据设计错误、托架钢轨预埋存在偏差、管片拼装形式影响千斤顶均衡受力、发现超限迹象未及时分析原因加以修正等是造成盾构施工超限事故的重要原因。如成都地铁 1 号线南延线首期工程华阳站—广都北站区间工程,全长 708.667 m。2014 年 3 月 19 日,右线盾构机掘进至 56 环处,发现管片竖向偏差严重超限(达 2 010 mm)。测量人员未认真核对测量文件,因误操作而导入了错误的右线计划线数据,在盾构导向系统中生成了错误的推进计划线,造成华广区间右线盾构隧道严重超限,是导致此次事故的直接原因。

为防止盾构施工出现超限事故,盾构施工中应认真核查盾构掘进自动导向系统录入的计划线数据,确保录入数据的正确可靠。对于在建成形盾构隧道,按时对导线网、水准点、吊篮等进行测量,发现超限迹象,要及时分析原因加以修正,杜绝盾构施工超限事故的发生。此外,应严格控制托架钢轨预埋偏差,选择合理管片拼装形式,保证千斤顶均衡、协调受力。

6.7　掘进机法施工事故灾害及防护

6.7.1　掘进机法工程概述

掘进机(TBM)法是一种利用机械破碎岩石、出渣与支护实行连续作业的综合设备,是由岩石隧道全断面施工方法。利用岩石掘进机的回转刀盘,同时借助推进装置的作用力,使刀盘上的滚刀切割或破碎岩面,实现在岩石地层中破岩开挖隧道的暗挖施工方法。TBM工法主要由开挖部、反力支承靴部、推进部和排土部组成。引汉济渭调水工程的控制性工程秦岭输水隧洞,隧洞全长 98.3 km,最大埋深 2 012 m。其中秦岭主脊(越岭段)35 km 便采用了 TBM 法施工,岩石局部抗压强度高达 316 MPa。

与矿山法相比,TBM 法具有掘进效率高、掘进开挖超挖量控制好、对围岩扰动小、施工安全性高等优势。但 TBM 法施工也存在一些弊端,如 TBM 法对地质条件变化的适应性差(如掘进中遇到断层构造带等的时候),掘进机成本高、前期投入大,施工过程中不能随便改变开挖断面形状和大小。

6.7.2　掘进机法工程常见灾害及防护

掘进机法施工除可能发生隧道工程常见的工作面失稳垮塌、岩爆、涌水流砂、突水突泥、地面沉陷等灾害外,还易出现卡机事故、TBM 姿态偏差灾害。如引起工作面失稳垮塌,主要与前面所提到的围岩岩性、地应力大小、岩体结构面特征和地下水的作用有关。TBM 依靠撑靴对隧道的作用力而获得向前的推力,在软弱结构面、节理发育地带,岩体破碎,受撑靴挤压而发生滑塌。此类坍塌规模虽小,一般只有 1～2 m,但必须对坍塌的撑靴部位进行换填、喷锚注浆等加固处理。

6.7.2.1　TBM 卡机

TBM 卡机是 TBM 法施工的常见事故之一,比如发生卡刀盘、卡护盾或姿态偏差被卡等,如图 6-24 所示。TBM 施工开挖后,岩体应力重新分布,隧道围岩径向压力部分作用于 TBM 支护管片,环向压力增加,隧道围岩产生挤压变形。常发生于存在较大地应力的软弱围岩地段,如软岩、断层带、节理发育带和风化岩等条件下。围岩变形量超过开挖预留变形量时,围岩开始与护盾接触并挤压护盾,TBM 推进过程中时围岩与护盾间产生摩擦阻力,摩擦阻力超过 TBM 推力时,导致 TBM 被卡而无法前进,甚至导致护盾损坏。

对于破碎围岩条件,围岩松散、破碎,TBM 开挖后围岩无法稳定,甚至发生塌方,容易出现进渣量过大压停带式输送机、破碎岩石块度大造成刀盘阻距过大卡住刀盘、围岩塌方造成护盾被挤死等问题。对于膨胀性围岩条件,围岩被水浸泡后强度降低,围岩变形大,支承靴无法提供有效支撑,引起 TBM 出现姿态偏差,易导致 TBM 被卡死。对于硬岩条件,高地应力易导致岩爆发生,若无岩爆对 TBM 造成损坏,一般不易发生卡机事故。

图 6-24　输水隧洞护盾被卡

　　为了防止 TBM 法施工中发生卡机事故,短进尺、强支护、超前物探和实时变形监测是避免卡机的有效措施。由于 TBM 对复杂多变地质条件的适应能力较差,应对水文地质条件、不良工程地质的规模和范围进行详细勘探,根据水文地质条件及时对 TBM 掘进参数、支护参数和防范措施进行调整,如增加边刀行程、增加 TBM 的总推力、使用脱困扭矩等。

　　对于软岩(含膨胀岩)大变形段,由于围岩变形具有一定的时效性,应加强变形观测,当围岩挤压变形量、变形速率较大时,应停止喷水,加快 TBM 的掘进速度,必要时可适当加大开挖预留变形量,给围岩预留足够的变形空间,同时缩短护盾长度,降低 TBM 被挤压抱死风险。使用配筋量较大的重型管片,确保洞室长期稳定。围岩变形严重时,采用喷锚、钢拱架、灌注混凝土等联合支护方式处理后再掘进。必要时,可采取两侧小导洞快速开挖释放压力后 TBM 掘进、上半断面开挖+下半断面 TBM 掘进等方式进行防范。

　　对于破碎围岩段,应合理选用 TBM 掘进参数,降低掘进速度。选择合适的超前支护形式,如管棚、超前小导管、预注浆、超前锚杆等,加强围岩支护强度,并及时清理支承靴岩石碎渣,防止支承靴出现打滑。对于区域性断层破碎带,可采取钻爆法施工预先处理。

　　TBM 施工穿越岩溶带,应对无充填或少量充填溶洞进行基础回填与支顶处理。对较大的充填溶洞或充填物含水量高、物理力学性质较差的溶洞,进行超前注浆,同时紧跟工作面进行回填灌浆,以防或减少 TBM 通过时出现沉降。若溶洞过大难以回填,可开挖一个通向前方溶洞的旁洞,采用现浇桥、拱或桩基渡槽、箱涵结构进行跨越处理。

　　发生 TBM 卡机事故,可采用开挖导洞、扩挖工作间、塌腔处理、自进式锚杆、超前地质预报、超前管棚预注浆、化学注浆等综合措施处理 TBM 卡机事故。如对于软岩(含膨胀岩)大变形段卡机事故,应加大推力并在护盾和围岩之间注入润滑剂;如果仍不能脱困,通过工作窗口进行 TBM 前后、上下扩挖,解困后迅速将扩挖部分回填,防止围岩继续变形。

6.7.2.2　TBM 姿态偏差

　　膨胀性围岩、地层软硬不均条件下,易出现 TBM 栽头、抬头等姿态偏差问题,造成隧道走向出现偏差、管片安装出现错台、TBM 卡机等灾害。对于膨胀性围岩,被水浸泡后强度降低,围岩承载力下降,易引起 TBM 出现推进力不足,导致掘进速度缓慢。

为了防止 TBM 法施工中发生 TBM"栽头""抬头"等姿态偏差问题,首先应查明工程围岩水文地质条件,明确围岩岩性、含水率、含泥量等性质;TBM 在掘进过程中要加强测量,严格控制 TBM 姿态,使其与设计轴线一致,出现姿态偏差应及时调整,姿态调整要勤调缓调。

对于软弱膨胀性围岩条件,应加强渗漏水防治,避免围岩发生膨胀性变形。若 TBM 有下沉倾向,应将 TBM 退至软弱区域外,校正姿态,以混凝土或枕木对软岩进行置换,加固岩体使其达到 TBM 通过要求。对于易发生 TBM 栽头的不良地质段,TBM 在竖直方向上应保持稍微向上的趋势,预防刀盘低头。此外,严格控制刀盘转速和推进速度,通过前盾底部注浆、加大底部推进液压缸压力、增加底部推进液压缸数量等措施,同时掘进过程中开启超挖刀,保持上半部分超挖,为前盾上抬提供空间。

6.8　顶管法施工事故灾害及防护

6.8.1　顶管法工程概述

顶管法施工就是借助主顶液压缸及中继间等的推力,把工具管或掘进机从工作坑内穿过土层一直推到接收坑内吊起,不需要开挖面层,能穿越地面构筑物和地下管线及公路、铁路、河流。

6.8.2　顶管法工程常见灾害及防护

顶管法施工常见的事故灾害主要有管道轴线偏差过大、坍塌、地面沉降或隆起、管道渗漏水以及损坏地下埋藏物等。

6.8.2.1　管道轴线与设计轴线出现偏差

地层分布不均匀、顶管后背墙发生位移或不平整、千斤顶顶力出现偏差等,均可能导致管道顶进轴线与设计轴线出现偏差,引起管道发生弯曲、管节损坏、接口渗漏等问题。当地层分布不均匀时,会引起顶管正面阻力不均匀,导致导向出现偏差。顶管后背墙发生位移或不平整,千斤顶不同步、顶力不均、安装精度不够,易引起顶力合力方向出现偏移。

为防止管道轴线与设计轴线出现偏差,首先在顶管法施工前,应查明管道通过地带的水文地质、地上及地下建构筑物等条件,选择合理的管道顶进方法,两导轨应顺直、平行、等高,其纵坡应与管道设计坡度一致,保证液压千斤顶安装精度,设置合理的千斤顶顶力、行程、速度,保持千斤顶同步、顶力均匀分布,以确保顶力合力方向与管道设计轴线相重合。同时严格控制顶管后背墙施工质量,保证后背墙平整度,并具有足够的强度和刚度,不发生位移。顶管施工中应设置测力装置,建立地面与地下测量控制系统,随时绘制顶进曲线,按照勤测量、勤纠偏、小量纠的操作方法进行纠偏。若出现顶力异常增大,应及时查明管道轴线是否发生偏差,造成推进异常阻力增大,及时进行纠偏。

6.8.2.2　坍塌、地面沉降或隆起

失稳坍塌是顶管法施工常见的事故灾害,如顶管工作井发生坍塌、顶管挖掘面发生坍塌等,如图 6-25 所示。此外,顶管施工过程中或施工后,管道轴线两侧一定范围内出现地面沉降或隆起,会严重危及地面建筑设施和人员的安全。开挖端面的取土量过多或过少,引起工

具管推进压力与开挖土体压力不平衡,是造成地面沉降或隆起的原因之一。如遇到土层性质发生变化或流砂层等条件时,出土量远远大于理论出土量,如顶进量过小,没有起到有效防护和平衡地层压力作用,则会引起地面产生明显塌陷。而管道轴线偏差或纠偏不当,工具管外径与管节外径差值形成的环形空隙,顶管完成后未采用水泥砂浆或粉煤灰水泥砂浆置换触变泥浆,管道接口不严密引起水土流失,也会造成地层土体损失,导致地面沉降。

图 6-25　顶管施工引发地面坍塌灾害

广东省天然气管网二期工程线路六标段万洲涌顶管工程,采用泥水平衡顶管,顶管长度200 m,顶管深度(套管管底)为 6 m。工作井采用圆形钢筋混凝土井,尺寸为 $\phi7.5$ m×8 m,壁厚 500 mm,混凝土标号为 C30;主筋敷设 $\phi16$ 双层钢筋,环筋敷设 $\phi18$ 双层钢筋,钢筋间距均为 20 cm×20 cm;井底厚 600 mm 左右,包括 300 mm 左右的素混凝土底层和 300 mm 左右的钢筋混凝土;后背墙采用钢筋混凝土后背墙,尺寸为 5 m×2.5 m×1 m。工作井制作采用沉井工艺,即在地面预制 2 m 后井内挖土下沉,再在地面预制 2 m 再下沉,直至达到预定深度后进行封底。2013 年 7 月 8 日,顶管工作井发生突沉事故,工作井突然瞬间整体下沉约 2 m,工作井东侧、北侧的泥土快速向井内涌入。造成该起事故的直接原因是事故作业点场地的地质条件复杂,淤泥层厚度大、含水量高、承载力低,在天气、水文等自然条件因素影响下,使得土体含水量增大、强度降低,工作井侧壁摩阻力下降,工作井的受力平衡被打破,最终导致了工作井瞬间下沉事故的发生。

为防止顶管法施工出现坍塌、地面沉降或隆起,在施工前应详细查明工程地质条件和环境情况,制定合理的施工方案。充分考虑当地土质环境和气候条件,进行顶管施工失稳坍塌方面的风险评估,在工程设计、工程计算中要预留足够安全冗余度,保证足够的支护强度,同时减小外部因素对工程质量、安全施工的影响,如降雨的影响等。正确选用工具管,必要时对距离工程较近的地面建筑设施进行加固保护。认真做好工程土体的降水工作,顶进施工中采取短开挖、勤顶进的方法,严禁超挖。严格控制顶管轴线偏差,顶管完成后及时采用水泥砂浆或粉煤灰水泥砂浆对触变泥浆进行置换,同时严防管道发生渗漏水,避免水土出现流失。

随时注意土质的变化,及时采取相应应对措施。顶管开挖面及管顶部位遇有粉细砂及砂砾石土层等稳定性较差的地层时,应采取防止坍塌、加固土层的措施,如采用灌注水玻璃浆液等加固措施,防止顶进过程中产生坍塌。合理控制顶进压力,保持顶进力与前端土体压力处于平衡状态,若出现顶力异常增大情况,应及时查明是否已经发生土层塌方。

6.8.2.3　管道渗漏水

管节和密封材料质量不合格或在运输、装卸、安装过程中出现损坏,管道轴线偏差过大造成接口错位、间隙不均匀、填充材料不密实,钢筋混凝土管节存在裂缝,接口或止水装置型号选择不合理,是造成管道发生渗漏水的主要原因。

为防止顶管管道出现渗漏水,首先应严格控制管节和密封材料质量,管节表面应光洁、平整,无砂眼、气泡,接口尺寸符合规定,密封材料外观和断面组织应致密、均匀,无裂缝、孔隙或凹痕等缺陷。在施工过程中,避免管道轴线偏差过大,同时防止出现坍塌、停顶时间过久等问题,严禁顶力超过管节的极限承载能力。停顶时间过久,会引起润滑泥浆失水,造成减阻效果降低,使顶力异常增大。合理选择接口或止水装置型号,保证管道接口的密封质量,严防出现渗漏,必要时可采用环氧水泥砂浆或化学注浆的方法进行处理。

6.8.2.4　地下埋藏物发生损坏

顶管法施工不可避免地会引起地层沉降变形,对地下埋藏管线、建构筑物产生一定影响,地层沉降变形量过大时,会引起其发生损坏。此外,顶进过程中若遇到地下埋藏物,可能造成地下埋藏物发生严重损坏。

银川市清和北街路西人行道顶管工程,顶管管径 140 mm,作业深度 3.55 m,纵向拉管距离 160 m。2017 年 11 月 12 日,清和北街(海宝路与上海东路之间)路西侧进行顶管作业时,将清和北街路东侧穿清和北街至清和北街路西侧的天然气管道顶破,泄漏的天然气着火。在没有确认穿清和街天然气管线具体位置的情况下盲目顶管作业,且顶管作业距离超过许可距离是导致事故发生的直接原因。

为防止顶管法施工引起地下埋藏管线、地下建构筑物出现损坏,首先应在施工前与相关部门沟通联系,收集施工影响范围内的所有地下埋藏物图纸和竣工资料,同时配备探测仪对地下管线等进行探测调查,必要时可人工挖槽进一步查明地下管线等埋藏物的种类、埋藏深度等参数,如对于仪器通常无法探测到聚乙烯材料管线。综合考虑地下埋藏物的类型、材质、使用年限、埋深、接头形式、相对位置关系等条件,合理确定地层沉降变形控制标准,并严格将顶管施工产生的沉降变形值控制在允许范围内。顶进过程中,若发生顶力异常增大,应判断是否遇到了地下埋藏物,并及时进行处理。

做好监控量测,及时掌握地层、管线等地下埋藏物变形状况,尤其对于对沉降敏感的管线要单独布点监测,实时评估顶管法施工对地下埋藏物的影响,及时反馈信息指导施工。施工前或施工中监测确定某些重要地下埋藏物可能受到损害时,根据地面条件、管线埋深条件等采用临时加固、支吊或地基注浆加固等措施,对地下埋藏物进行保护。

思　考　题

1. 简述不同的地下工程施工方法所面临的事故灾害类型。
2. 分析水文地质条件与地下工程施工事故灾害的关系。
3. 简述矿山法施工事故灾害防护的主要控制点。
4. 简述监控量测在地下工程施工事故灾害防护中的作用。

第7章 地下工程环境及生物灾害的防护

本章主要对工程环境灾害的定义、分类及特点进行了描述,介绍了工程常见的环境灾害、生物灾害及其危害,并对环境灾害和生物灾害防治提出了对策。

7.1 环境灾害

7.1.1 概述

7.1.1.1 定义

环境灾害,是指由于人类活动引起环境恶化所导致的灾害,人类活动是除自然变异因素外的另一重要致灾原因。主要指人类过度开发资源和排放废弃物造成的大面积和跨地区的灾害。

7.1.1.2 分类

环境灾害按其表现形式可分为骤发性灾害和长期性灾害两类。

(1)骤发性灾害:突发猛烈、持续时间短、瞬间危害大、地理位置易确认。

(2)长期性灾害:缓慢发生、持续时间长、潜在危害大。

环境灾害按其成因分为自然环境灾害与人为环境灾害。

(1)自然环境灾害:自然环境中蕴藏的对其自身有威胁作用的某些因素发生变化,累积超过一定临界量,致使自然环境系统的功能结构部分或全部遭到破坏,进而危及人类生存环境,导致人类生命财产损失的现象。

(2)人为环境灾害:人类活动作用超过自然环境的承载能力,致使自然环境遭到破坏,失去其服务于人类的功能,甚至对人类生命财产构成严重威胁或造成损失的现象。

7.1.1.3 人为环境灾害特点

环境灾害作为人为灾害与自然灾害相比较,除具有灾害的共性外,还有其本身特点。

(1)迟滞性

环境灾害往往是由环境污染物量的积累或生态环境破坏加剧,经过一段显著灾害孕育期,才显现出灾情。在量变阶段,其影响似乎很小,但一旦到了质变阶段,后果较为严重。例如,在一些森林过度采伐、草场过度放牧地区,初期对人类生态环境影响较小,但经过一段时间的积累,由量变到质变成为环境灾害。又如严重水土流失形成滑坡、泥石流等。

(2)叠加性

叠加性是指随着环境系统遭受破坏的程度不断加剧,其灾害程度不断加剧的情况。在环境系统破坏初期,各个环境因子自身功能开始减弱。此时,灾害多以隐蔽形式出现,既使发生局部灾害,也往往是单因子或部分因子的环境功能失调所致,随着时间推移,失调因子会不断增加,系统调节功能衰退加大,就不可避免地出现灾害事件日渐频繁、受灾害程度不断加重、多种灾害叠加的后果。

（3）连发性

连发性是指环境灾害发生后,在时间和空间上相继发生一系列具有内在成因联系和诱导关系的灾害事件。例如,大规模毁林开荒,植被遭到严重破坏,破坏了森林涵养水分和调节气候的能力,使许多地区气候失调,可引起区域泥石流、滑坡、洪水和沙漠化等灾害。

（4）周期性与群发性

有些自然灾害如火山爆发、地震和特大干旱因成因不同,往往有其自身独特的周期。火山爆发一般以百年为尺度。环境灾害群发性是指各种灾害包括自然灾害和人为灾害的群集伴生现象,即各种灾害常常接踵而至或是相伴发生。

（5）突发性和潜在性

突发性是指环境灾害尤其是自然灾害的发生往往出乎人们的意料,而且来势凶猛,令人猝不及防。潜在性是指一些环境灾害如水土流失（图 7-1）、沙漠化、土壤侵蚀等环境灾害,既不像洪水那样凶猛,也不像地震那样强烈,瞬息间造成巨大的生命和财产失,但它却像癌细胞损害人体的健康一样,不声不响地破坏着一个国家、地区的生态基础。这种潜伏的环境灾害缓慢地侵蚀着人类生存基础,不容忽视。

图 7-1　水土流失

（6）危害性

目前,全球性的环境灾害,如温室效应、臭氧层耗竭、酸雨灾害等,给人们的生存发展带来严重威胁,其危害范围之广和危害程度之深都是空前的。

7.1.2　常见环境灾害及危害

7.1.2.1　常见的环境灾害

按照自然界与人类生活关系的密切程度,环境灾害可以分为以下几种类型。

（1）土质变坏

土地是人类生存发展不可缺少的宝贵资源,合理开发则可产生巨大的物质财富,利用不当则易于使其质量变坏。土地质量变坏的形式主要有以下三种。

① 水土流失

水土流失多发于山地丘陵,对地表覆盖物的破坏,致使土壤裸露,运流加速,冲刷增大。在我国,仅损失土壤每年就超过 5 Gt,折合 N、P、K 养分含量超过 40 Mt 标准化肥,土地质量严重破坏。其主要原因是在人口增长过快、人地关系失调状态下,盲目垦殖和不当利用。

② 土地沙化

它是在具有一定矿物基础和干旱大风的动力条件下,频繁的与自然环境不相协调的人为活动所导致的灾害,如图 7-2 所示。据有关资料,在新增沙漠中,87% 是由于人类活动所导致的。

图 7-2 土地沙化

③ 土地盐碱化

虽然在 20 世纪 50—80 年代期间,我国治理成绩显著,面积有所减少,但目前仍有大面积的盐碱地(图 7-3),主要出现在黄淮海平原、西北内陆及东部沿海地区。

图 7-3 土地盐碱化

(2)自然植被减少

天然植被是陆地生态系统结构最复杂、功能最高的生态系统,一旦破坏,就会影响整个生态系统平衡。

(3)"三废"污染

工业文明把人类历史推进到一个新的阶梯上,现今人类掌握了巨大的创造力,同时形成

对地球环境巨大的破坏力,超过了农业文明对环境破坏的总和。主要形式有以下几种:

① 废水污染,包括生产废水和生活废水。生产废水是指企事业单位在生产科研过程中向外排放的废水;生活废水是指城镇居民区和企事业单位职工集中居住区排放的污水,如图 7-4 所示。

图 7-4　废水污染

② 废气污染,指生产和燃料燃烧过程中排放的各种释放于空气中的废气,它们多含有 SO_2、CO_2、NO 等气体,如图 7-5 所示。尤为严重的是目前温室气体的大量排放所引致的地球气温升高,是人类已面临的恶性灾害事件,已引起世界各国的注意。

图 7-5　废气污染

③ 废渣污染,指工矿企事业单位在生产(试验)过程中产生的工业固体废弃物,如图 7-6 所示。随着经济的发展,废渣的产生量将会逐渐提高。如果不能有效地回收处理或地下深埋,则对耕地、环境会形成进一步的影响。

(4)肥药膜污染

肥药膜污染是指农业生产过程中使用化学工业产品,在提高农产品产出的同时,连带出现的对土地、植物和人畜健康产生不良影响的现象。主要有以下几种:

① 化肥污染。化肥是植物生长必不可少的营养,但当使用不当时,则易形成植物伤害。

② 农药污染,化学农药的产生对有效控制农作物及其产品的难以分解性使其往往残留于产品中而造成对人畜健康的威胁。

③ 农膜污染。农膜的使用对农产品产量的提高有重要作用,尤其在高寒地区。但是,拾捡回收不完全和其本身的难以分解易造成对土壤的污染,影响下茬作物正常生长。

(5)地质灾害

自然地质作用可能导致地质环境或地质体发生变化,当这种变化达到一定程度时,就会

图 7-6　废渣污染

给人类和社会造成危害。地质灾害,主要包括地震、泥石流、滑坡、地面变形、火山喷发等。

7.1.2.2　环境灾害的危害

由于人类活动引起环境恶化所导致的灾害,是除自然变异因素外的另一重要致灾原因。其中气象水文灾害包括洪涝、酸雨、干旱、霜冻、雪灾、沙尘暴、风暴潮、海水入侵等。地质地貌灾害包括地震、崩塌、雪崩、滑坡、泥石流、地下水漏斗、地面沉降等。

（1）气候变化造成威胁

温室效应带来严重威胁,据 2 500 名有代表性的专家预计,海平面将升高,许多人口稠密的地区都将被水淹没。气温的升高也将对农业和生态系统带来严重影响。

（2）生物的多样性减少

由于城市化、农业发展、森林减少和环境污染,自然区域变得越来越小了,这就导致了大量物种的灭绝。一些物种的绝迹会导致许多可被用于制造新药品的分子归于消失,还会导致许多能有助于农作物战胜恶劣气候的基因归于消失,甚至会引起新的瘟疫。

（3）森林面积减少

最近几十年以来,热带地区国家森林面积减少的情况也十分严重。在 1980—1990 年,世界上有 1.5 亿公顷森林消失了。

（4）淡水资源受到威胁

据专家估计,世界上将有四分之一的地方长期缺水。

（5）化学污染

工业发展带来的成千上万种化合物存在于空气、土壤、水、植物、动物和人体中。即使作为地球上最后的大型天然生态系统的冰盖也受到污染。那些有机化合物、重金属、有毒产品,都存在于整个食物链中,并最终将威胁到动植物的健康,引起癌症,导致土壤肥力减弱。

（6）海洋过度开发和沿海地带被污染

由于过渡捕捞,海洋的渔业资源正在以令人可怕的速度减少。因此,许多靠摄取海产品蛋白质为生的人面临着饥饿的威胁。集中存在于鱼肉种的重金属和有机磷化合物等物质有可能给食鱼者的健康带来严重的问题。

（7）空气污染

多数大城市里的空气含有许多取暖、运输和工厂生产带来的污染物。这些污染物威胁着市民的健康,导致许多人失去了生命。

7.1.3　环境灾害防治

7.1.3.1　坚持可持续发展模式

环境问题实质上是国民经济和社会发展的问题,是环境与发展对立统一如何平衡的。可持续发展是一种既满足当代人需要,又不对子孙后代构成危害的发展方式。

7.1.3.2　控制人口快速增长,减少人口对环境的压力

人口问题既是一个社会问题,又是一个经济问题。人口数量增多和科学技术的进步,使人对环境的影响作用越来越大。实现人口、资源与环境之间的协调发展,能够有效减少人口快速增加对环境造成的压力。

7.1.3.3　制定和严格实施环境法规和标准

为解决生态环境灾害问题,确保生态环境阈值底线不被逾越和突破,以及为满足生态文明建设目标需求和要求,需从宏观角度制定具有刚性和约束力的环境保护制度,并使之能够得到有效实施和执行。最严格的环境保护制度包括一系列具体的目标、体系、执行与考核等,具有阶段性与动态性、科学性与公平性、区域性与差异性、可达性与有效性等基本特征。

7.1.3.4　大力推行城市综合整治

城市环境综合整治是指发动各部门、各行业围绕同一个综合整治目标,调整各自的行为,解决环境污染灾害等问题,实现人与自然环境的和谐。

7.1.3.5　综合技术改造防止工业污染

(1)制定和实施国家产业政策,通过产业结构调整,减少环境污染和生态破坏。

(2)对于污染密集型的基础工业,要改革工艺和革新设备,尽量在生产过程中对污染物加以清除,即发展清洁生产工艺。

(3)现有企业的技术改造,要把防治工业污染作为重要内容,提出防治目标任务和技术方案,技术改造方案和防治污染方案必须符合经济效益、社会效益和环境效益统一的原则。

7.1.3.6　建立以合理利用能源和资源为核心的环境保护战略

长久以来的能源利用开发不合理,过分掠夺生态能源,加之对于各项污染物的排放没有及时采取措施,生态环境日益恶化。当今人类已经认识到生态环境恶化对于人类生存和发展的重要影响了,也在积极找寻"合理利用能源,保护生态环境"的对策措施。

7.1.3.7　坚持以强化监督管理为核心的环境管理政策

(1)以预防为主、谁污染谁治理和强化管理为原则的环境政策,是环境管理思路逐渐形成、成熟和发展的明显标志。

(2)"三同时"制度:防治污染设施必须与主体工程同时设计、同时施工、同时投入运行。

(3)排污收费制度:对排放污染物超过排放标准的企事业单位征收超标排污费,用于污染治理。

(4)环境影响评价制度:规定所有建设项目,在建设前对该项目可能对环境造成的影响进行科学论证评价,提出防治方案,编报环境影响报告书,避免盲目建设对环境造成损害。

(5)实行环境保护目标责任制。

(6)实行环境综合整治定量考核制度、排放污染物许可制度。

(7)实行污染集中控制制度。

(8)实行限期治理制度。

7.2 生物灾害

7.2.1 概述

7.2.1.1 定义

生物灾害是由于人类的生产生活不当、破坏生物链或在自然条件下的不良生物或微生物的生长发育造成农业生产损失从而引起的对人类生命财产造成危害的自然事件。

7.2.1.2 分类

生物灾害可以分三类,分别是动物灾害、微生物灾害、植物病虫灾害。

(1)动物灾害能直接导致人畜伤亡。据记载,100多年前,印度的一只老虎在被击毙前共吃掉当地400多人。

(2)微生物灾害一般间接危害人畜,如鼠疫,历史上共造成上亿人死亡。

(3)对于植物病虫灾害,具体以农业生物灾害为例,常会造成农作物面积减产绝收,导致农作物大批量变质等。

7.2.1.3 特点

生物灾害属于自然灾害,除了具有一般自然灾害的共同点外,还具有周期性、突发性、扩散性、可控制性等特点。

(1)突发性

许多有害生物生命周期短,繁殖率高,可以在很短的时间内形成数量巨大的群体造成危害,呈暴发态势。

(2)隐蔽性

许多有害生物形态多变,监测治理难度大。害虫虫态一般要经过卵、幼虫、蛹和成虫等不同虫态;病原微生物个体小,隐蔽发生。还有许多有害生物隐藏在受害体体内、水中、大气中或地下,不易发现,治理非常困难。

(3)扩散性

绝大多数有害生物可以随气流、水流、动物迁徙、人为活动和本身的迁飞等迁移到另外一个地方,在新的地域定居下来后,对生态系统造成危害。有些危险性有害生物侵入到新的地域后,迅速繁殖,排挤本土生物,造成生态灾难。

(4)区域性

有害生物的种类分布具有明显的区域性,再加上有害生物生活与危害行为与自然因子密切相关,有害生物的生命周期与灾害发生的周期、危害程度也就具有了强烈的区域性。

(5)社会性

从灾害源来看,生物灾害是相对的,是生态系统失衡造成的。由于人类对资源过度开发利用,打破了生态系统原有有序状态,造成生态系统抗逆能力下降,当有利于某种生物滋生的生态因子存在时(如气候变暖、营造纯林、广谱农药的使用等),该生物就可能泛滥危及生态安全而形成灾害;环境污染、火灾、水灾、冰冻等,造成生态系统内主体生物衰弱,使少数抗性较强的生物抢占生态位,造成生物灾害发生;人类频繁远距离活动,打破了地理区域限制,使一些外来生物入侵,危害生态健康。生物灾害不仅造成巨大的经济损失,对生态造成极大的危害,还危及人类健康。如禽流感、肾综合征出血热、埃博拉出血热等恶性传染病,严重威胁人类健康,危及社会公共卫生安全。

(6)生物性

产生生物灾害的灾害源,也是生物,是生态系统中的一分子,其生活受自然因素和时间的影响,再加上态系统的演变依赖于自然条件,因此,生物灾害的发生在很大程度上与自然条件密切相关,在其发生发展上,表现出很强的时间性(周期性)和地理区域性。

(7)可监测预测性、可控制性

有害生物具有一定的生物学和生态学特性,都有一定的发生发展规律,通过长期监测和研究其生物学和生态学特性,可以建立预测模型,进行灾害预测。根据有害生物的生态学和生物学特性,可以对产生危害的有害生物进行人为干扰,将生物灾害损失降到经济阈值范围内。有害生物一般都有天敌,可以利用天敌实行生物防治,或者通过生态措施,改善生态环境,创造有利于天敌而不利于有害生物的生存环境,实现可持续治理。

(8)治理的艰巨性

生物灾害源种类繁多,包括细菌、真菌、病毒等病原微生物和害虫,害草等。生物灾害受灾体种类多,面积广大,涉及整个生态系统,再加上有害生物形态多变,隐蔽发生,治理范围广,难度大。

由于其灾害源、受灾体大不相同,不同的生物灾害,又有其各自不同的独特特点。

7.2.2 常见生物灾害及危害

在自然界,人类与各种动植物相互依存,一旦失去平衡,生物灾难就会接踵而至。如捕杀鸟、蛙,会招致老鼠泛滥成灾;用高新技术药物捕杀害虫,反而增强了害虫的抗药性;盲目引进外来植物会排挤本国植物,均会造成不同程度的生物灾害,危及生态环境。

7.2.2.1 赤潮

(1)定义

赤潮,又称红潮,是在特定的环境条件下,海水中某些浮游植物、原生生物或细菌爆发性增殖或高度聚集而引起水体变色的一种有害生态现象。赤潮并不一定都表现为红色,主要包括淡水系统中的水华,海洋中的一般赤潮,近几年新定义的褐潮(抑食金球藻类)、绿潮(浒苔类)等。赤潮是海洋生态系统中的一种异常现象,它是由海藻家族中的赤潮藻在特定环境条件下爆发性增殖所造成的。海藻是一个庞大的家族,除了一些大型海藻外,很多都是非常微小的植物,有的是单细胞生物。根据引发赤潮的生物种类和数量的不同,海水有时也呈现黄色、绿色、褐色等不同颜色。

(2)形成原因

① 浮游生物

所谓海洋浮游生物是缺乏发达的运动器官,没有或仅有微弱的游泳能力而悬浮在水层中常随水流移动的一类海洋生物。其中,能通过自身光合作用使海水中的无机化合物转化成生物新陈代谢所需有机化合物者,称为浮游植物;不具备这种能力,必须以浮游植物为饵者则称为浮游动物。

② 人类活动

随着现代化工、农业生产的迅猛发展,沿海地区人口的增多,大量工农业废水和生活污水排入海洋,其中相当一部分未经处理就直接排入海洋,导致近海、港湾富营养化程度日趋严重。同时,沿海开发程度的增高和海水养殖业的扩大,也带来了海洋生态环境和养殖业自身污染问题;海运业的发展导致外来有害赤潮种类的引入;全球气候的变化也导致了赤潮的频繁发生。

沿海养殖业的大发展,也带来了严重的污染问题。例如在对虾养殖中,一方面,人工投喂大量配合饲料和鲜活饵料。养殖不够科学,往往造成投饵量偏大,池内残存饵料多,严重污染了养殖水质。另一方面,由于虾池每天需要排换水,所以每天都有大量污染水排入海中,这些带有大量残饵、粪便的水含有氨氮、尿素、尿酸及其他形式的含氮化合物,加快了海水的富营养化,这样为赤潮生物提供了适宜的生物环境,使其增殖加快,特别是在高温、闷热、无风的条件下最易发生赤潮。

③ 海水富养

海水富营养化是赤潮发生的物质基础和首要条件。城市工业废水和生活污水大量排入海中,使营养物质在水体中富集,造成海域富营养化。此时,水域中氮、磷等营养盐类,铁、锰等微量元素以及有机化合物的含量大大增加,促进赤潮生物的大量繁殖。赤潮检测的结果表明,赤潮发生海域的水体均已遭到严重污染,富营养化,氮、磷等营养盐物质大大超标。

此外,一些有机物质也会促使赤潮生物急剧增殖。如用无机营养盐培养裸甲藻,生长不明显,但加入酵母提取液时则生长显著,加入土壤浸出液和维生素 B_{12} 时光亮裸甲藻生长特别好。

④ 海水温度

水文气象和海水理化因子的变化是赤潮发生的重要原因。海水的温度是赤潮发生的重要环境因子,$20\sim30\ ℃$ 是赤潮发生的适宜温度范围。科学家发现一周内水温突然升高大于 $2\ ℃$ 是赤潮发生的先兆。海水的化学因子如盐度变化也是促使生物因子——赤潮生物大量繁殖的原因之一。盐度在 $26\sim37$ 的范围内均有发生赤潮的可能,但是海水盐度在 $15\sim21.6$ 时,容易形成温跃层和盐跃层。这为赤潮生物的聚集提供了条件,易诱发赤潮。径流、涌升流、水团或海流的交汇作用,使海底层营养盐上升到水上层,造成沿海水域高度富营养化。营养盐类含量急剧上升,引起硅藻的大量繁殖。这些硅藻过盛,特别是骨条藻的密集常常引起赤潮。这些硅藻类又为夜光藻提供了丰富的饵料,促使夜光藻急剧增殖,从而又形成粉红色的夜光藻赤潮。监测资料表明,在赤潮发生时,水域多为少雨、天气闷热、水温偏高、风力较弱或者潮流缓慢等环境。

(3) 危害

① 使大量赤潮生物集聚于鱼类的鳃部,使鱼类因缺氧而窒息死亡。

② 赤潮生物死亡后,藻体在分解过程中大量消耗水中的溶解氧,导致鱼类及其他海洋生物因缺氧死亡,使海洋的正常生态系统遭到严重的破坏。

③ 鱼类吞食大量有毒藻类,可致鱼类死亡。

④ 有些藻类可分泌毒素,毒素通过食物链严重威胁消费者的健康和生命安全。

⑤ 破坏生态平衡。海洋是一种生物与环境、生物与生物之间相互依存、相互制约的复杂生态系统。系统中的物质循环、能量流动都是处于相对稳定、动态平衡的,当赤潮发生时这种平衡遭到干扰和破坏。在植物性赤潮发生初期,由于植物的光合作用,水体会出现高叶绿素 a、高溶解氧、高化学耗氧量。这种环境因素的改变,致使一些海洋生物不能正常生长、发育、繁殖,导致一些生物逃逸甚至死亡,破坏了原有的生态平衡。

⑥ 破坏渔业。赤潮破坏鱼、虾、贝类等资源的主要原因是：破坏渔场的饵料基础,造成渔业减产;赤潮生物的异常发展繁殖,可引起鱼、虾、贝等经济生物瓣机械堵塞,造成这些生物窒息而死;赤潮后期,赤潮生物大量死亡,在细菌分解作用下,可造成环境严重缺氧或者产生硫化氢等有害物质,使海洋生物缺氧或中毒死亡;有些赤潮生物的体内或代谢产物中含有生物毒素,能直接毒死鱼、虾、贝类等生物。

⑦ 影响健康。有些赤潮生物分泌赤潮毒素,当鱼、贝类处于有毒赤潮区域内,摄食这些有毒生物,虽不能被毒死,但生物毒素可在体内积累。这些鱼虾、贝类如果不慎被人食用,就引起人体中毒,严重时可导致死亡。

由赤潮引发的赤潮毒素统称贝毒,暂时确定有 10 余种贝毒其毒素比眼镜蛇毒素高 80 倍。常见的赤潮毒素有麻痹性贝毒、腹泻性贝毒、神经性贝毒、记忆丧失性贝毒、西加鱼毒等,其中麻痹性贝毒是世界范围内分布最广、危害最严重的一类毒素。

贝毒中毒症状为:初期唇舌麻木,发展到四肢麻木,并伴有头晕、恶心、胸闷、站立不稳、腹痛、呕吐等,严重者出现昏迷,呼吸困难。赤潮毒素引起人体中毒事件在世界沿海地区时有发生。

赤潮是在特定环境条件下产生的,相关因素很多,但其中一个极其重要的因素是海洋污染。大量含有各种含氮有机物的废弃污水排入海水中,促使海水富营养化,这是赤潮藻类能够大量繁殖的重要物质基础。

7.2.2.2　鼠害

鼠的主要危害:偷吃食物,咬坏家具、衣物、书籍文具,毁坏建筑物,咬断电线等,引发火灾,造成严重经济损失,骚扰居住环境。对通信、交通等方面有时可造成严重危害,洪涝期间的堤坝管涌有时与鼠洞有关。鼠类在堤坝上盗洞,造成漏水而引起决堤,形成河水泛滥的记载国内外均有。

7.2.2.3　蚁害

蚂蚁是一类高度进化的社会性昆虫,每窝蚂蚁的数量从 30 万到 50 万只不等。

蚂蚁主要危害有:

(1) 损坏木材及其他生活物品。

(2) 窃取、污染食物。

(3) 叮咬、骚扰人类,影响人休息。

(4) 将各种细菌、病毒等病原体带到食物上,传播疾病。

蚂蚁种群中危害最大的一类当属白蚁,全世界白蚁种类有 3 000 多种,我国已发现白蚁有 500 多种。

白蚁可以在各种结构的建筑物内栖息做巢,危害十分严重,有的还引起房屋倒塌,造成人畜伤亡。因此,防治白蚁对保护建筑物,特别是古建筑物具有重要意义。白蚁危害主要表现在以下方面:

(1) 对房屋建筑的破坏。白蚁对房屋建筑的破坏,特别是对砖木结构、木结构建筑的破坏尤为严重。由于其隐藏在木结构内部,破坏或损坏其承重点,往往造成房屋突然倒塌,引起人们的极大关注。在我国,危害建筑的白蚁种类主要有家白蚁、散白蚁等。其中,家白蚁属的种类是破坏建筑物最严重的白蚁种类。它的特点是扩散力强,群体大,破坏迅速,在短期内即能造成巨大损失。

(2) 对江河堤坝的危害。白蚁危害江河堤防的严重性,我国古代文献上已有较为详细的记载,近代的记载更为详尽。其种类有土白蚁属、大白蚁属和家白蚁属。白蚁能在江河堤围和水库的土坝内营巢生存,常常十分隐蔽不易被人发现,在堤坝内迅速繁殖,密集营巢,蚁道相通,四通八达,有些蚁道甚至穿通堤坝的内外坡,汛期到来时,水位升高,水渗入白蚁筑巢的空洞或蚁道,常常出现管漏险情,更严重者则酿成塌堤垮坝,洪水泛滥,给人类造成极大的损失。

7.2.3 生物灾害防治

人类对于有害生物危害的认识和防治已有长久的历史。到近现代,随着科学技术的发展,一系列的如化学手段、物理手段、生物手段等新的防治措施不断涌现,现在对某一特定有害物种的防治往往都会将多种技术手段综合使用,以实现防治的最优目标。目前常用的防治技术措施主要有以下几种:

(1) 化学防治。化学防治是利用农药的生物活性,将有害生物种群或群体密度压低到经济损失允许水平以下。农药具有高效、速效、使用方便、经济效益高等优点,但使用不当可对植物产生药害,引人畜中毒,杀伤有益微生物,导致病原物产生抗药性。

(2) 物理防治——采用物理方法防治有害生物。例如对害虫进行灯光诱杀等。

(3) 生物防治,主要利用有害生物的天敌来调节、控制有害生物种。生物防治的优点:对环境污染小,能有效地保护天敌,发挥持续控制作用。

以常见的白蚁病害为例,在蚁害区域内,建筑物预防白蚁工程技术是根据白蚁种类和保护对象的不同,综合运用生态防治法、生物防治法、物理机械防治法、化学滞留防治法和检疫防治法中的有关方法,创造不利白蚁生存的环境,阻止白蚁的繁殖、蔓延、侵袭,提高保护对象抵抗白蚁的能力,使之免遭白蚁的危害。所采取的防蚁技术措施一般从建筑物的设计、场地清理和建筑物建筑施工中入手。在建筑物的设计中,要充分注意到白蚁对水分的依赖性,尽量考虑把木构件吸收和保持的湿度降到最低限度,增加通风和防潮措施,选用抗蚁性较强的木材或其他建筑材料,提高建筑物自身预防白蚁的免疫力。这类技术措施主要从屋面、墙体地基、各类变形缝和木构件等的设计中予以考虑。场地清理是进一步断绝场地上遗留的可供白蚁生存的食料链,直接消灭旧基础上的白蚁,减少其生存的可能性。这类技术措施主要是对现场调查和检查,清除地下的树根、朽木等一切废旧木材,做好场地内的排水畅通等一系列工作。建筑施工中增加预防白蚁的措施,是一种用物理和化学处理方法相结合的技术,用以弥补设计中存在的预防考虑不足之处,并提供一个能阻止白蚁侵入房屋内部的天然屏障。这类技术措施主要有墙基内外保护圈、室内地坪防蚁毒土层、辅助设施(踏步、台阶、管道井、变形缝等)防蚁毒土层和木构件防蚁药物涂刷等,可用较少的投资,换取长时间不发生白蚁危害,其效果是事半功倍的。

思 考 题

1. 什么是环境灾害?
2. 环境灾害的危害有哪些?
3. 生物灾害有哪些特点?
4. 生物灾害有哪些种类?
5. 生物灾害的防治措施有哪些?

参 考 文 献

[1]《第三次气候变化国家评估报告》编写委员会.第三次气候变化国家评估报告[M].2版.北京:科学出版社,2015.

[2] 白国良,马建勋.建筑结构抗震设计[M].北京:科学出版社,2013.

[3] 陈国兴.岩土地震工程学[M].北京:科学出版社,2007.

[4] 陈七林.长江水下隧道防洪设计中有关问题的探讨[J].世界隧道,1998,35(4):49-53.

[5] 陈伟红,张磊,张中华,等.地下建筑火灾中的烟气控制及烟气流动模拟研究进展[J].消防技术与产品信息,2004(10):6-9.

[6] 陈宜吉.隧道列车火灾案例及预防[M].北京:中国铁道出版社,1998.

[7] 成剑林,邹声华,刘学涌.地下空间火灾模拟研究[J].湘潭师范学院学报(自然科学版),2005,27(4):74-76.

[8] 董丹,韩丽萍.消防安全管理的经济学分析[J].集团经济研究,2006(1):92.

[9] 龚延风,陈卫.建筑消防技术[M].北京:科学出版社,2002.

[10] 顾永攀.地下室防水施工技术要点分析[J].居舍,2018(14):43.

[11] 郭庆海,周顺华.城市地下空间的防(反)恐理念初探[J].地下空间与工程学报,2006,2(2):178-181.

[12] 胡聿贤.地震工程学[M].北京:地震出版社,2006.

[13] 黄淑玲,徐光来.城市化发展对城市洪灾的影响及减灾对策[J].安徽大学学报(自然科学版),2006,30(2):91-94.

[14] 姜榕.施工图设计中建筑外围护结构的防水处理[J].建筑技术,2015,46(7):633-638.

[15] 焦斌.现代战争条件下防护工程多目标综合防护研究[J].科技经济市场,2010(3):39-40.

[16] 解玲玲.地铁火灾事故对策研究[J].技术与市场,2022,29(4):100-101.

[17] 鞠建英.实用地下工程防水手册[M].北京:中国计划出版社,2002.

[18] 孔军,邢莉燕.地下空间消防安全的模糊评价[J].消防技术与产品信息,2003(2):3-5.

[19] 寇鼎涛.铁路隧道火灾特性及火灾原因分析[J].隧道建设,2005,25(1):72-75.

[20] 李达.抗震结构设计[M].北京:化学工业出版社,2010.

[21] 李国强,李杰,陈素文,等.建筑结构抗震设计[M].4版.北京:中国建筑工业出版社,2014.

[22] 李利平,成帅,张延欢,等.地下工程安全建设面临的机遇与挑战[J].山东科技大学学报(自然科学版),2020,39(4):1-13.

[23] 李麟,党爱国,陶西贵.信息化战争条件下指挥防护工程建设若干问题的思考[J].防护工程,2019,41(4):61-65.

[24] 李蕊,付浩程.综合管廊监控与报警系统设计浅析[J].智能建筑电气技术,2016, 10(3):67-70.

[25] 李锐,朱万红,李诗华.智能化战争条件下防护工程伪装探析[J].工程技术研究,2019, 4(18):251-252.

[26] 李思成,王伟,赵耀华,等.几个典型隧道火灾问题研究进展[J].建筑科学,2014, 30(10):94-105.

[27] 梁宏伟,王威.信息化战争交通重点目标防护的对策[J].国防交通工程与技术,2008, 6(1):17-19.

[28] 林敏.建筑施工中防水防渗施工技术探析[J].中国高新区,2018(11):176.

[29] 刘伯权,吴涛,叶艳霞,等.建筑结构抗震设计[M].北京:机械工业出版社,2011.

[30] 刘庆普.建筑防水与堵漏[M].北京:化学工业出版社,2002.

[31] 龙帮云,刘殿华.建筑结构抗震设计[M].南京:东南大学出版社,2011.

[32] 龙君.地下混凝土防水工程渗漏及防治方法的探讨[J].混凝土,2005(9):86-88.

[33] 马中元.地下结构防水施工质量控制研究[J].上海铁道科技,2018(2):140-142.

[34] 孟德印.关于目前煤矿火灾防治技术的综述[J].内蒙古煤炭经济,2013(6):130.

[35] 牛光全.也谈地下室底板柔性外防水问题[J].中国建筑防水,2004(12):8-9.

[36] 彭少民.混凝土结构-下册[M].武汉:武汉工业大学出版社,2002.

[37] 齐康.城市环境规划设计与方法[M].北京:中国建筑工业出版社,1997.

[38] 钱七虎.民防学[M].北京:国防工业出版社,1996.

[39] 钱永梅,王若竹.建筑结构抗震设计[M].北京:化学工业出版社,2009.

[40] 秦银平,孙振川,陈馈,等.复杂地质条件下 TBM 卡机原因及脱困措施研究[J].铁道标准设计,2020,64(8):92-96.

[41] 冉升.城市地下工程施工新技术发展综述[J].中国标准化,2017(8):153.

[42] 尚鹏飞,朱炜,刘平相,等.建筑工程地下室防渗漏施工技术探析[J].科学技术创新, 2021(18):144-145.

[43] 尚守平,周福霖.结构抗震设计[M].2版.北京:高等教育出版社,2010.

[44] 沈春林.地下防水工程实用技术[M].北京:机械工业出版社,2005.

[45] 沈春林.中国防水材料现状和发展建议[J].硅酸盐通报,2005,24(5):78-83.

[46] 施楚贤.砌体结构[M].北京:中国建筑工业出版社,2003.

[47] 史小军.浅析矿井火灾事故的救援处理技术[J].能源技术与管理,2017,42(5): 112-114.

[48] 舒宁,徐建闽,钟汉枢,等.计算流体力学在纵向式公路隧道火灾通风中的仿真[J].水动力学研究与进展 A 辑,2001,16(4):511-516.

[49] 孙钧,等.城市环境土工学[M].上海:上海科学技术出版社,2005.

[50] 孙钧.地下工程设计理论与实践[M].上海:上海科学技术出版社,1996.

[51] 孙磊,刘澄波.综合管廊的消防灭火系统比较与分析[J].地下空间与工程学报,2009, 5(3):616-620.

[52] 万德友.运营铁路隧道水害整治[J].铁道建筑,2000,40(12):13-15.

[53] 万艳华.城市防灾学[M].北京:中国建筑工业出版社,2003.

［54］汪明.重大自然灾害损失评估中的若干关键问题探讨［J］.中国减灾,2022(5):24-27.

［55］汪新红,魏登仿,王明洋,等.信息化战争条件下防护工程的发展与对策［J］.解放军理工大学学报(自然科学版),2004,5(6):37-40.

［56］王灿发.论生态文明建设法律保障体系的构建［J］.中国法学,2014(3):34-53.

［57］王恒栋.城市市政综合管廊安全保障措施［J］.城市道桥与防洪,2014(2):157-159.

［58］王健,潘福全,张丽霞,等.公路隧道交通安全研究现状与展望［J］.现代交通技术,2018,15(5):36-40.

［59］王璐瑶.武汉土地利用对城市热环境的影响研究［D］.武汉:华中师范大学,2016.

［60］王如松.生态环境内涵的回顾与思考［J］.科技术语研究,2005,7(2):28-31.

［61］王社良.抗震结构设计［M］.4 版.武汉:武汉理工大学出版社,2011.

［62］王铁成.混凝土结构原理［M］.5 版.天津:天津大学出版社,2013.

［63］王铁梦.工程结构裂缝控制［M］.北京:中国建筑工业出版社,1997.

［64］王威,梁园,张宇.某过湖沉管法公路隧道通风排烟方案研究［J］.山西建筑,2022,48(19):139-142.

［65］王学谦,刘万臣.建筑防火设计手册［M］.北京:中国建筑工业出版社,1998.

［66］王振宇,朱大明,甘松萍.信息化战争条件下的全维防护［J］.防护工程,2012,34(5):67-71.

［67］徐梅,沈荣芳.地下建筑消防安全综合管理模式基本框架初步研究［J］.中国公共安全,2005(3):132-134.

［68］徐有邻.汶川地震震害调查及对建筑结构安全的反思［M］.北京:中国建筑工业出版社,2009.

［69］杨琨.浅谈城市综合管廊的设计［J］.城市道桥与防洪,2013(5):236-239.

［70］杨其新,王明年.地下工程施工与管理［M］.3 版.成都:西南交通大学出版社,2015.

［71］杨益,任辉启.智能化战争条件下军事设施拓扑防护构想［J］.防护工程,2021,43(5):68-73.

［72］杨宗海.城市地下综合管廊全生命周期风险评估体系研究［D］.成都:西南交通大学,2017.

［73］易方民,高小旺,苏经宇.建筑抗震设计规范理解与应用:按 GB 50011-2010［M］.2 版.北京:中国建筑工业出版社,2011.

［74］余德池,余征.地下防水工程便携手册［M］.北京:机械工业出版社,2002.

［75］袁青,孟久琦,冷红.气候变化健康风险的城市空间影响及规划干预［J］.城市规划,2021,45(3):71-80.

［76］昝丽清.高层建筑深基坑降排水施工工程中易发事故分析及其防范［J］.内蒙古科技与经济,2006(13):109-110.

［77］翟月朋,赵道杰.建筑工程防水施工技术研究［J］.建材与装饰,2018(31):3-4.

［78］张航.高层建筑地下室防水施工技术要点分析［J］.建材与装饰,2018(33):37.

［79］张湖波,刘铁忠,张湖源,等.人为灾害与自然灾害风险感知异同及原因分析［J］.防灾科技学院学报,2019,21(1):65-71.

［80］张庆贺,廖少明,胡向东.隧道与地下工程灾害防护［M］.北京:人民交通出版社,2009.

[81] 张庆贺,朱合华,庄荣,等.地铁与轻轨[M].2版.北京:人民交通出版社,2006.

[82] 张睿航,白昀.西安市地铁火灾事故特点及应对策略探析[J].技术与创新管理,2021,42(4):483-488.

[83] 张树平.建筑防火设计[M].北京:中国建筑工业出版社,2001.

[84] 张维然,段正梁,曾正强,等.上海市地面沉降特征及对社会经济发展的危害[J].同济大学学报(自然科学版),2002,30(9):1129-1133.

[85] 张伟,姜鞸,张卫国.城市地下交通隧道火灾的防护[J].地下空间,2002(3):268-270.

[86] 张新乐,张树文,李颖,等.土地利用类型及其格局变化的热环境效应:以哈尔滨市为例[J].中国科学院研究生院学报,2008,25(6):756-763.

[87] 张兴凯.地下工程火灾原理及应用[M].北京:首都经济贸易大学出版社,1997.

[88] 张玉敏,苏幼坡,韩建强.建筑结构抗震设计[M].北京:清华大学出版社,2016.

[89] 赵桦.高地应力隧道 TBM 卡机机理分析及防治措施研究[D].成都:成都理工大学,2018.

[90] 郑风华,郑建华,崔豪斌.城市防洪非工程措施探讨[J].山东水利,2005(12):25-26.

[91] 郑健吾.地铁工程的防洪对策与措施研究[J].城市道桥与防洪,2004(3):6-8.

[92] 郑晶晶,徐迎,金丰年.现代战争人员防护面临的挑战[J].民防苑,2007(S1):10-12.

[93] 中国建筑防水材料工业协会.建筑防水手册[M].北京:中国建筑工业出版社,2001.

[94] 钟春玲,叶增.城市地下工程施工新技术发展综述[J].吉林建筑工程学院学报,2011,28(6):7-10.

[95] 周建军,杨振兴.深埋长隧道 TBM 施工关键问题探讨[J].岩土力学,2014,35(S2):299-305.

[96] 周强.地下室结构防水施工技术措施构建[J].建筑技术开发,2018,45(11):46-47.

[97] 周荣义,黎忠文.地铁火灾的防范与疏散[J].工业安全与环保,2005,31(11):58-60.

[98] 周旭,赵明华,刘义虎.长大隧道火灾与防治设计研究[J].中南公路工程,2002,27(4):87-90.

[99] 朱金鹏.建筑性能化防火设计初探[J].山西建筑,2006,32(2):54-55.

[100] 朱双双.屋面高聚物 SBS 改性沥青防水卷材施工技术[J].水科学与工程技术,2008(4):8-10.